博碩文化

Python 程式入門
與
ChatGPT 實用技巧

聰明使用AI小幫手，輕鬆提升程式撰寫效率

榮欽科技　著

初學者必讀
循序漸進學會
Python程式設計

邏輯基礎訓練
結合運算思維
與演算法觀念

ChatGPT助攻
利用AI工具
讓程式撰寫有效率

精選範例解析
提供完整程式碼
幫助理解易上手

章末評量學習
難易適中的習題
強化實作效果

作　　者：榮欽科技
責任編輯：Cathy

董 事 長：曾梓翔
總 編 輯：陳錦輝

出　　版：博碩文化股份有限公司
地　　址：221 新北市汐止區新台五路一段 112 號 10 樓 A 棟
　　　　　電話 (02) 2696-2869 傳真 (02) 2696-2867

發　　行：博碩文化股份有限公司
郵撥帳號：17484299　戶名：博碩文化股份有限公司
博碩網站：http://www.drmaster.com.tw
讀者服務信箱：dr26962869@gmail.com
訂購服務專線：(02) 2696-2869 分機 238、519
（週一至週五 09:30 ～ 12:00；13:30 ～ 17:00）

版　　次：2024 年 5 月初版

建議零售價：新台幣 720 元
I S B N：978-626-333-827-2
律師顧問：鳴權法律事務所 陳曉鳴律師

本書如有破損或裝訂錯誤，請寄回本公司更換

國家圖書館出版品預行編目資料

Python 程式入門與 ChatGPT 實用技巧：聰明
使用 AI 小幫手，輕鬆提升程式撰寫效率 /
榮欽科技作. -- 初版. -- 新北市：博碩文化
股份有限公司，2024.05
　　面；　公分

ISBN 978-626-333-827-2(平裝)

1.CST: Python(電腦程式語言) 2.CST: 電腦程
式設計 3.CST: 人工智慧

312.32P97　　　　　　　　　113004596

Printed in Taiwan

博碩粉絲團　歡迎團體訂購，另有優惠，請洽服務專線
(02) 2696-2869 分機 238、519

序言

PREFACE

程式設計能力現今被視為國力的象徵，學習編寫程式已然成為與語文、數學、藝術等同的基本素養。連教育部都將程式撰寫列為國高中學生的必修課程，旨在培養孩子解決問題、分析、歸納、創新、勇於嘗試錯誤等多方面的能力。特別是 Python 語言目前在全球享有極高的聲望，其簡潔易學、易讀的語法，已成為美國高中生不可或缺的程式語言。國內也有許多學校開設 Python 語言課程，而 APCS（大學程式設計先修檢測）更提供選擇 Python 撰寫程式設計實作題。

作為一種執行效率優越的直譯式語言，Python 能在大多數主流平台上執行。更重要的是，Python 具備豐富的物件導向特性，廣泛應用於資料解析、資料探勘、資料科學等領域，包括但不限於網頁設計、App 開發、遊戲設計、自動控制、生物科技、大數據等。

此外，Python 擁有眾多第三方套件及開發工具，可協助程式設計師輕鬆完成多項開發工作。本書結合運算思維與演算法的基本概念，並在 Python 開發環境下編寫所有程式碼。每一章更添加了 ChatGPT，使本書更臻完整，為讀者提供全面而深入的學習體驗。這些主題包括：

- Python 程式設計黃金入門課
- 大話變數與資料處理
- 一看就懂的運算式與運算子
- 選擇結構一次搞定
- 迴圈結構體驗之旅
- Python 複合資料型態的完美體驗
- 函數的祕密花園

- 模組與套件實用關鍵密技
- 視窗程式設計的贏家工作術
- 檔案輸入與輸出的速學技巧
- 演算法的實戰特訓教材
- 活學活用 2D 視覺化統計圖表
- 玩轉繪圖與影像處理的私房攻略
- 解開網路爬蟲程式的神祕面紗
- ChatGPT 讓 Python 程式撰寫更有效率

　　OpenAI 推出免費試用的 ChatGPT 聊天機器人，不僅僅是個聊天機器人，還可以幫忙回答各種問題，例如寫程式、寫文章、寫信…等，這次特別加入了 ChatGPT 與 Python 雙效合一的應用，這個新單元精彩 ChatGPT AI 程式範例如下：

- 使用 Pygame 遊戲套件繪製多媒體圖案
- 以內建模組及模擬大樂透的開獎程式
- 建立四個主功能表的視窗應用程式
- 演算法的應用：迷宮問題的解決方案
- 海龜繪圖法繪製圖形
- 猜數字遊戲
- OX 井字遊戲
- 猜拳遊戲
- 比牌面大小遊戲

　　全書寫作風格除了學習以 Python 語言撰寫程式外，也能學到以 Python 語言來實作演算法的重要知識點。目前許多學校陸續開設 Python 語言的課程，本書絕對是一本難易適中的最實用的教材。

目錄
CONTENTS

CHAPTER 01 　Python 程式設計黃金入門課

CHAPTER **02**　大話變數與資料處理

CHAPTER **03**　一看就懂的運算式與運算子

CHAPTER **04** 選擇結構一次搞定

CHAPTER **05** 迴圈結構學習之旅

CHAPTER **06** **Python** 複合資料型態的完美體驗

CHAPTER **07** 函數的祕密花園

CHAPTER **10** 檔案輸入與輸出的速學技巧

CHAPTER **11** 演算法的實戰特訓教材

CHAPTER **12** 活學活用 **2D** 視覺化必學統計圖表

CHAPTER **13** 玩轉繪圖與影像處理的私房攻略

CHAPTER **14** 解開網路爬蟲程式的神祕面紗

APPENDIX **A** **ChatGPT** 讓 **Python** 程式撰寫更有效率

01
CHAPTER

Python 程式設計
黃金入門課

電腦（Computer），或者有人稱為計算機（Calculator），是一種具備了資料處理與計算的電子化設備。對於一個有志於從事資訊專業領域的人員來說，程式設計是一門和電腦硬體與軟體息息相關的學科，稱得上是近十幾年來蓬勃興起的一門新興科學。

雲端運算加速了全民程式設計時代的來臨

隨著資訊與網路科技的高速發展，程式設計能力已經被看成是國力的象徵，連教育部都將撰寫程式列入國高中學生必修課程，寫程式不再是大專院校資訊相關科系的專業，而是全民的基本能力，唯有將「創意」經由「設計過程」與電腦結合，才能因應這個快速變遷的雲端世代。

1-1　認識程式語言

人和人之間的溝通需要語言，所以人們想要和電腦溝通，當然也要使用程式語言。程式語言就是一種人類用來和電腦溝通的語言，是一行行的指令（Instruction）與程式碼，可以將人類的思考邏輯和語言轉換成電腦能夠了解的語言，也是用來指揮電腦運算或工作的指令集合，例如加、減、乘、除、比較、判斷等等，一連串交由電腦執行的指令，就稱為「程式」（Program）。

程式語言是人類用來和電腦溝通的語言

事實上，程式語言本來就只是工具，從來都不是重點，沒有最好的程式語言，只有適不適合的程式語言，學習程式的目標絕對不是要將每個學習者都訓練成專業的程式設計師，而是能培養學習者的程式腦。我們可以這樣形容：

「學程式設計不等於學程式語言，不過學好程式語言，透過程式設計絕對是最佳的途徑。」

程式語言發展的歷史已有半世紀之久，由最早期的機器語言發展至今，已經邁入到第五代自然語言。每一代的語言都有其特色，並且一直朝著容易使用、除錯與維護功能更強的目標來發展。

1-1-1　機器語言

機器語言就是一連串的 0 與 1 之組合，這是 CPU 直接能懂的語言，機器語言是所有程式語言中最為低階的一種，它也是最不人性化、撰寫最為困難，且維護與修改都十分不易的程式語言。

1-1-2　組合語言

組合語言（Assembly Language）也是低階語言的一種，它只比機器語言來得高階一些，組合語言是用較接近口語的方式來表達機器語言的一些指令。例如：01100000B(C0H) 是機器語言中，用來告訴 CPU 將 AX 暫存器的值放到記憶體堆疊的指令，但是如果以組合語言來寫，則是用 PUSH AX 來表示。

1-1-3　高階語言

高階語言就是比低階語言更容易懂的程式語言，舉凡是 Visual Basic、C、C++、C#、Java 與 Python 等語言，都是高階語言的一員。高階語言廣泛被應用在商業、科學、教學、軍事…等軟體開發。一支用高階語言撰寫而成的程式，必須經過編譯器或解譯器翻譯為電腦能解讀、執行的低階機器語言的程式，也就是執行檔，才能被 CPU 所執行。

■ **編譯器（Compiler）**：編譯式語言可將原始程式讀入主記憶體後，透過編譯器編譯成為機器可讀的可執行檔的目的程式，當原始程式每修改一次，就必須重新經過編譯過程，才能保持其執行檔為最新的狀況。經過編譯後所產生的執行檔，在執行中不需要再翻譯，因此執行效率較高，例如：C、C++、Java、C#、FORTRAN 等語言都是使用編譯的方法。

■ **解譯器（Interpreter）**：解譯式語言則是利用解譯器來對高階語言的原始程式碼做逐行解譯，每解譯完一行程式碼後，才會再解譯下一行。若解譯的過程中發生錯誤，則解譯動作會立刻停止。由於每次執行時都必須再解譯一次，所以執行速度可能較慢，例如 Python、HTML、JavaScript、Visual Basic、LISP、Prolog 等語言皆使用解譯的方法。

1-1-4 第四代語言

「非程序性語言」（Non-procedural Language）也稱為第四代語言，英文簡稱為 4GLS，特點是它的指令和程式真正的執行步驟沒有關聯。程式設計者只須將自己打算做什麼表示出來即可，而不須去理解電腦的執行過程。通常應用於各類型的資料庫系統。如醫院的門診系統、學生成績查詢系統等等，例如資料庫的結構化查詢語言（Structural Query Language，簡稱 SQL）就是一種第四代語言。

以 SQL 語言為例，其語法使用上相當直覺易懂，例如：

```
Select 姓名 From 學生成績資料表 Where 英文 = 100
```

1-1-5 第五代語言

稱為第五代語言，或稱為自然語言（Natural Language），它是程式語言發展的終極目標，當然依目前的電腦技術尚無法完全辦到，因為自然語言使用者口音、使用環境、語言本身的特性（如一詞多義）都會造成電腦在解讀時產生不同的結果。還有一點就是電腦能夠詮釋程式語言，是因為程式語言的語法都為事先定義的，當你使用某種語言就得依照其規定的語法來撰寫程式，否則程式是無法編譯成功的。更遑論電腦能夠依照程式來執行工作，而自然語言的癥結即在此，如同樣意思的話會因不同的人而有不同的說法，所以自然語言必須搭配人工智慧（Artificial Intelligence, AI）技術來發展。

ChatGPT 幫幫忙

人工智慧最早期是由誰提出？

人工智慧（Artificial Intelligence，簡稱AI）的早期概念可以追溯到古代希臘哲學家亞里士多德。亞里士多德在他的著作中探討了自然界、知識和思維的主題，並提出了一些與智慧和理性相關的觀點。儘管當時的技術無法實現現代意義上的人工智慧，但亞里士多德的思想為後來的AI研究提供了一些基本的哲學和理論基礎。

然而，現代AI的發展更多地與20世紀中期的計算機科學家和數學家有關，如艾倫·圖靈（Alan Turing）和約翰·馬卡錫（John McCarthy）。艾倫·圖靈的計算模型和圖靈測試為AI研究提供了關鍵的理論基礎，並被視為AI的早期貢獻之一。約翰·馬卡錫則在20世紀中期提出了"人工智慧"這一術語，並在達特茅斯會議（Dartmouth Workshop）上首次提出了將AI視為一個獨立的學科領域的概念。

1-2 認識程式設計

程式語言是一行行的指令（Statement）與程式碼（Code），可以將人類的思考邏輯和語言轉換成電腦能夠了解的語言，而程式設計的目的就是透過程式的撰寫與執行來達到使用者的需求。程式設計時必須利用何種程式語言表達，通常可根據主客觀環境的需要，並無特別規定。一般評斷程式語言好壞的四項標準如下：

- **可讀性高**：閱讀與理解都相當容易。

- **平均成本低**：不侷限於編碼的成本，還包括了執行、編譯、維護、學習、除錯與日後更新等成本。

- **可靠度高**：所撰寫出來的程式碼穩定性高，不容易產生邊際效應（Side Effect）。

- **可撰寫性高**：針對需求所撰寫的程式相對容易。

基本上，一個程式的產生過程，則可區分為以下五個設計要領：

- **需求與目的**：首先要了解程式所要解決的問題，並搜集相關的輸入資訊與期望得到的輸出結果。

■ **設計與規劃**：根據撰寫此程式的目的、程式的使用者、滿足需求的軟硬體環境等，來著手設計這個程式演算法的描述。

■ **分析與討論**：思考其他可能適合的演算法及資料結構，最後再選出最適當的標的，當然此刻還必須考慮到可讀性、穩定性及可維護性等因素。

■ **撰寫與編輯**：談到程式碼的編寫，事先必須選擇所需的程式語言，再依據演算法來繪製流程圖，最後進行程式碼的撰寫。

■ **測試與偵錯**：最後必需確認程式的輸出是否符合需求，並進行包括所謂「語意錯誤」（Semantic Error）、「語法錯誤」（Syntax Error）與「邏輯錯誤」（Logical Error）等相關測試與除錯工作。

當了解程式設計的相關常識後，接著我們要認識目前程式設計模式的兩種主要依循原則，分別為「結構化程式設計」（Structured Programming）及「物件導向程式設計」（Object-Oriented Programming），首先來為各位介紹「結構化程式設計」。

1-2-1 結構化程式設計

經過近年來程式語言的發展，結構化程式設計的趨勢慢慢成為程式開發的主流概念。其主要精神與模式就是將整個問題從上而下，由大到小逐步分解（Decompose）成較小的單元，這些單元又再細分成更小的單元，這些單元稱為模組（Module），可方便程式撰寫，減輕程式設計師的負擔，更可以讓程式設計師分工合作，針對各個模組開發設計，日後修改與維護都較為容易。例如 C 是相當符合模組化設計精神的語言，也就是說，C 程式本身就是由各種函數所組成，所謂函數，就是具有特定功能的指令集合，各位就可把它視為一種模組。C 的主程式中最大的函數就是 Main()，還可區分為系統本身提供的標準函數，及使用者自行定義的自訂函數。所謂「結構化程式設計」（Structured Programming）的三種程式控制基本架構，包含三種流程控制結構：「循序結構」（Sequential Structure）、「選擇結構」（Selection Structure）以及「重複結構」（Repetition Structure）。簡述如下：

循序結構

循序結構就是一個程式敘述由上而下接著一個程式敘述的執行指令,如下圖所示:

選擇結構

選擇結構(Selection Structure)是一種條件控制敘述,包含有一個條件判斷式,如果條件為真,則執行某些程式,一旦條件為假,則執行另一些程式。如下圖所示:

重複結構

重複結構主要是迴圈控制的功能。迴圈（Loop）會重複執行一個程式區塊的程式碼，直到符合特定的結束條件為止。依照結束條件的位置不同分為兩種：

前測試型迴圈　　　　　　　　後測試型迴圈

「結構化程式設計」的基本精神是由上而下的設計，就是要維持一個入口與出口。在此特別建議各位不要使用 goto 指令，因為 goto 敘述可以將程式流程直接改變至任何一行敘述。雖然 goto 敘述十分方便，但很容易造成程式流程混亂，及維護上的困難。所以在結構化程式設計的理念下，還是應使用如 if、switch、while、continue 等來控制程式流程。

1-2-2　物件導向程式設計

傳統「結構化程式設計」（Structured Programming）功能與特性的技術是著重於演算法可分解成許多模組（Module）來加以執行。雖然每一個模組會個別完成特定功能，主程式則組合每個模組後，完成最後要求的功能。不過一旦主程式要求功能變動時，則可能許多模組內的資料與程式碼都需要同步變動，而這也是結構化導向設計無法有效使用程式碼的主因。常見的物件導向語言包括 Java、C++ 等語言。

在現實生活中充滿了各種形形色色的物體，每個物體都可視為一種物件。我們可以透過物件的外部行為（Behavior）運作及內部狀態（State）模式，來進行詳細地描述。行為是代表此物件對外所顯示出來的運作方法，狀態則代表物件內部各種特徵的目前狀況。如果要使用程式語言方式來描述一個物件，就必須進行所謂的抽象化動作（Abstraction）。也就是利用程式碼來記錄此物件所包括的屬性、方法與事件。

類別與物件的關係

任何物件導向程式設計方法中最主要的單元，就是物件（Object）。通常物件並不會無憑空產生，它必須有一個可以依據的原型（Prototype），而這個原型就是一般在物件導向程式設計中所稱的「類別」（Class）。就以汽車為例來說明：汽車有區分很多廠牌如 BMW、BENZ、LEXUS、TOYOTA、Mitsubishi…等，在這些歸類都是屬於汽車，其中在這些汽車裏又可以區分為房車、跑車、休旅車、金龜車等多種車款。當我們將這種很直覺的生活實例活用在程式設計上時，就是所謂「物件導向設計」，並且有下列幾個特性：

封裝（Encapsulation）

封裝利用「類別」來實作抽象化資料型態（ADT）；而每個類別有其資料成員與函數成員，我們可將其資料成員定義為私有的（Private），而將用來運算或操作資料的函數成員定義為公有的（Public）或受保護的（Protected）來實現資訊隱藏，這就是「封裝」。

封裝包含一個資訊隱藏（Information Hiding）的重要觀念，就是將物件的資料和實作的方法等資訊隱藏起來，讓使用者只能透過介面（Interface）來使用物件本身，而不能更動物件裡所隱藏的資訊。就像許多人都不了解機車的內部構造等資訊，卻能夠透過機車提供的加油門和煞車等介面方法，輕而易舉的操作機車。

繼承（Inheritance）

繼承允許我們去定義一個新的類別來繼承既存的類別，進而使用或修改繼承而來的方法，並可在子類別中加入新的資料成員與函數成員。此外，透過類別的繼承行為，讓程式開發人員能重複利用已宣告類別的成員方法；並可經由多載（Override）的動作，來重新定義及強化新類別所繼承的各項執行功能。

多形（Polymorphism）

所謂的多形，按照英文字面解釋，就是一樣東西同時具有多種不同的型態。這是物件導向設計的重要特性，它展現了動態繫結的功能，也稱為「同名異式」。多形的功能可在軟體發展和維護時，達到充分的延伸性。多形最直接的定義就是具有繼承關係的不同類別物件，可以對相同名稱的成員函數呼叫，並產生不同的反應結果。

物件（Object）

可以是抽象的概念或是一個具體的東西，包括「資料」（Data）以及其所相應的「運算」（Operations 或稱 Methods），它具有狀態（State）、行為（Behavior）與識別（Identity）。每一個物件均有其相應的屬性（Attributes）

及屬性值（Attribute Values）。例如有一個物件稱為學生，「開學」是一個訊息，可傳送給這個物件。而學生有學號、姓名、出生年月日、住址、電話…等屬性，目前的屬性值便是其狀態。學生物件的運算行為則有註冊、選修、轉系、畢業…等，學號則是學生物件的唯一識別編號（Object Identity, OID）。

💬 類別（Class）

是具有相同結構及行為的物件集合，是許多物件共同特徵的描述或物件的抽象化。例如小明與小華都屬於人這個類別，他們都有出生年月日、血型、身高、體重…等類別屬性。類別中的一個物件有時就稱為該類別的一個實例（Instance）。

💬 屬性（Attribute）

「屬性」則是用來描述物件的基本特徵與其所屬的性質，例如：一個人的屬性可能會包括姓名、住址、年齡、出生年月日等。

💬 方法（Method）

「方法」則是物件導向資料庫系統裡物件的動作與行為，我們在此以人為例，不同的職業，其工作內容也會有所不同，例如：學生的主要工作為讀書，而老師的主要工作則為教書。

1-3 Python 簡介與特性

隨著物聯網與大數據分析的火紅，讓在統計分析與資料探勘有著舉足輕重地位的 Python，人氣不斷飆升，成為熱門程式語言排行榜的常勝軍。Python 於 1989 年由 Guido van Rossum 發明，1991 年公開發行，Guido van Rossum 開發 Python 時初心是想設計出一種優美強大，任何人都能使用的語言，同時開放原始碼，因此 Python 非常適合第一次接觸程式語言的人來學習。

ChatGPT 幫幫忙

 物聯網是什麼？

> 物聯網（Internet of Things，縮寫為IoT）是一個技術和概念，它指的是通過互聯網連接和互相通信的物理設備和物體的網絡。物聯網的核心思想是使各種物品、設備、儀器和其他實體能夠通過嵌入式感測器、軟件和網絡連接互相交換數據和信息。
>
> 在物聯網中，各種物理設備可以收集數據、感測環境、執行任務並與其他設備通信，以實現更智能的監控、控制和自動化。這些物聯網設備可以是各種物體，包括家用電器、工業設備、汽車、智能手機、穿戴設備、傳感器、監視攝像頭等。
>
> 物聯網的應用範圍非常廣泛，包括智慧家居、智慧城市、工業自動化、農業、醫療保健、運輸和物流等領域。通過物聯網，我們可以實現更高效、智能和便利的操作方式，並為數據分析和決策提供更多的信息。然而，物聯網也帶來了一些安全和隱私方面的挑戰，因為大量的數據和設備連接到互聯網可能存在風險，需要適當的安全措施和隱私保護措施。

1-3-1　程式簡潔與開放原始碼

　　Python 開發的目標之一是讓程式碼像讀本書那樣容易理解，也因為簡單易記、程式碼容易閱讀的優點，在寫程式的過程中能專注在程式本身，而不是如何去寫，程式開發更有效率，團隊協同合作也更容易整合。另外，所有 Python 的版本都是自由 / 開放原始碼（Free and Open Source），而且 Python 語言可與 C/C++ 語言互相嵌入運用，也就是說，程式設計師可以將部份程式以 C/C++ 語言撰寫，然後在 Python 程式中使用；或是將 Python 程式內嵌到 C/C++ 程式中。

1-3-2　直譯與跨平台的特性

　　Python 算是執行效率不錯的直譯式語言，如果遇到哪一行有問題，就會顯示出錯誤訊息而馬上停止。另外 Python 程式具有強大的跨平台的特點，可以在大多數的主流平台上執行，例如在 Windows 撰寫的程式，可以不需要修改，便可以移植到在 Linux、Mac OS、OS/2…等不同平台上執行。

1-3-3　物件導向的設計風格

　　物件導向程式設計（Object-Oriented Programming, OOP）的主要精神，就是將存在於日常生活中舉目所見的物件概念，讓各位從事程式設計時，能以一種更生活化、可讀性更高的設計觀念來進行，並且所開發出來的程式也較容易擴充、修改及維護。Python 具有許多物件導向的特性，例如類別、封裝、繼承、多形等設計，所有的資料也都是物件，不過它卻不像 Java 這類的物件導向語言強迫使用者必須用完全的物件導向思維寫程式。此外，更令人讚賞的是 Python 是多重思維（Multi-paradigm）的程式語言，允許我們使用多種風格來寫程式，程式撰寫更具彈性，就算不懂物件導向觀念，也不會成為學習 Python 的絆腳石。

1-3-4　豐富的第三方套件

　　Python 是資料解析、資料探勘（Data Mining）、資料科學工作中經常被使用的程式語言，可以廣泛應用在網頁設計、App 設計、遊戲設計、自動控制、生物科技、大數據等領域。Python 提供了豐富的 API 和工具，讓程式設計師能夠輕鬆地編寫擴充模組，也可以整合到其他語言的程式內使用，所以也有人說 Python 是「膠合語言」（Glue Language）。

ChatGPT 幫幫忙

 資料探勘（Data Mining）是什麼？

 資料探勘是一種資料分析方法，通過使用統計技術、機器學習算法和人工智慧技術，從大量資料中尋找模式、趨勢、關聯性和隱藏的知識。這種技術可以幫助組織從數據中提取有價值的信息，並用於預測未來事件、做出決策、發現新的商機，或者改進業務流程。資料探勘在各個領域都有廣泛的應用，包括市場研究、醫療保健、金融、零售業、網絡安全等。這個過程通常包括數據清理、特徵提取、模型建立和評估等步驟，以實現更好的理解和利用大量數據的目標。

除此之外，Python 擁有大量免費且開放原始碼的第三方套件及開發工具，可以幫助程式設計師輕鬆地編寫及擴充模組，完成許多的程式設計開發工作。

ChatGPT 幫幫忙

在 Python 中，模組是指什麼？跟 py 有什麼關聯？

在Python中，「模組」（Module）是指包含Python代碼的檔案，這些檔案通常以「.py」為擴展名。Python模組是一種組織和結構化代碼的方式，以便在不同檔案中重用代碼、變數、函數和類別。

模組通常與「.py」擴展名相關，因為Python解釋器使用這個擴展名來識別Python檔案，並將其視為模組。當您將Python代碼保存在以「.py」結尾的檔案中時，您可以使用「import」關鍵字在其他Python檔案中引入這個模組，以訪問其中定義的變數、函數和類別。

例如，如果您有一個名為「my_module.py」的Python檔案，您可以在其他Python檔案中這樣引入它：

```python
import my_module
```

Matplotlib 套件是相當受歡迎的繪圖程式庫（Plotting Library）

標記設為圓形，尺寸為 10 點，顏色設定為紅色、框線為藍色。

tkinter 套件是 Python 的標準 GUI 工具

1-3-5　無所不在的應用領域

Python 擁有龐大的開放式資源社群，在世界各地的社群會定期舉辦例行聚會，Python 的愛好者彼此交流，精益求精，Python 的應用可說是無遠弗屆，包括以下幾種應用：

Web 開發框架

Web 框架簡單來說就是為建立 Web 應用制定了一套規範，簡化了所有技術上的細節，前端就有 html、JavaScript 及 CSS 等等技術，更別提後端林林總總的技術，輕易地運用 Web Framework 模組就能建構出實用的動態網站。Python 領域中的知名 Web 框架，例如 Django、CherryPy、Flask、Pyramid、TurboGear 等等。

人工智慧

資訊科技不斷進步，人工智慧應用從日常生活到工作處處可見，Python 有各種容易擴增的資料分析與機器學習模組庫（Library），像是 NumPy、Matplotlib、Pandas、Scikit-learn、SciPy、PySpark…等等，讓 Python 成為資料解析與機器學習主要語言之一。

機器也能一連串模仿人類學習過程

 ChatGPT 幫幫忙

 請簡單解釋什麼是機器學習？

 機器學習是一種人工智慧的分支，它關注如何訓練計算機系統，以從數據中學習並改進性能，而無需明確的編程。簡而言之，機器學習使計算機能夠通過分析和模式識別數據，從中提取知識，並應用這些知識來做出預測或執行特定任務。這種方法可以應用於各種領域，例如自然語言處理、圖像識別、預測分析，以及更多其他應用。

物聯網

物聯網是讓生活中的物品能透過互聯互通的傳輸技術進行感知與控制，例如智慧家電可讓使用者遠端透過 APP 操控冰箱、空調等電器，Python 透過在 Arduino 與 Raspberry Pi 的支援之下，也能控制硬體，打造各種物聯網應用。

1-4 Python 安裝與執行

Python 是一種跨平台的程式語言,當今主流的作業系統(例如:Windows、Linux、Mac OS)都可以安裝與使用,本書是以 Windows 10 做為開發平台,首先我們要介紹如何下載與安裝 Python 的開發環境。步驟說明如下:

1-4-1 IDLE 編輯器下載與安裝

首先請連上官方網站,網址如下:https://www.python.org/,進入 Python 的「Downloads」頁面:

❶ 請按一下 Downloads

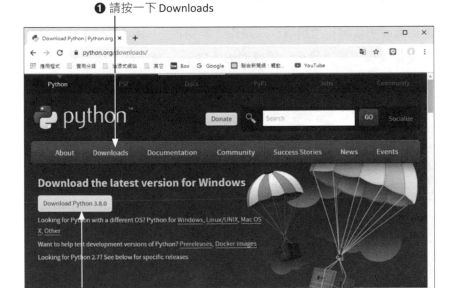

❷ 按此鈕下載最新版的 Python 工具

進入安裝畫面後,請勾選「Add Python 3.8 to PATH」核取方塊(讀者安裝的版本或許與本書不一樣,但操作方式雷同,請參照本書的操作步驟進行安裝即可),它會將 Python 的執行路徑加入到 Windows 的環境變數中,如此一來,各位進入 Windows 作業系統的「命令提示字元」視窗時,就可以直接下達 Python 指令。

上述畫面中建議採用預設安裝路徑，當點選「Install Now」就可以進行安裝，安裝完成後，按下最後一個畫面的「Close」鈕，就可以順利完成安裝工作。接著就來看看 Windows 10 開始功能表中 Python 安裝了哪些工具：

■ **IDLE 軟體**：內建的 Python 整合式開發環境軟體（Integrated Development Environment, 簡稱 IDE）。

> **TIPS** 　早期要設計程式，首先必須找一種文字編輯器來編輯，例如 Windows 系統下的「記事本」，程式編輯完成後，再分別下達編譯與執行的指令，如果執行程式後發現執行結果有錯誤，又要回到原先的文字編輯器進行程式的修改工作。而「整合開發環境」可將程式的編輯、編譯、執行與除錯等功能整合於同一操作環境下。

- **Python 3.8**：會進入 Python 互動交談模式（Interactive Mode），當看到 Python 特有的提示字元「>>>」，就可以逐行輸入 Python 程式碼。

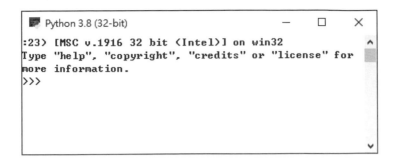

- **Python 3.8 Manuals**：Python 程式語言的解說檔案。
- **Python 3.8 Module Docs**：提供 Python 內建模組相關函數的解說。

1-4-2 在桌面上建立 IDLE 捷徑

為了方便以後 IDLE 程式的執行，各位可以在工作列建立捷徑，作法如下：

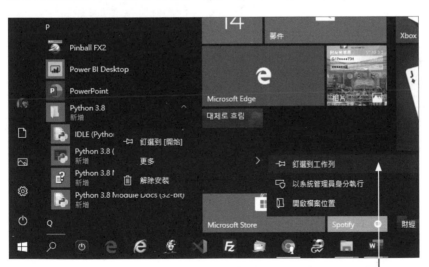

在開始功能表找到 Python 程式，接著在 IDLE 按右鍵
開啟快顯功能表，並執行「釘選到工作列」指令

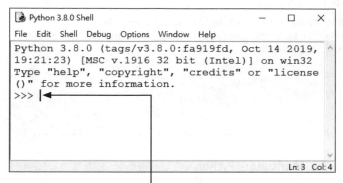

請按下 IDLE 圖示鈕

成功啟動 Python 整合開發環境，在 Python 特有的「>>>」提示字元時，就可以直接下達 Python 指令。

下例就是一個簡單的 print() 函數，可以用來輸出字串，所謂字串就是將一連串字元放在單引號（'）或雙引號（"）括起來。請於「>>>」符號後輸入以下指令：

```
print(" 我的第一支 Python 程式 ")
```

如下圖所示：

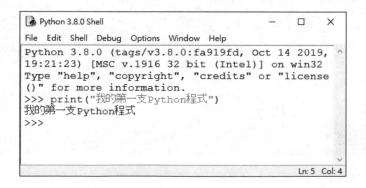

由上圖的執行結果，確定已成功執行 Python 程式了。

1-5 我的第一支 Python 程式

如果每次寫程式都必須在 Python 直譯環境中重新輸入指令，這會造成使用者撰寫程式的不方便，這時就必須將程式儲存成檔案，以利程式的修改與維護。接下來將以 IDLE 軟體示範如何撰寫程式檔案及執行 Python。

1-5-1 新建程式

首先請啟動 IDLE 軟體，然後執行「File/New File」指令，接下來就可以撰寫程式：

接著請輸入如下圖的程式碼：

1-5-2　儲存程式

然後執行「File/Save」指令，將檔案命名成「first.py」，然後按下「存檔」鈕將所撰寫的程式儲存起來。

1-5-3　執行程式

執行「Run/Run Module」指令（或直接按 F5 功能鍵），就可以正確執行本支程式。

1-5-4　開啟程式

當程式檔案已儲存，下次執行「File/Open」指令就可以開啟這支程式。

然後會出現「開啟」的對話方塊，接著選擇打算開啟的檔案即可。

課後習題

一、選擇題

( ) 1. 大數據的特性不包含下列哪一個層面？

(A) 大量性　　　　(B) 速度性　　　　(C) 多樣性　　　　(D) 重複性

( ) 2. 有關程式語言的描述，下列何者不正確？

(A) 機器語言是一連串的 0 與 1 之組合

(B) 機器語言撰寫而成的程式，必須經過編譯器或解譯器翻譯為機器語言

(C) Python 是一種高階程式語言

(D) 人工智慧語言，或稱為自然語言

( ) 3. Python 語言的特性不包括下列何者？

(A) 程式碼簡潔　　(B) 開放原始碼　　(C) 編譯式語言　　(D) 物件導向

( ) 4. 演算法的五個條件不包括？

(A) 有限性（Finiteness）　　　　(B) 即時性（Realtime）

(C) 有效性（Effectiveness）　　　(D) 明確性（Definiteness）

( ) 5. 大數據三種層面的特性不包括？

(A) 大量性　　　　(B) 規則性　　　　(C) 速度性　　　　(D) 多樣性

二、填充題

1. ＿＿＿＿＿＿＿ 語言是由 1 和 0 兩種符號構成。

2. ＿＿＿＿＿＿＿ 語言是一種介於高階語言及機械語言間的符號語言。

3. ＿＿＿＿＿＿＿ 語言的特點是必須經過編譯（Compile）或解譯（Interpret）的過程，才能轉換成機器語言。

4. 資料庫的結構化查詢語言（Structural Query Language, SQL）就是 ＿＿＿＿＿＿＿ 語言。

5. _____ 語言稱為第五代語言，或稱為自然語言。

6. 物件導向程式設計模式則必須具備三種特性：_____ 、 _____ 與 _____ 。

7. 所謂 _____ ，是使用編譯器來將程式碼翻譯為目的程式（Object Code）。例如：C、C++ 等語言都是使用編譯的方法。

8. _____ 則是利用解譯器（Interpreter）來對高階語言的原始程式碼做逐行解譯，所以執行速度較慢，例如 Python、Basic 等語言皆使用這種方法。

三、問答與實作題

1. 請比較高階語言中編譯與直譯兩者間的差異性。

2. 試簡述 Python 語言的特性。

3. 請說明解譯式程式語言的特性。

4. Python 具有哪些物件導向程式語言的特性？

5. 在 Windows 10 可以看到 Python 安裝了哪些工具？

6. 「結構化程式設計」具備哪三種基本結構？

7. 試列出物件導向技術的三個重要特徵。

8. 封裝（Encapsulation）的意義與功能為何？

MEMO

大話變數與
資料處理

當程式執行時，外界的資料進入電腦後，當然要有個棲身之處，這時系統就會撥個記憶體給這份資料，而在程式碼中，我們所定義的變數（Variable）就是扮演這樣的一個角色。Python 語言中最基本的資料處理對象就是變數，主要的用途就是儲存資料，以供程式中各種計算與處理之用。

變數就像大小不一的抽屜可以擺放不同尺寸的物品

2-1 認識變數

變數（Variable），就是在程式中由 Python 直譯器所配置的一塊具有名稱的記憶體，用來儲存可變動的資料內容，以提供程式中各種運算之用，當程式需要時再取出使用，為了方便識別，必須給它一個名字，就稱為「變數」。

2-1-1 變數宣告與指定

大部份的程式語言使用變數前，必須先告訴程式準備要使用這個變數，這個動作就叫做「變數宣告」，變數宣告的主要作用在告知電腦，需要幫這個變數準備多少的記憶體空間。

不過，Python 在變數的處理上是採用物件參照（Object Reference）的方法，並採用「動態型別」（Dynamically-typed）模式，簡單來說，就是變數的型態是在給定初始值時才決定，所以 Python 變數不需要事先宣告就可以使用，這點和在其他語言（例如：C、C++、Java）一定要事先宣告資料型態後才能使用變數有所不同。

 ChatGPT 幫幫忙

 動態型別是什麼？

 在程式設計中，動態型別（Dynamic Typing）是指一種程式語言的特性，其中變數的型別是在執行時期而非編譯時期決定的。這表示在運行時，您可以改變變數的型別，而不需要事先聲明或指定型別。

與動態型別相對的是靜態型別（Static Typing）。在靜態型別的語言中，變數的型別需要在編譯時期就確定，並且在運行時期無法改變。

Python 是一個動態型別的程式語言的例子。在 **Python** 中，您可以像這樣聲明變數：

```python
x = 5     # x現在是整數型別
x = "Hello"   # x現在是字串型別
```

您可以看到，同一個變數 `x` 在不同的時候可以具有不同的型別。這使得 **Python** 非常靈活，但同時也需要謹慎處理型別的轉換，以避免錯誤。

動態型別的優勢在於它提供了更大的靈活性，允許開發者在不同的情況下更輕鬆地操作數據。然而，缺點是在執行時期可能出現型別相關的錯誤，而這些錯誤在編譯時期可能不容易被發現。

Python 是利用「=」號來設定變數的內容值，其語法如下：

變數名稱 = 變數值

例如：

```
num1=30
num2=77
```

這時 Python 會分別自動分配記憶體給變數 num1，儲存值為 30，及變數 num2，儲存值為 77。當程式進行需要存取這塊記憶體時，就可直接利用變數名稱 num1 與 num2 來存取。如下圖所示：

記憶體位置		變數名稱
1024	30	num1
1028	77	num2

下式將以上變數 num1 值改為字串 "apple" 時，num1 就會自動轉換為字串型態，跟 C/C++ 相比，變數的使用上是不是十分方便？

```
num1= "apple"
```

 ChatGPT 幫幫忙

 請解釋關於數學等號與程式語言等號的迷思。

> 數學等號和程式語言中的等號在概念上有些不同，這種不同常常被描述為「等號的迷思」。以下是它們之間的主要區別：
>
> 1. **數學中的等號**：在數學中，等號表示兩邊的表達式是相等的。它用於表示數學等式，例如 2 + 3 = 5，其中等號右邊的計算結果等於左邊的計算結果。數學中的等號是嚴格相等的概念，表示兩個數字或數學表達式相同。
> 2. **程式語言中的等號**：在大多數程式語言中，等號（=）用於賦值操作，將右邊的值賦給左邊的變數。這不表示相等，而是將值存儲在變數中。例如，在Python中，`x = 5` 表示將值5賦給變數x。這種等號在程式語言中用於操作變數，而不是比較值是否相等。
>
> 這種差異可能導致混淆，因為人們可能期望在程式中使用等號時，它表示數學上的相等。因此，為了比較兩個值是否相等，程式語言通常使用不同的運算符，例如雙等號（==）或三重等號（===）。
>
> 例如，在大多數程式語言中，您可以使用 `x == 5` 來檢查變數x是否等於5。這個運算符返回True或False，表示相等或不相等。

另外，當兩行的指令很短時，可使用「;」（半形分號）把分行的指令合併成一行。

```
a = 10; b = 20
```

各位也可以一次宣告多個相同資料值的變數，例如 a、b、c 三個變數的值都是 66：

```
a=b=c=66
```

或者利用 "," 隔開變數名稱，就能在同一列中宣告：

```
a,b,c = 10,20,30
```

同理，各位也可以混合不同型態的變數一起宣告：

```
year,height,name = 55,175.6,"Alex"
```

如果變數確定不需要使用了，您也可以使用「del」來刪除，以節省系統資源，例如：

```
del num1
```

以下範例示範了各種變數的設定與執行結果。

範例程式 **variable.py** ▶ 各種變數的設定

```
01   num1=30
02   print(num1)
03   num1="happy"
04   print(num1)
05   a=b=12
06   print(a,b)
07   name,salary,weight=" 陳大富 ",60000,85.7
08   print(name,salary,weight)
```

執行結果

```
30
happy
12 12
陳大富 60000 85.7
```

程式解析

- ♦ 第 1 ～ 2 行：將數值 30 設定給變數 num1，接著印出其值。
- ♦ 第 3 ～ 4 行：將字串 "happy" 設定給變數 num1，接著印出其值，各位可以發現該變數的資料型態從原先的數值改變成字串。
- ♦ 第 5 行：一次宣告多個相同資料型態的變數。
- ♦ 第 7 行：混合不同型態的變數一起宣告。

2-1-2 變數命名規則

在 Python 程式中識別字包括了變數、函數、類別、方法等代號。基本上，變數名稱都是由程式設計者自行定義，為了考慮到程式的可讀性，各位最好盡量以符合變數所賦予的功能與意義來命名。例如總和取名為「sum」，薪資取名為「salary」等。特別是當程式規模越大時，變數的可讀性越顯得重要。

不過在 Python 中的變數命名也需要符合一定的規則，如果使用不適當的名稱，可能會造成程式執行時發生錯誤。由於變數是屬於 Python 識別字的一種，必須遵守以下基本規則：

① 變數名稱第一個字元必須是英文字母或是底線（＿）或是中文，不過建議大家還是盡量少用中文，會影響程式的可攜性。

② 其餘字元可以搭配大小寫英文字母、數字、＿ 或中文，變數名稱的長度不限。

③ Python 是屬於區分大小寫的語言，也就是說「myName」、「MyName」、「myname」會被 Python 視為三個不同的名稱。

④ 關鍵字則是具有語法功能的保留字，各位絕對不能更改或重複定義它們。

常見的關鍵字如下：

acos	fabs	orl
and	False	pass
array	float	pi
asin	finally	print
assert	floor	raise
atan	for	range
break	from	return
class	global	sin
continue	if	sqrt
cos	import	tan
Data	in	True
Def	input	try
Del	int	type
e	is	while
elif	lambda	with
else	log	write
except	log10	yield
exec	not	
exp	open	

ChatGPT 幫幫忙

在 Python 中，help() 函數的作用是什麼？

在Python中，`help()`函數用於獲取有關模組、函數、類別、對象或方法的文檔字符串（docstring）和說明信息。它提供了有關特定Python內置函數或用戶自定義對象的相關信息，幫助程序員理解它們的功能、用法和參數。`help()`函數可以用於互動式Python解釋器（例如IDLE或Jupyter Notebook）以及腳本文件。

要使用`help()`函數，只需在Python交互式提示符或腳本中輸入`help()`，然後將要查詢的對象或名稱作為參數傳遞給它。例如：

```python
help(len)
```

這將顯示有關Python內置函數`len`的文檔信息，包括該函數的說明、參數和返回值等。

以下是合法與不合法的變數名稱比較：

合法變數名稱	不合法變數名稱
abc	@abc,5abc
_apple,Apple	dollar$,*salary
structure	while

其中 @abc,5abc 違反變數名稱第一個字元必須是英文字母或是底線（_）或是中文的命名規則。dollar$,*salary 則是違反除了第一個字元，其餘字元可以搭配其他的大小寫英文字母、數字、_ 或中文的命名規則。至於 while 這個變數名稱不能與 Python 的保留字相同。

2-1-3　程式註解

註解是用來說明程式碼或是提供其他資訊的描述文字，Python 直譯器會忽略註解，因此並不會影響執行結果。除了能提高程式可讀性，在日後進行程式維護與修訂時，也能夠省下不少時間成本。Python 的註解有兩種，單行註解跟多行註解：

單行註解

單行註解符號是「#」，在「#」以後的文字都會被當成註解，例如：

```
#salary 變數的功能是用來記錄每位員工的薪水
```

多行註解

多行註解是以三個引號包住註解文字，引號可以是成對的三個雙引號：

```
"""
程式名稱：reverse.py
程式功能：本程式功能會將所輸入的字串以反向方式輸出
"""
```

也可以用三個單引號：

```
'''
程式名稱：reverse.py
程式功能：本程式功能會將所輸入的字串以反向方式輸出
'''
```

2-2　資料型態

每種語言都擁有略微不同的基本資料型態，例如一般程式語言中的整數、實數、字元等等。資料型態在程式語言中，包含兩個必備的層次，分述如下：

可說明性 （Specification）	包括資料屬性，代表的數值與該屬性可能進行的各種運算
可執行性 （Implementation）	包括資料的記憶體描述，並由資料型態運算，了解資料對象的儲存體描述

事實上，對於任何一種程式語言來說，都有基本資料型態的集合以構成語言，例如整數、浮點數或者字串等等。接下來我們要簡單介紹 Python 常用的基本型態。

2-2-1　數值型態

Python 常見數值型態有整數（int）、浮點數（float）及布林值（bool）三種。

🗨 整數

整數（int）資料型態是用來儲存不含小數點的資料，跟數學上的意義相同，如 -1、-2、-100、0、1、2、100 等，在各位宣告變數資料型態時，可以同時設定初值，這個初始值的整數表示也可以是 10 進位、2 進位、8 進位或 16 進位。例如：

整數	說明
125	10 進位
0b1101101	二進位
0x16	十六進位
0o24	8 進位
-312	負數

各位也可以利用配合 Python 的內建函數來做轉換，如下所示：

內建函式	說明
bin(int)	將十進位數值轉換成二進位，轉換的數字以 0b 為前綴字元
oct(int)	將十進位數值轉換成八進位，轉換的數字以 0o 為前綴字元
hex(int)	將十進位數值轉換成十六進位，轉換的數字以 0x 為前綴字元
int(s, base)	將字串 s 依據 base 參數提供的進位數轉換成 10 進位數值

以下範例是整數不同進位的表示方式。

範例程式 **carry.py** ▶ 整數不同進位的表示方式

```
01   num=123
02   print(num)
03   num1=bin(num)  #2 進位
04   print(num1)
05   num2=oct(num)  #8 進位
06   print(num2)
07   num3=hex(num)  #16 進位
08   print(num3)
09   print(int(num1,2))  # 將 2 進位的字串轉換成 10 進位數值
10   print(int(num2,8))  # 將 8 進位的字串轉換成 10 進位數值
11   print(int(num3,16)) # 將 16 進位的字串轉換成 10 進位數值
```

執行結果

```
123
0b1111011
0o173
0x7b
123
123
123
```

程式解析

♦ 第 3 ～ 4 行：將數值 num=123 轉換成 2 進位並設定變數 num1，接著印出其值。

♦ 第 5 ～ 6 行：將數值 num=123 轉換成 8 進位並設定變數 num2，接著印出其值。

♦ 第 7 ～ 8 行：將數值 num=123 轉換成 16 進位並設定變數 num3，接著印出其值。

♦ 第 9 ～ 11 行：分別將 2 進位的 num1、8 進位的 num2、16 進位的 num3 轉換成 10 進位並印出其值。

浮點數

浮點數（float）資料型態指的就是帶有小數點的數字，也就是我們在數學上所指的實數，例如 4.99、387.211、0.5、3.14159 等。以下 Python 的內建浮點數相關方法：

方法	說明
fromhex(s)	將 16 進位的浮點數轉為 10 進位
hex()	以字串來回傳 16 位數浮點數
is_integer()	判斷是否為整數，若小數位數是零，會回傳 True
round(x,n)	會回傳參數 x 最接近的數值，n 是指定回傳的小數點位數

例如：

```
num =  0.1 + 0.2
print(round(num, 1))  # 結果值為 0.3
```

布林值

布林（bool）是一種表示邏輯的資料型態，只有真假值 True 與 False。布林資料型態通常使用於流程控制做邏輯判斷。你也可以採用數值「1」或「0」來代表 True 或 False。

範例程式 **bool.py** ▶ 轉換布林型態

```
01   print( bool(0) )
02   print( bool("") )
03   print( bool(" ") )
04   print( bool(1) )
05   print( bool("XYZ") )
```

執行結果

```
False
False
True
True
True
```

程式解析

→ 第 02 行：傳入是一個空字串，所以會回傳 False。

→ 第 03 行：傳入是含有一個空格的字串，所以會回傳 True。

2-2-2　字串型態

在 Python 中將一連串字元放在單引號（'）或雙引號（"）括起來，就是一個字串（String），請注意！單引號（'）或雙引號（"）必須要成對使用，不可混合使用，否則會發生語法錯誤。如果要將字串指定給特定變數時，可以使用「=」指定運算子。範例如下：

```
phrase= " 心想事成 "
```

如果字串的本身包含雙引號或單引號，則可以使用另外一種引號來包住該字串。以下幾種表示方式都是正確的字串表示方式：

```
01   "13579"
02   "1+2"
03   "Hello, how are you?"
04   "I'm all right, but it's raining."
05   'I\'m all right, but it\'s raining.'
```

底下的小例子都是一種使用單引號（'）或雙引號（"）錯誤的例子。

```
'I'm all right, but it's raining.'
"I"m all right, but it"s raining."
```

當字串較長時，也可以利用「\」字元將過長的字串拆成兩行：

```
slogan="Never put until \
tomorrow \
what you can do today"
```

當需要依照固定的格式來輸出多行字串，則可以利用三個單引號或三個雙引號來框住使用者指定的字串格式，例如：

```
>>> print("""忠孝
仁愛
信義
和平""")
忠孝
仁愛
信義
和平
```

📎 TIPS　如果想要了解變數的資料型態，就可以使用 type() 指令來傳回指定變數的資料型態。例如：

```
print(type(23))  # 輸出結果 <class 'int'>
print(type(3.14)) # 輸出結果 <class 'float'>
print(type("happy birthday")) # 輸出結果 <class 'str'>
print(type(True)) # 輸出結果 <class 'bool'>
```

執行結果：

```
<class 'int'>
<class 'float'>
<class 'str'>
<class 'bool'>
```

2-2-3　資料型態轉換

如果不同資料型態作運算時，會造成資料型態的不一致，這時候「資料型態轉換」（Data Type Coercion）功能就派上用場了。在 Python 運算當中，變數之間必須具備相同型態才能進行運算，當不同資料型態變數進行運算時，需要針對運算式執行上的要求，還可以「暫時性」轉換資料的型態。例如整數與浮點數運算時，Python 會先將位元數少的型態先轉換為位元數多的型態，再來進行運算，也就是會先轉換為浮點數進行運算，最後結果也為浮點數，例如：

```
sum=12+ 11.5    # 其運算結果為浮點數 23.5
```

如果要串接多個字串，也可以利用「+」符號，例如：

```
>>> print("2020"+"新年快樂")
2020新年快樂
>>>
```

但是如果要直接串接整數與字串，則會出現錯誤：

```
>>> print("愛你"+1000+"年")
Traceback (most recent call last):
  File "<pyshell#4>", line 1, in <module>
    print("愛你"+1000+"年")
TypeError: can only concatenate str (not "int") to str
>>>
```

除了由 Python 自行型態轉換之外，各位也可以強制轉換資料型態。Python 強制轉換資料型態的內建函數有下列三種：

■ **int()**：強制轉換為整數資料型態

```
num1 = "8"
num2 = 12 + int(num1)
print(num2)   #結果：20
```

變數 num1 的值是 8，為字串型態，所以先用 int(x) 轉換為整數型態。

■ **float()**：強制轉換為浮點數資料型態

```
num1 = "9.25"
num2 = 6 + float(num1)
print(num2)    # 結果：15.25
```

變數 num1 的值是 9.25 是字串型態，所以先用 float(x) 轉換為浮點數型態。

■ **str()**：強制轉換為字串資料型態

```
num1 = "3.78"
num2 = 5 + float(num1)
print("輸出的數值是 " + str(num2))    # 結果：輸出的數值是 8.78
```

print() 函數裡面「輸出的數值是」這一串字是字串型態，「+」號可以將兩個字串相加，變數 num2 是浮點數型態，所以必須先轉換為字串。

2-3 輸出指令－ print

程式設計的目的就在於將使用者所輸入的資料，經由電腦運算之後，再將結果另行輸出。print() 函數相信各位都已經不陌生了吧！其實它也是 Python 中最普遍的輸出函數，print() 函數會將指定的文字輸出到螢幕，print() 函數更可以配合格式化字元，來輸出指定格式的變數或數值內容。格式如下：

```
print( 項目 1[, 項目 2,…, sep= 分隔字元 , end= 結束字元 ])
```

> **TIPS** [] 內表示可省略的參數，那麼分隔字元與結束字元會以系統預設值為主，結束字元預設的分隔符號為一個空白字元（""）。

說明如下：

■ **項目 1, 項目 2,…**：print() 函數可以用來列印多個項目，每個項目之間必須以逗號隔開。

■ **sep**：分隔字元，可以用來列印多個項目，每個項目之間必須以分隔符號區隔。

■ **end**：結束字元，是指在所有項目列印完畢後會自動加入的字元，如果省略 end 不寫，執行 print() 函數之後就會換行，當然各位也可以設定 end=""，那麼下次列印時還會在同一列上。

例如 print(10, 20, 30,sep="@")，會輸出 10@20@30，如果省略 sep 不寫，就會以預設的空格來分隔輸出的資料。

我們再來看幾個例子，其程式碼及輸出結果如下：

```
print("python 簡單又好學 ")     # 直接印出
print(" 一年甲班 ", " 通過檢測 ", 100, " 人 ")# 分隔字元為空白
print(" 一年甲班 ", " 通過檢測 ", 100, " 人 ", sep="@") # 分隔字元為 @, 並自動換行
print(" 一年甲班 ", " 通過檢測 ", 100, " 人 ", sep="@",end="") # 輸出後不會換行
print(" 狂賀 ")# 直接緊接著上一行輸出
```

其輸出結果如下：

```
python簡單又好學
一年甲班  通過檢測  100 人
一年甲班@通過檢測@100@人
一年甲班@通過檢測@100@人狂賀
```

2-3-1 「%」參數格式化輸出

接下來我們要補充 print 指令也支援格式化輸出功能，有兩種格式化方法可以使用，一種是以「%」格式化輸出，另一種是透過函數格式化（Format）輸出。

首先介紹由 "%" 字元與後面的格式化字串來輸出指定格式的變數或數值內容，語法如下：

```
print(" 項目 " %( 參數列 ))
```

參數列中含有要輸出的字串與對應引數列項目的格式化字元，這些項目可以是變數、常數或者是運算式的組合，格式化字串中有多少個格式化字元，參數列中就該有相同數目對應的項目。各種格式化字元輸出方式請參考下表：

格式化符號	說明
%s	字串
%d	整數
%f	浮點數
%e	浮點數，指數 e 型式
%o	八進位整數
%x	十六進位整數

【例 1】

```
score=98
print(" 小明的分數：%d" % score)
```

輸出結果

小明的分數：98

【例 2】

```
print("%5s 的平均遊戲積分：%5.2f" % ("Bruce",83))
print("%5s 的平均遊戲積分：%5.2f" % ("Andy",57.2))
```

輸出結果

Bruce 的平均遊戲積分：83.00
 Andy 的平均遊戲積分：57.20

以下範例將數字 168，分別用 print 函數輸出浮點數、八進位、十六進位以及二進位。

範例程式 **print_%.py** ▶ 整數輸出不同進制

```
01  num = 168
02  print ("數字 %s 的浮點數：%5.1f" % (num,num))
03  print ("數字 %s 的八進位：%o" % (num,num))
04  print ("數字 %s 的十六進位：%x" % (num,num))
05  print ("數字 %s 的二進位：%s" % (num,bin(num)))
```

執行結果

```
數字 168 的浮點數: 168.0
數字 168 的八進位: 250
數字 168 的十六進位: a8
數字 168 的二進位: 0b10101000
```

上例透過內建函數 bin() 將十進位數字轉換成二進位字元再輸出。

2-3-2　format 函數格式化輸出

接下來還要介紹如何透過 format 函數格式化輸出,是以一對大括號「{}」來表示參數的位置,{} 內則用 format() 裡的引數替換,不需要理會引數資料型態,一律用 {} 表示,可使用多個引數,同一個引數可以多次輸出,位置可以不同,語法如下:

```
print( 字串 .format( 參數列 ))
```

舉例來說:

```
print("{0} 駕照考了 {1} 次 . ".format(" 陳美鳳 ", 5))
```

其中 {0} 表示使用第一個引數、{1} 表示使用第二個引數,以此類推,如果 {} 內省略數字編號,就會依照順序填入。

您也可以使用引數名稱來取代對應引數,例如:

```
print("{person} 一年收入新台幣 {money} 元 . ".format(person =" 許富強 ",
money=1000000))# 許富強 一年收入新台幣 1000000 元 .
```

直接在數字編號後面加上冒號「:」可以指定參數格式,例如:

```
print('{0:.3}'.format(1.732))    #1.73
```

表示第一個引數取小數點後 2 位 (含小數點)。

以下程式碼是利用 format 方法來格式化輸出字串及整數的工作: (format_1.py)

```
company=" 藍海科技股份有限公司 "
year=27
print("{} 已成立公司 {} 年 " .format (company, year))
```

輸出結果

藍海科技股份有限公司已成立公司 27 年

以下範例利用了資料型態轉換，將字串轉成整數後，再進行相乘的運算。

範例程式 **change.py** ▶ 資料型態轉換

```
01  str = "{1} * {0} = {2}"
02  a = 3
03  b = "5"
04  print(str.format(a, b, a * int(b)))
```

執行結果

5 * 3 = 15

另外也可以搭配「^」、「<」、「>」符號加上寬度來讓字串居中、靠左對齊或靠右對齊，例如：（format_2.py）

```
print("{0:10} 收入：{1:_^12}".format("Axel", 52000))
print("{0:10} 收入：{1:>12}".format("Michael", 87000))
print("{0:10} 收入：{1:*<12}".format("May", 36000))
```

輸出結果

```
Axel       收入：___52000___
Michael    收入：      87000
May        收入：36000*******
```

其中 {1:_^12} 表示寬度 12，以底線「_」填充並置中；{1:>12} 表示寬度 12 靠右對齊，未指定填充字元就會以空格填充；{1:*<12} 表示寬度 12，以星號「*」填充並靠左對齊。

範例程式 **salary.py** ▶ 格式化列印員工各項收入

```
01  print(" 編號姓名底薪業務獎金加給補貼 ")
02  print("%3d %3s  %6d %6d %6d" %(801," 朱正富 ",32000,10000,5000))
03  print("%3d %3s  %6d %6d %6d" %(805," 曾自強 ",35000,8000,7000))
04  print("%3d %3s  %6d %6d %6d" %(811," 陳威動 ",43000,15000,6000))
```

執行結果

編號	姓名	底薪	業務獎金	加給補貼
801	朱正富	32000	10000	5000
805	曾自強	35000	8000	7000
811	陳威動	43000	15000	6000

2-4 輸入指令－ input

input() 函數恰好跟 print() 函數相反，在 Python 中兩個正好是一對寶，程式中經常會看到它們的蹤跡。input() 函數可以經由標準輸入設備（鍵盤），把使用者所輸入的數值、字元或字串傳送給指定的變數，input() 函數可以指定提示文字，語法如下：

```
變數 = input(" 提示文字 ")
```

上述語法中的「提示文字」是一段告知使用者輸入的提示訊息，使用者輸入的資料是字串格式，我們可以透過內建的 int()、float()、bool() 等函數將輸入的字串轉換為整數、浮點數、布林值型態。

使用 input 命令時，所輸入的資料類型是字串，一些新手常會在輸入數字型態的資料時，會直覺認為是數值並進行運算，因而發生資料型態不符的錯誤，例如：

```
money=input(" 請輸入金額： ")
print(money*1.05)
```

會出現如下的錯誤訊息：

```
TypeError: can't multiply sequence by non-int of type 'float'
```

這是因為變數 money 是字串無法與數值 1.05 相乘，因為發生無法相乘的錯誤。

正確的作法是將字串以 int 或 float 強制將數值轉換為數值資料型態，就可以正常執行，程式碼修改如下：

```
money=input(" 請輸入金額：")
print(int(money)*1.05)
```

輸出結果

```
請輸入金額：5200
5460.0
```

以下範例利用 input 函數，讓使用者由螢幕輸入兩筆資料，並且輸出這兩數的和。

範例程式　add.py ▶ 將輸入的兩數相加後輸出

```
01  no1=input(" 請輸入第 1 個浮數：")
02  no2=input(" 請輸入第 2 個浮數：")
03  print(" 兩數的和 ",float(no1)+float(no2))
```

執行結果

```
請輸入第1個浮數：3.8
請輸入第2個浮數：9.2
兩數的和 13.0
```

程式解析

◆ 第 3 行：直接輸出兩數的和。但兩數要相加之前，必須將所輸入的字串以 float() 函數強制轉換成浮點數值才可以相加。

綜 合 範 例

1. 請各位設計一程式，可以讓使用者進行日期輸入，並顯示輸入的結果。

```
請輸入日期(YYYY-MM-DD)：
2020
08
15
日期：2020-08-15
```

解答 date.py

```
01   print(" 請輸入日期 (YYYY-MM-DD)：")
02   year=input()
03   month=input()
04   day=input()
05   print(" 日期：%s-%s-%s" %(year, month, day))
```

2. 月球引力約為地球引力的 17%，請設計一程式讓使用者輸入體重，以求得
   該使用者於月球上之體重。

```
請輸入您的體重(公斤)：80
您在月球上體重為：13.60000 公斤
```

解答 earth.py

```
01   print(" 請輸入您的體重 ( 公斤 ):",end="")
02   weight=int(input())# 輸入體重
03   print(" 您在月球上體重為：%.5f 公斤 " %(weight * 0.17))
```

3. 請設計一程式讓使用者任意輸入 10 進位數，並分別輸出該數的 8 進位與
   16 進位數的數值。

```
請輸入一個十進位數： 84
Val的八進位數=124
Val的十六進位數=54
```

解答 digit.py

```
01   print(" 請輸入一個十進位數： ",end="")
02   Val=int(input())
03   print("Val 的八進位數 =%o" %Val); # 以 %o 格式化字元輸出
04   print("Val 的十六進位數 =%x" %Val); # 以 %x 格式化字元輸出
```

課後習題

一、選擇題

( ) 1. 下列哪一個變數設定資料值的方式是正確的？

(A) a=b=c=66

(B) a,b,c = 10,20,30

(C) year,height,name = 55, 175.6,"Alex"

(D) 以上皆是正確的變數設定值的方式

( ) 2. 如果變數確定不需要使用了，可以使用哪一個指令來刪除？

(A) drop　　　　(B) del　　　　(C) erase　　　　(D) omit

( ) 3. 對於特定物件的方法、屬性或指令不清楚，可以使用下列哪個函數查詢？

(A) help()　　　(B) aid()　　　(C) menu()　　　(D) how()

( ) 4. print(bool(1)) 結果值為何？

(A) True　　　　(B) False　　　(C) true　　　　(D) false

( ) 5. 當字串較長時，也可以利用什麼字元將過長的字串拆成兩行。

(A) /　　　　　(B) |　　　　　(C) \　　　　　(D) #

( ) 6. 下列何者是無效的 Python 變數？

(A) _count　　　(B) buy168　　　(C) 12_num　　　(D) STU_NO

( ) 7. 將數值資料轉為字串的函數是哪一種？

(A) str() 函數　(B) string() 函數　(C) ord() 函數　(D) chr() 函數

( ) 8. 如果要依照固定的格式來輸出字串可以用哪一個符號來框住指定的字串？

(A) 三重單引號　(B) 三重雙引號　(C) 以上皆可　(D) 以上皆否

二、填充題

1. _____ 主要是用來儲存程式中的資料，以提供程式中各種運算之用。

2. Python 的註解分成兩種：_____、_____。

3. Python 的數值型態有 _____、_____ 與 _____ 三種。

4. Python 變數的值是使用 _____ 來指派，可以一次宣告多個相同資料型態的變數，或混搭不同型態的變數。

5. 將一連串字元放在 _____ 或 _____ 括起來，就是一個字串（String）。

6. 使用 _____ 函數來傳回指定變數的資料型態。

7. 資料型態轉換功能可以區分為「_____」與「_____」。

8. 三個強制資料型態轉換的命令：_____。

三、問答與實作題

1. 試簡述 Python 命名的基本原則。

2. 請解釋下列三個不合法變數名稱，分別違反了什麼樣的命名規則？

   ❶ @abc   ❷ dollar$ ❸ range

3. 一般評斷程式語言好壞的四項標準為何？

4. Python 的註解有哪兩種方式。

5. Python 強制轉換資料型態的內建函數有哪些？

6. 在 Python 語言中使用變數前是否要事先宣告？

7. print 指令也支援格式化功能，請填入下表輸出格式化功能的符號。

格式化符號	說明
	字串
	浮點數
	八進位整數
	十六進位整數

8. 請說明底下無效變數錯誤的原因。

7_up

for

$$$999

happy new year

03
CHAPTER

一看就懂的
運算式與運算子

精確快速的計算能力稱得上是電腦最重要的能力之一，而這些就是透過程式語言中各種五花八門的運算式來達成。運算式就像平常所用的數學公式一樣，是由運算子（Operator）與運算元（Operand）所組成。一般我們在程式撰寫中經常將變數或數值等各種「運算元」，利用系統預先定義好的「運算子」來進行各種算術運算（如＋、－、×、÷ 等）、邏輯判斷（如 AND、OR、NOT 等）與關係運算（如＞、＜、＝等），以求取一個執行結果。

```
A=(B+C)*(A+10)/3;
```

就如以上數學式子就是一種運算式，=、+、* 及 / 符號稱為運算子，而變數 A、B、C 及常數 10、3 都屬於運算元。接著將介紹常見的運算子。

3-1 算術運算子

算術運算子（Arithmetic Operator）包含了數學運算中的四則運算。算術運算子的符號與名稱如下表所示：

算術運算子	範例	說明
+	a+b	加法
-	a-b	減法
*	a*b	乘法
**	a**b	乘冪（次方）
/	a/b	除法
//	a//b	整數除法
%	a%b	取餘數

「/」與「//」都是除法運算子,「/」會有浮點數;「//」會將除法結果的小數部份去掉,只取整數,「%」是取得除法後的餘數。這三個運算子都與除法相關,所以要注意第二個運算元不能為零,否則會發生除零錯誤。例如:

```
x = 25
y= 4
print(x / y)      # 浮點數 6.25
print(x // y)     # 整數 6
print(x % y)      # 餘數 1
```

另外還有「**」是乘冪運算,例如要計算 3 的 4 次方:

```
print(3 ** 4)    #81
```

如果兩個整數相除,計算結果仍然會是整數,如果商數含有小數,會被自動去除,以下以實際的範例來為您說明。

範例程式 math.py ▶ 四則運算子的運算說明與示範

```
01   a=10;b=7;c=20
02   print(a/b)
03   print((a+b)*(c-10)/5)
```

執行結果

```
1.4285714285714286
34.0
```

程式解析

◆ 第 1 行:宣告整數型態的變數 a、b、c,並且分別設定變數的初值。

◆ 第 2 行:顯示「a/b」的回傳值。

◆ 第 3 行:(a+b)*(c-10)/5 會先計算括號部分,再計算乘除部分,所以回傳值為 34.0。

📎 **補充範例**

請設計一程式，經過以下宣告與運算後 A、B、C 的值。

```
01  A=5;B=8;C=10
02  B=B+1
03  A=B*(C-A)/(B-A)
04  print("A= ",A)
05  print("B= ",B)
06  print("C= ",C)
```

解答 math1.py

```
A=   11.25
B=   9
C=   10
```

3-2 複合指定運算子

在 Python 中「=」符號稱為指定運算子（Assignment Operator），主要作用是將等號右方的值指派給等號左方的變數。語法格式如下：

```
變數名稱 = 指定值 或 運算式；
```

在指定運算子（=）右側可以是常數、變數或運算式，最終都會將值指定給左側的變數；而運算子左側也僅能是變數，不能是數值、函數或運算式等。例如：

```
a=5
b=a+3
c=a*0.5+7*3
x-y=z  # 不合法的語法，運算子左側只能是變數
```

指定運算子也可以搭配某個運算子，而形成「複合指定運算子」（Compound Assignment Operators）。複合指定運算子，是由指定運算子與其他運算子結合而成。先決條件是「=」號右方的來源運算元必須有一個是和左

一看就懂的運算式與運算子

方接收指定數值的運算元相同，如果一個運算式含有多個混合指定運算子，運算過程必須是由右方開始，逐步進行到左方。複合指定運算子的格式如下：

```
a op= b
```

此運算式的含意是將 a 的值，與 b 的值，以 op 運算子進行計算，然後再將結果指定給 a。請看下表說明：

指派運算子	範例	說明
=	a = b	將 b 指派給 a
+=	a += b	相加同時指派，相當於 a=a+b
-=	a -= b	相減同時指派，相當於 a=a-b
*=	a *= b	相乘同時指派，相當於 a=a*b
**=	a **= b	乘冪同時指派，相當於 a=a**b
/=	a /= b	相除同時指派，相當於 a=a/b
//=	a //= b	整數相除同時指派，相當於 a=a//b
%=	a %= b	取餘數同時指派，相當於 a=a%b

ChatGPT 幫幫忙

 在 Python 中，複合指定運算子的運算順序是怎樣的，以及為什麼有這樣的順序？

 在Python中，複合指定運算子的運算順序是「從右到左」，這表示表達式中右邊的運算元會優先進行計算，然後將計算結果指派給左邊的變數。這種順序的選擇是為了確保表達式的行為在不同情況下都保持一致且易於理解。

例如，當我們使用複合指定運算子「a += b」時，Python首先計算右邊的運算元b和a的相加運算，然後將結果指派給變數a。這樣的順序確保了在計算之前讀取變數a的值，然後在計算後更新它。

這種運算順序的設計有助於確保程式的可讀性和一致性，因為它避免了潛在的混淆和錯誤。

範例程式 **compound.py** ▶ 複合指定運算說明與示範

```
01   num=8
02   num*=9
03   print(num)
04   num+=1
05   print(num)
06   num//=9
07   print(num)
08   num %= 5
09   print(num)
10   num -= 2
11   print(num)
```

執行結果

```
72
73
8
3
1
```

程式解析

◆ 第 1 行：設定 num 值為 8，第 2、4、6、8、10 行則分別執行不同的複合
指定運算式。

3-3 比較運算子

比較運算子主要是在比較兩個數值之間的大小關係，當狀況成立，稱之為
「真（True）」，狀況不成立，則稱之為「假（False）」。比較運算子也可以串連
使用，例如 a < b <= c 相當於 a < b，而且 b <= c。下表為常用的比較運算子。

比較運算子	範例	說明
>	a > b	左邊值大於右邊值則成立
<	a < b	左邊值小於右邊值則成立
==	a == b	兩者相等則成立
!=	a != b	兩者不相等則成立

一看就懂的運算式與運算子

比較運算子	範例	說明
>=	a >= b	左邊值大於或等於右邊值則成立
<=	a <= b	左邊值小於或等於右邊值則成立

這個範例是輸出兩個整數變數與各種比較運算子間的真值表，以 0 表示結果為假，1 表示結果為真。

ChatGPT 幫幫忙

 什麼是真值表（Truth Table）？可以提供一個真值表的示例來解釋 and 和 or 運算子的運作方式。

真值表（Truth Table）是一種用來顯示布林運算子（如and和or）的所有可能輸入組合以及它們的結果的表格。真值表用於明確顯示布林運算子在不同輸入情況下的行為，以幫助理解它們的運作方式。

以下是一個示例真值表，用來說明and和or運算子的運作方式：

假設我們有兩個布林變數A和B，可以取True（真）或False（假）的值。然後我們構建一個真值表，顯示and和or運算子的輸入組合及其結果：

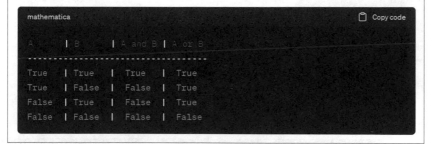

```mathematica
A      | B     | A and B | A or B
--------------------------------
True   | True  | True    | True
True   | False | False   | True
False  | True  | False   | True
False  | False | False   | False
```

範例程式 **compare.py** ▶ 各種比較運算子間的真值表

```python
01  a=19; b=13
02  # 比較運算子運算關係
03  print("a=%d b=%d " %(a,b))
04  print("--------------------------------")
05  print("a>b, 比較結果為 %d 值 " %(a>b))
06  print("a<b, 比較結果為 %d 值 " %(a<b))
```

```
07   print("a>=b,比較結果為 %d 值 " %(a>=b))
08   print("a<=b,比較結果為 %d 值 " %(a<=b))
09   print("a==b,比較結果為 %d 值 " %(a==b))
10   print("a!=b,比較結果為 %d 值 " %(a!=b))
```

執行結果

```
a=19 b=13
───────────────────────────────
a>b,比較結果為 1 值
a<b,比較結果為 0 值
a>=b,比較結果為 1 值
a<=b,比較結果為 0 值
a==b,比較結果為 0 值
a!=b,比較結果為 1 值
```

程式解析

- 第 1 行：給定 a、b 的值。

- 第 5 ～ 10 行：我們分別輸出 a、b 與關係運算子的比較結果，真時顯示為
  1，假時則顯示為 0。

ChatGPT 幫幫忙

💬 請設計一 Python 程式，做各種比較運算子間的真值表。

⑤ 範例程式：compareGPT.py

以下是一個Python程序，用於生成各種比較運算符的真值表：

```python
                                                            Copy code
#  創建要比較的兩個數值
a = 10
b = 5

#  輸出標題行
print(f"{'a':<5} {'b':<5} {'a == b':<8} {'a != b':<8} {'a < b':<7} {'a > b':

#  生成並輸出真值表的每一行
print(f"{a:<5} {b:<5} {a == b:<8} {a != b:<8} {a < b:<7} {a > b:<7} {a <= b:
```

在Python中，`f` 是表示格式化字串（f-string）的前綴，它用於在字串中插入變數或表達式的值。使用`f-string`可以更容易地構建帶有變數值的字串，而不需要使用傳統的字串連接或格式化方法。

`f-string`的基本語法是在字串中嵌入變數或表達式，使用大括號 `{}` 將它們括起來，並在字串的前面加上 `f` 前綴。變數或表達式將在運行時的實際值替換這些大括號中。

例如：

```python
name = "Alice"
age = 30
print(f"My name is {name} and I am {age} years old.")
```

3-4 邏輯運算子

邏輯運算子也是運用在邏輯判斷的時候，可控制程式的流程，通常是用在兩個表示式之間的關係判斷。邏輯運算子共有三種，如下表所列：

運算子	用法
and	a>b and a<c
or	a>b or a<c
not	not (a>b)

有關 and、or 和 not 的運算規則說明如下：

■ **and**：當 and 運算子兩邊的條件式皆為真（True）時，結果才為真，例如假設運算式為 a>b and a>c，則運算結果如下表所示：

a > b 的真假值	**a > c 的真假值**	**a>b and a>c 的運算結果**
真	真	真
真	假	假
假	真	假
假	假	假

例如：a=7, b=5, c=9，則 a>b and a>c 的運算結果為 True and False，結果值為 False。

■ **or**：當 or 運算子兩邊的條件式，有一邊為真（True）時，結果就是真，例如：假設運算式為 a>b or a>c，則運算結果如下表所示：

a > b 的真假值	a > c 的真假值	a>b or a>c 的運算結果
真	真	真
真	假	真
假	真	真
假	假	假

例如：a=7, b=5, c=9，則 a>b or a>c 的運算結果為 True or False，結果值為 True。

■ **not**：這是一元運算子，可以將條件式的結果變成相反值，例如：假設運算式為 not (a>b)，則運算結果如下表所示：

a > b 的真假值	not (a>b) 的運算結果
真	假
假	真

例如：a=7, b=5，則 not (a>b) 的運算結果為 not(True)，結果值為 False。

底下直接由例子來看看邏輯運算子的使用方式：

```
01   a,b,c=5,10,6
02   result = a>b and b>c;   #and 運算
03   result = a<b or c!=a;   #or 運算
04   result = not result;    # 將 result 的值做 not 運算
```

上面的例子中，第 2、3 行敘述分別以運算子 and、or 結合兩條件式，並將運算後的結果儲存到布林變數 result 中，在這裡由 and 與 or 運算子的運算子優先權較關係運算子 >、<、!= 等來得低，因此運算時會先計算條件式的值，之後再進行 and 或 or 的邏輯運算。

第 4 行敘述則進行 not 邏輯運算，取得變數 result 的反值（True 的反值為 False，False 的反值為 True），並將傳回值重新指派給變數 result，這行敘述執行後的結果會使得變數 result 的值與原來的相反。

以下範例是輸出三個整數與邏輯運算子相互關係的真值表，請各位特別留意運算子間的交互運算規則及優先次序。

範例程式 **relation.py** ▶ 各種比較運算子間的真值表

```
01   a,b,c=3,5,7 # 宣告 a、b 及 c 三個整數變
02   print("a= %d b= %d c= %d" %(a,b,c))
03   print("==================================")
04   print("a<b and b<c or c<a = %d" %(a<b and b<c or c<a))
05   print("not(a==b)and (not a<b) = %d" %(not(a==b)and (not a<b)))
06   # 包含關係與邏輯運算子的運算式求值
```

執行結果

```
a= 3 b= 5 c= 7
==================================
a<b and b<c or c<a = 1
not(a==b)and (not a<b) = 0
```

程式解析

- 第 1 行：宣告 a、b 及 c 三個整數變數，並設定不同的值。
- 第 4 行：當連續使用邏輯運算子時，它的計算順序為由左至右，也就是先計算「a<b and b<c」，然後再將結果與「c<a」進行 or 的運算。
- 第 5 行：則由括號內先進行，再由左而右依序進行。

3-5 位元運算子

位元運算子（Bitwise Operator）可以用來進行位元與位元間的邏輯運算。Python 中提供有四種位元邏輯運算子，分別是 &、| 、^ 與～：

位元邏輯運算子	說明	使用語法
&	A 與 B 進行 AND 運算	A & B
|	A 與 B 進行 OR 運算	A | B
～	A 進行 NOT 運算	～ A
^	A 與 B 進行 XOR 運算	A^B

我們來看以下範例：

■ **&(AND)**：執行 AND 運算時，對應的兩字元都為 1 時，運算結果才為 1，否則為 0。例如 a=15，b=10，則「a&b」得到的結果為 10。因為 15 的二進位表示法為 1111，10 的二進位表示法為 1010，兩者執行 AND 運算後，結果為 $(1010)_2$ 也就是 $(10)_{10}$。

■ **^(XOR)**：執行 XOR 運算時，如果對應的兩位元只要任一位元為 1(True)，則運算結果即為 1(True)，不過當兩者同時為 1(True) 或 0(False) 時，則結果為 0(False)。例如 a=15，則 a^10 得到的結果為 5。因為 15 的二進位表示法為 1111，10 的二進位表示法為 1010，兩者執行 XOR 運算後，結果為 $(101)_2$ 也就是 $(5)_{10}$。

■ **|(OR)**：執行 OR 運算時，對應的兩字元只要任一字元為 1 時，運算結果為 1，也就是只有兩字元都為 0 時，才為 0。例如 a=15，則 a|10 得到的結果為 15。因為 15 的二進位表示法為 1111，10 的二進位表示法為 1010，兩者執行 XOR 運算後，結果為 $(1111)_2$ 也就是 $(15)_{10}$。

■ **～ (NOT)**：NOT 作用是取 1 的補數（Complement），也就是 0 與 1 互換。例如 a=15，二進位表示法為 00001111，取 1 的補數後，由於所有位元都會進行 0 與 1 互換，因此運算後的結果得到 -16：

ChatGPT 幫幫忙

💬 補數是指什麼？

🤖 補數（Complement）是數學中一種用於表示負數的方法。在計算機科學和數位電子中，有兩種主要的補數表示方法，分別是「二進補數」（Two's Complement）和「一進補數」（One's Complement）。

1. **一進補數（One's Complement）**：一進補數表示中，正數的表示方式和我們熟悉的二進制表示一樣，但負數則是將其正數取反（0變為1，1變為0）。這樣的表示方法導致了正數和負數的零有兩種不同的表示，稱為正零和負零，這在一些情況下可能導致混淆。

2. **二進補數（Two's Complement）**：二進補數表示法是較常用的方式，它將負數表示為對應正數的二進制表示的反碼，然後再加一。這樣的表示方式不涉及正零和負零，並且更容易進行數學運算。二進補數中，最高位的位元是符號位，它指示數是正數還是負數。

   例如，如果我們要表示 -3，首先將3的二進制表示取反，得到 0011 變為 1100，然後再加一，得到 1101，這就是 -3 的二進補數表示。

以下是位元運算子說明與應用的各種實例。

📎 **範例程式** **bit_operator.py** ▶ 位元運算子綜合應用

```
01  x = 15; y = 10
02  print(x & y)
03  print(x ^ y)
04  print(x | y)
05  print(～ x)
```

執行結果

```
10
5
15
-16
```

3-6 位移運算子

位元位移運算子可提供將整數值的位元向左或向右移動所指定的位元數，Python 中提供有兩種位元邏輯運算子，分別是左移運算子（<<）與右移運算子（>>）：

位元位移運算子	說明	使用語法
<<	A 進行左移 n 個位元運算	A<<n
>>	A 進行右移 n 個位元運算	A>>n

💬 <<（左移）

左移運算子（<<）可將運算元內容向左移動 n 個位元，左移後超出儲存範圍即捨去，右邊空出的位元則補 0。語法格式如下：

```
A<<n
```

例如運算式「13<<2」。數值 13 的二進位值為 1101，向左移動 2 個位元後成為 110100，也就是十進位的 52。如下圖所示。

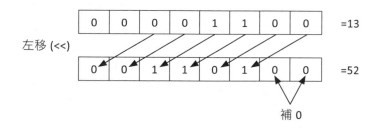

💬 >>（右移）

右移運算子（>>）與左移相反，可將運算元內容右移 n 個位元，右移後超出儲存範圍即捨去。請留意，這時右邊空出的位元，如果這個數值是正數則補 0，負數則補 1。語法格式如下：

```
A>>n
```

例如運算式「13>>1」。數值 13 的二進位值為 1101，向右移動 1 個位元後成為 0111，也就是十進位的 6。如下圖所示：

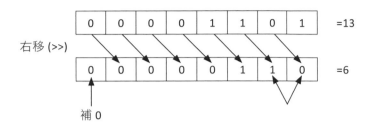

範例程式 **shift.py** ▶ 位移運算子綜合應用

```
01  b = 13
02  print(b << 2)
03  print(b >> 1)
```

執行結果

```
52
6
```

ChatGPT 幫幫忙

請設計一 Python 程式，使用位移運算子綜合應用（左移，右移）。

範例程式：shiftGPT.py

以下是一個使用位移運算符（左移和右移）的Python程序，演示了位移運算符的綜合應用：

```python
# 輸入一個整數
num = int(input("請輸入一個整數: "))

# 左移 2 位
left_shift = num << 2
print(f"{num} 左移 2 位後: {left_shift}")

# 右移 2 位
right_shift = num >> 2
print(f"{num} 右移 2 位後: {right_shift}")
```

3-7 運算子的優先權

當我們遇到有一個以上運算子的運算式時，首先區分出運算子與運算元。接下來就依照運算子的優先順序作整理動作，當然也可利用「()」括號來改變優先順序。最後由左至右考慮到運算子的結合性（Associativity），也就是遇到相同優先等級的運算子會由最左邊的運算元開始處理。以下是 Python 中各種運算子計算的優先順序：

運算子	說明
()	括號
not	邏輯運算 NOT
-	負數
+	正數
*	乘法運算
/	除法運算
%	餘數運算
+	加法運算
-	減法運算
>	比較運算大於
>=	比較運算大於等於
<	比較運算小於
<=	比較運算小於等於
==	比較運算等於
!=	比較運算不等於
and	邏輯運算 and
or	邏輯運算 or
=	指定運算

綜合範例

1. 假設某道路全長 765 公尺，現欲在橋的兩旁兩端每 17 公尺插上一支旗子
    （此範例假設頭尾都插旗子），如果每支旗子需 210 元，請設計一個程式
    計算共要花費多少元？

共需花費: 19320 元

解答 cost.py

```
01  x=(765/17+1)*2*210;
02  print("共需花費: %d 元 " %x)
```

2. 請設計一程式，輸入任何一個三位數以上的整數，並利用餘數運算子
    （%）所寫成的運算式來輸出其百位數的數字。例如 4976，則輸出 9，
    254637 則輸出 6。

請輸入三位數以上整數: 3456
百位數的數字為4

解答 mod.py

```
01  print(" 請輸入三位數以上整數 : ", end="")
02  num=int(input())
03  num=(num/100)%10;
04  print("百位數的數字為 %d" %num)
```

3. 請設計一程式，能夠讓使用者輸入準備兌換的金額，並能輸出所能兌換的
    百元、50 元紙鈔與 10 元硬幣的數量。

請輸入將兌換金額: 56890
百元鈔有568張 五十元鈔有1張 十元鈔有4張

解答 coin.py

```
01  print(" 請輸入將兌換金額 : ",end="")
02  num=int(input())
03  hundred=num//100
04  fifty=(num-hundred*100)//50
05  ten=(num-hundred*100-fifty*50)//10
06  print("百元鈔有 %d 張五十元鈔有 %d 張十元鈔有 %d 張 " %(hundred,fifty,ten))
```

課後習題

一、選擇題

( ) 1. 12 !=12 結果值為何？

(A) true   (B) false   (C) True   (D) False

( ) 2. 15%4 的值為何？

(A) 1   (B) 2   (C) 3   (D) 4

( ) 3. 下列何者運算子的優先順序最高？

(A) ==   (B) +   (C) *   (D) not

( ) 4. a =10;b =5;c =5，請問經過 a += c 運算後 a 的結果值為何？

(A) 15   (B) 10   (C) 9   (D) 8

( ) 5. 下列哪一個運算子可以用來改變運算子原先的優先順序？

(A) ()   (B) ''   (C) ""   (D) #

二、填充題

1. 運算式是由 _____ 與 _____ 所組成。

2. _____ 號也可以用來連接兩個字串。

3. _____ 會將它右側的值指定給左側的變數。

4. 指定運算子也可以搭配某個運算子，而形成「 _____ 運算子」。

5. 邏輯運算子運算結果僅有「 _____ 」與「 _____ 」兩種值。

三、問答與實作題

1. 請比較在 Python 單一個等號「 = 」和兩個等號「 == 」兩者間的差異。

2. 請舉例一種將指定運算子（ = ）右側的運算元指定給左側的運算元的不合法的範例。

3. 請比較「 / 」、「 // 」與「 % 」三個運算子的功能差異。

4. 請依運算子優先順序試算下列程式的輸出結果？

```
print("6*(24/a + (5+a)/b)=", c)
x = 5
y = 4
z = 7*(23/x + (y+8)/x)
print("7*(23/x + (y+8)/x)=", z)
```

5. 請寫出下列程式的輸出結果？

```
x= 19
y = 21
print(x> y or x == y and not y)
```

6. 請寫出下列程式的輸出結果？

```
a=20;b=5;c=16
print(a/b)
print((a*b)*(b-15)/5+c*3)
```

7. 請寫出下列程式的輸出結果？

```
num=10
num*=7
print(num)
num//=4
print(num)
num %= 9
print(num)
```

8. 請寫出下列程式的輸出結果？

```
a,b,c=3,5,7
print(a!=b and not b<c and c>a)
print(not(a!=b)and (a>=b))
```

9. 請寫出下列程式的輸出結果？

```
x = 25
y = 78
print(x> y and x == y)
```

10. 請寫出下列程式的輸出結果？

```
a =5
b =4
c =3

x = a + b * c
print("{}".format(x))
a += c
print("a={0}".format(a,b))
a //= b
print("a={0}".format(a,b))
a %= c
```

04

CHAPTER

選擇結構一次搞定

程式的進行順序可不是像我們中山高速公路，由北到南一路通到底，有時複雜到像北宜公路上的九彎十八拐，幾乎讓人暈頭轉向。Python 主要是依照原始碼的順序由上而下執行，不過有時也會視需要來改變順序，此時就可由流程控制指令來告訴電腦，應該優先以何種順序來執行指令。

程式執行順序可不是一路到底的直通車

「結構化程式設計」的特色，還包括三種流程控制結構：「循序結構」、「選擇結構」以及「重複結構」。選擇結構的條件敘述是讓程式能夠選擇應該執行的程式碼，就好比各位開車到十字路口，可根據不同的狀況來選擇需要的路徑。在本章中我們將先針對「選擇結構」的條件控制指令來做說明。

4-1　認識程式區塊及縮排

程式區塊可以被看作是一個最基本的程式指令區，使用上就像一般的程式指令，而它也是循序結構中的最基本單元。大部分語言如 C、C++、Java 都是以 {} 來將多個指令包圍起來，表示程式區塊，格式如下所示：

```
{
    程式指令；
    程式指令；
    程式指令；
}
```

不過 python 中的程式區塊，主要是透過冒號（:）及「縮排」來表示與劃分，Python 程式碼裡的縮排對程式執行結果有重大的影響，也因此 Python 對於縮排是非常嚴謹的，因此程式碼不能任意縮排，同一區塊的程式碼必須使用相同的空格數進行縮排，否則就會出現錯誤。

各位在縮排可以使用空白鍵或 Tab 鍵產生空格，建議以 4 個空格進行縮排，在 Python 編輯工具中按一下「Tab」鍵預設就是 4 個空格，在本書中我們是以 4 個空格作為縮排，例如 if/else 指令冒號（:）的下一行程式必須縮排，例如：

```
height = 190

if height>180:

    print(" 非常高 ")        if 區塊

else:

    print(" 身高還可以 ")     else 區塊
```

ChatGPT 幫幫忙

 縮排可以混用 Tab 及空白鍵嗎？

在Python中，縮排不能混合使用Tab和空格。Python對縮排非常嚴格，要求在同一程式文件中必須一致使用Tab或空格來進行縮排。

通常情況下，建議使用空格作為縮排字符，並且通常使用四個空格來進行一個縮排層級。這種風格在Python社區中廣泛接受，並被視為最佳實踐。

如果您混合使用Tab和空格，可能會導致縮排錯誤，因為不同的編輯器和環境對Tab的寬度解釋可能不同。這種不一致性可能會導致代碼變得難以閱讀，並引發錯誤。

4-2 條件控制指令

條件控制指令包含有一個條件判斷式，如果條件為真，則執行某些程式，一旦條件為假，則執行另一些程式。如下圖所示：

4-2-1　if 條件指令

　　if 敘述式是最簡單的一種條件判斷式，可先行判斷條件敘述是否成立，再依照結果來決定所要執行的程式敘述。if 條件指令的作用是判斷條件式是否成立，語法如下：

```
if 條件判斷式：
    # 如果條件成立，就執行這裡面的敘述
```

　　例如您要撰寫一段決定星期三才要穿藍色小花的衣服，而星期四穿白色 T 恤的程式，您就需要用到 Python 中的 if 敘述條件式來協助您達到目的。所以，當您想撰寫一段用來決定要穿什麼樣式衣服的程式時，在您腦中就會呈現要依據的分類條件是什麼？原來就是星期幾；如此一來我們以程式的語言來描述就成了：

```
01   day=4
02   if day==3:
03       print(" 穿藍色小花衣服 ")
04   if day==4:
05       print(" 穿白色 T 恤 ")
```

在 if 敘述下執行多行程式的程式區塊，此時就必須依照前面介紹的語法，以縮排來表示指令。但如果是單行程式敘述時，可以直接寫在 if 敘述後面即可。接著我們就以下面的兩個例子來說明：

例 1：請標示出縮排在單行與多行的不同之處

```
01   # 單行敘述
02   if test_score>=60: print("You Pass!")
```

例 2：

```
01   /# 多行敘述
02   if test_score>=60:
03       print("You Pass!")
04       print("Your score is %d" %test_score)
```

以下範例是某一百貨公司準備年終回饋顧客，請使用 if 指令來設計，只要所輸入的消費額滿 2000 元即贈送來店禮。

範例程式 **shop.py** ▶ 消費滿額贈送來店禮

```
01   print(" 請輸入總消費金額：",end="")
02   charge=int(input())
03   # 如果消費金額大於等於 2000
04   if charge>=2000: print(" 請到 10F 領取周年慶禮品 ")
```

執行結果

```
請輸入總消費金額：2500
請到10F領取周年慶禮品
```

程式解析

◆ 第 2 行：使用 input() 函數來輸入消費金額。

◆ 第 4 行：使用 if 指令來執行判斷式，如果消費金額大於等於 2000 則執行後面的輸出指令。

如果想在其他情況下再執行其他動作，也可以使用重複的 if 指令來加以判斷。以下程式中使用了兩個 if 指令，可以讓使用者輸入一個數值，並可由所輸入的數字去選擇計算立方值或平方值：

```
a=5
select=input()
if select=='1': # 第一個 if 指令
    ans=a*a   # 計算 a 平方值指定給變數 ans
    print("平方值為：%d" %ans)

if select=='2': # 第二個 if 指令
    ans=a*a*a   # 計算 a 立方值指定給變數 ans
    print("立方值為：%d" %ans) # 顯示立方值
```

接著請設計一支程式，已經有一個樂透號碼，讓使用者輸入任意一個整數，如果猜對了則結束程式，不對則列出猜錯了字樣。

範例程式 lotto.py ▶ 猜樂透號碼

```
01  Result=77 # 儲存答案
02  print("猜猜今晚樂透號碼 (2 位數)：",end="")
03  Select=int(input())
04  if Select!=Result:
05      print("猜錯了....")
06      print("答案是 %d" %Result)
```

執行結果

```
猜猜今晚樂透號碼(2位數)： 58
猜錯了....
答案是77
```

程式解析

- 第 3 行：使用 input() 函數來輸入 2 位數的樂透號碼，請注意要將所輸入的字串以 int() 函數強制轉換為整數數值。
- 第 4 ～ 6 行：使用 if 指令來執行判斷式，如果沒有猜對號碼則將正確的樂透號碼答案公布。

4-2-2　if else 條件指令

　　if-else 敘述提供了兩種不同的選擇，可以比單純只使用 if 條件敘述，節省更多判斷的時間，當 if 的判斷條件（Condition）成立時（傳回 1），將執行 if 程式指令區內的程式；否則執行 else 程式指令區內的程式後結束 if 指令。語法如下：

```
if 條件判斷式：
    # 如果條件成立，就執行這裡面的指令
else：
    # 如果條件不成立，就執行這裡面的指令
```

　　例如：

```
if score>=60：
    # 如果分數大於或等於 60 分，就執行這裡面的敘述
else：
    # 如果分數小於 60 分，就執行這裡面的敘述
```

　　另外，Python 提供一種更簡潔的 if...else 條件表達式（Conditional Expressions），格式如下：

```
X if C else Y
```

　　根據條件式傳回兩個運算式的其中一個，上式當 C 為真時傳回 X，否則傳回 Y。例如判斷整數 X 是奇數或偶數，原本程式會這樣表示：

```
if (x % 5)==0:
    y="5 的倍數 "
else:
    y=" 不為 5 的倍數 "
print('{0}'.format(y))
```

　　改成表達運算式只要簡單一行程式就能達到同樣的目的，如下行：

```
print('{0}'.format("5 的倍數 " if (X % 5)==0 else " 不為 5 的倍數 "))
```

　　當 if 判斷式為真就傳回「5 的倍數」，否則就傳回「不為 5 的倍數」。

範例程式 **exam.py** ▶ **if-else** 條件判斷式的應用範例

```
01  # 定義整數變數 Score，儲存學生成績
02  Score=int(input(" 輸入學生的分數 :"))
03  if Score>=60: #if 條件敘述
04      print(" 得到 %d 分，還不錯唷 ..." %Score)
05  else:
06      print(" 不太理想喔 ...，只考了 %d 分 " %Score)
```

執行結果

```
輸入學生的分數 :86
得到 86 分，還不錯唷 ...
```

程式解析

→ 第 2 行：變數 Score 是用來儲存學生成績。

→ 第 3 ~ 6 行：藉由 if…else 條件敘述的條件判斷式（Score>= 60），對於 60 分以上（條件成立）顯示鼓勵的訊息，其他低於 60 分（條件不成立）的成績則顯示不理想的訊息。

以下範例就是利用 if else 指令讓使用者輸入一整數，並判斷是否為 2 或 3 的倍數，不過卻不能為 6 的倍數。

範例程式 **six.py** ▶ 判斷是否為 **2** 或 **3** 的倍數，不過卻不能為 **6** 的倍數

```
01  value=int(input(" 請任意輸入一個整數 :"))
02  if value%2==0 or value%3==0:  # 判斷是否為 2 或 3 的倍數
03      if value%6!=0:
04          print(" 符合所要的條件 ")
05      else:
06          print(" 不符合所要的條件 ")  # 為 6 的倍數
07  else:
08      print(" 不符合所要的條件 ")
```

執行結果

```
請任意輸入一個整數 :14
符合所要的條件
```

程式解析

- ◆ 第 1 行：請任意輸入一個整數。
- ◆ 第 2 行：利用 if 指令判斷是否為 2 或 3 的倍數，與第 7 行的 else 指令為一組。
- ◆ 第 3 ~ 6 行：則是另一組 if else 指令，用來判斷是否為 6 的倍數。

ChatGPT 幫幫忙

請設計一 Python 程式，判斷是否為 2 或 3 的倍數，不過卻不能為 6 的倍數。

範例程式：sixGPT.py

以下是一个使用繁體中文的**Python**程式示例，用於判斷一個數是否為2或3的倍數，但不是6的倍數：

```python
# 讓使用者輸入一個整數
number = int(input("請輸入一個整數："))

# 使用if條件判斷
if (number % 2 == 0 or number % 3 == 0) and number % 6 != 0:
    print(f"{number} 是2或3的倍數，但不是6的倍數。")
else:
    print(f"{number} 不符合條件。")

# 程式結束
```

4-2-3　if...elif...else 指令

　　if...elif...else 指令是一種多選一的條件敘述，讓使用者在 if 敘述和 elif 中選擇符合條件運算式的程式敘述區塊，如果以上條件運算式都不符合，就執行最後的 else 敘述，或者這也可看成是一種巢狀 if else 結構。如果條件判斷式不只一個，就可以再加上 elif 條件式，elif 就像是「else if」的縮寫，它是一種多選一的條件指令,讓使用者在 if 指令和 elif 中選擇符合條件運算式的程式指令區塊,如果以上條件運算式都不符合,就會執行最後的 else 指令。語法格式如下:

```
if 條件運算式 1:

        程式敘述區塊 1

elif 條件運算式 2:

        程式敘述區塊 2

........
elif 條件運算式 3:

        程式敘述區塊 3

........
else:

        程式敘述區塊 n
```

 ChatGPT 幫幫忙

 有多少個 elif 分支可以使用?有沒有限制?

 在Python中,您可以使用多個 `elif` 分支,並且沒有固定的限制。您可以根據需要使用任意數量的 `elif` 分支,以處理不同的條件。Python允許您按照需要擴展 `elif` 分支以應對多個不同的情況,從而使代碼更具彈性。

以下將透過實際範例來練習 if...else 指令的用法。題目是製作一個簡易的閏年判斷程式,讓使用者輸入西元年(4 位數的整數 year),判斷是否為閏年。滿足下列兩個條件之一即是閏年:

I.　逢 4 年閏(除 4 可整除)但逢 100 年不閏(除 100 不可整除)

II.　逢 400 年閏(除 400 可整除)

📎 **範例程式** **leapYear.py** ▶ 閏年判斷

```
01  year = int(input("請輸入西元年份："))
02
03  if (year % 4 == 0 and year % 100 != 0) or (year % 400 == 0):
04      print("%d 是閏年" %year)
05  else :
06      print("%d 是平年" %year)
```

執行結果

```
請輸入西元年份：2020
2020 是閏年
```

程式解析

➜ 第 1 行：輸入一個西元年份，但記得要利用 int() 函數將其轉換成整數型別。

➜ 第 3 ～ 6 行：判斷是否為閏年，條件 1. 逢 4 閏 (除 4 可整除) 而且逢 100 不閏（除 100 不可整除），條件 2. 逢 400 閏（除 400 可整除），滿足兩個條件之一即是閏年。

4-2-4 巢狀 if 條件指令

在判斷條件複雜的情形下，有時會出現 if 條件敘述所包含的複合敘述中，又有另外一層的 if 條件敘述。這樣多層的選擇結構，就稱作巢狀（Nested）if 條件敘述。使用格式與流程圖如下所示：

```
if 條件判斷式 1:
    if 條件判斷式 2:
        程式區塊 1
    else:
        程式區塊 2
else:
    if 條件判斷式 3:
        程式區塊 3
    else:
        程式區塊 4
```

巢狀 if 條件敘述並沒有使用層數的限制，使用者可以根據程式的需求，增加巢狀的層數。但是在撰寫程式碼時，要特別注意程式區塊的縮排，以免造成程式語法錯誤或是執行出不是原先預期的執行結果。

　　以下這個成績判斷程式，使用巢狀 if 條件敘述的形式，對於輸入的分數超出 0 到 100 分的範圍時，顯示輸入不符的訊息。

範例程式 **nestif.py** ▶ 巢狀 if 條件

```
01   Score=int(input(" 輸入學生的分數 :"))  # 輸入學生成績
02   if Score > 100:        # 判斷是否超過
03       print(" 輸入的分數超過  100.")
04   else:
05       if Score<0:  # 判斷是否低於 0
06           print(" 怎麼會有負的分數 ??")
07       else:
08           if Score >= 60:  # 判斷是否及格
09               print(" 得到 {} 分，還不錯唷 ...".format(Score))
10           else:
11               print(" 不太理想喔 ...，只考了 {} 分 ".format(Score))
```

執行結果

```
輸入學生的分數:102
輸入的分數超過  100.
```

```
輸入學生的分數:-6
怎麼會有負的分數??
```

```
輸入學生的分數:64
得到  64分，還不錯唷...
```

```
輸入學生的分數:48
不太理想喔...，只考了  48 分
```

程式解析

- 第 1 行：定義整數變數 Score，用來儲存學生成績。

- 第 2 ~ 11 行：使用巢狀 if 條件敘述，輸入分數超過限定值範圍時（0-100），會顯示輸入錯誤訊息。只有輸入分數在限定值之內時，程式才會執行第 8-11 行，並依成績是否及格來顯示相關提示的訊息。

ChatGPT 幫幫忙

💬 請設計一 Python 程式，使用巢狀 if 條件敘述的形式，對於輸入的分數超出 0 到 100 分的範圍時，顯示輸入不符的訊息。若分數是低於 60 輸出不及格，若是低於 0 輸出不可能吧。

🔷 範例程式：nestifGPT.py

以下是一个使用巢狀if條件敘述的Python程式示例，用於對輸入的分數是否在0到100分的範圍內進行檢查，並在分數低於60分時輸出"不及格"，如果分數低於0分，則輸出"不可能吧"的訊息：

```python
# 讓使用者輸入分數
score = int(input("請輸入一個分數（0到100分之間）："))

# 使用巢狀if條件判斷檢查分數範圍
if score >= 0 and score <= 100:
    if score < 60:
        print("不及格")
    else:
        print("及格")
elif score < 0:
    print("不可能吧")
else:
    print("輸入的分數超出有效範圍。")

# 程式結束
```

事實上，使用巢狀 if 條件敘述時，如果遇到 if 的指令比較多，必須特別注意不同層次縮排的對齊。例如底下這個求 3 與 7 的公倍數的程式：

```
if number % 3 == 0:
    if number % 7 == 0:
        print("{}是3與7的公倍數".format(number))
else:
    print("{}不是3的倍數".format(number))
```

如果程式中所使用到的 if 與 else 縮排的位置沒有正確配對，例如將上述程式修改成如下的縮排方式：

```
if number % 3 == 0:
    if number % 7 == 0:
        print("{} 是 3 與 7 的公倍數 ".format(number))
    else:
        print("{} 不是 3 的倍數 ".format(number))
```

這樣的程式碼沒有語法錯誤，也可以編譯執行，但卻造成邏輯上的錯誤。例如當 number 的值是 12 時，可以被 3 整除，於是執行下一層的 if 條件敘述，條件判斷不成立（12 無法被 7 整除），執行輸出 " 12 不是 3 的倍數 "，這樣的執行結果當然是錯的，所以每個 if-elif-else 指令使用時，一定要注意正確的縮排位置，否則就有可能造成程式執行的錯誤。

 ChatGPT 幫幫忙

 在巢狀 if 中，有哪些技巧可以幫助保持代碼的可讀性？

 在巢狀 `if` 條件敘述中，以下是一些技巧和最佳實踐，以幫助保持代碼的可讀性：

1. **一致的縮排**：使用一致的縮排風格，通常建議使用四個空格。這有助於清晰地標識程式區塊的層次結構，使代碼易於閱讀。
2. **避免過多的巢狀結構**：儘量減少巢狀 `if` 條件敘述的層級，以避免過多的巢狀結構，這樣代碼將更容易理解。如果遇到過多的巢狀結構，考慮重構代碼以減少層次。
3. **使用 `elif` 鏈**：將多個 `elif` 條件組合成一個 `if...elif...elif...else` 鏈，而不是巢狀結構。這樣可以使代碼平坦，減少嵌套。
4. **使用函數或方法**：將不同的條件處理操作封裝為不同的函數或方法，然後根據條件調用適當的函數。這提高了代碼的結構性並簡化了主要代碼。
5. **註釋代碼**：添加註釋，解釋巢狀 `if` 條件敘述的目的和邏輯。註釋可以幫助其他人理解代碼，以及在未來的維護中提供上下文。

選
擇
結
構
一
次
搞
定

綜合範例

1. 請設計一程式，利用 if-elif-else 來完成簡單的計算機功能。例如只要由使用者輸入兩個數字，再鍵入 +、-、*、/ 任一鍵就可以進行運算。

```
請輸入a:8
請輸入b:2
請輸入+,-,*,/鍵：/
8.0 / 2.0 = 4.0
```

解答 caculator.py

```
01  a=float(input(" 請輸入 a:"))
02  b=float(input(" 請輸入 b:"))
03  op_key=input(" 請輸入 +,-,*,/ 鍵：")# 輸入字元並存入變數 op_key
04  if op_key=='+': # 如果 op_key 等於 '+'
05      print("{} {} {} = {}".format(a, op_key, b, a+b))
06  elifop_key=='-': # 如果 op_key 等於 '-'
07      print("{} {} {} = {}".format(a, op_key, b, a-b))
08  elifop_key=='*': # 如果 op_key 等於 '*'
09      print("{} {} {} = {}".format(a, op_key, b, a*b))
10  elifop_key=='/': # 如果 op_key 等於 '/'
11      print("{} {} {} = {}".format(a, op_key, b, a/b))
12  else: # 如果 op_key 不等於 + - * / 任何一個
13      print(" 運算式有誤 ")
```

2. 利用 if...elif 條件敘述實作一個點餐系統，並介紹如何增加條件判斷式的應用範圍。

```
功能選單
 0.歡迎詞
 1.註冊會員資料
 2.新增訂單
 3.查詢出貨明細
請點選您要的項目：
2
呼叫新增訂單程式
```

解答 function.py

```
01    print(" 功能選單 ")
02    print(" 0.歡迎詞 ")
03    print(" 1.註冊會員資料 ")
04    print(" 2.新增訂單 ")
05    print(" 3.查詢出貨明細 ")
06    print(" 請點選您要的項目 :" )
07    Select=int(input())
08    if Select == 0:
09        print(" 歡迎光臨本系 ")
10    elif Select == 1:
11        print(" 呼叫註冊會員資料程式 ")
12    elif Select == 2:
13        print(" 呼叫新增訂單程式 ")
14    elif Select == 3:
15        print(" 呼叫查詢出貨明細程式 ")
16    else: # 輸入錯誤的處理
17        print(" 請重新選擇 ")
```

一、選擇題

(   ) 1. 三種流程控制結構不包括？

       (A) 循序結構   (B) 選擇結構   (C) 重複結構   (D) Goto 結構

(   ) 2. 下列關於 Python 程式區塊的描述何者有誤？

       (A) 主要是透過冒號（:）及「縮排」來表示與劃分

       (B) 同一區塊的程式碼必須使用相同的空格數進行縮排

       (C) 符合條件需要執行的程式碼區塊內的所有程式指令，都必須縮排

       (D) 同一程式區塊可以空白鍵或 Tab 鍵交互混用

(   ) 3. 下列關於 Python 條件敘述的描述何者有誤？

       (A) 如果遇到 if 的指令比較多，無須特別注意不同層次縮排的對齊

       (B) 如果條件判斷式不只一個，就可以再加上 elif 條件式

       (C) if 條件敘述所包含的複合敘述中，可以有另外一層的 if 條件敘述

       (D) 在 if 敘述下執行單行程式敘述時，可以直接寫在 if 敘述後面即可

(   ) 4. python 程式裡的區塊主要是透過哪一種方式來表示？

       (A) ()   (B) []   (C) {}   (D) 縮排

(   ) 5. Python 的一次縮排建議幾個空格？

       (A) 1   (B) 2   (C) 3   (D) 4

(   ) 6. 請問以下的敘述，結果值為何？

```
'5 的倍數 ' if (15 % 5)==0 else ' 不是 5 的倍數 '
```

       (A) 1   (B) 0

       (C) '5 的倍數 '   (D) ' 不是 5 的倍數 '

(   ) 7. 在條件運算式之後要有什麼符號來做作為縮排的開始。

       (A) :   (B) =   (C) ==   (D) *

二、填充題

1. python 程式裡的區塊，主要是透過 ＿＿＿＿＿＿ 來表示。

2. if...else 條件式的作用是判斷條件式是否成立，如果有多重判斷，可以加上 ＿＿＿＿＿＿ 指令。

3. 如果 if...else 條件式使用 and 或 or 等邏輯運算子，建議加上 ＿＿＿＿＿＿ 區分執行順序，來提高程式可讀性。

4. ＿＿＿＿＿＿ 是一種簡潔的 if...else 條件表達式，當 C 為真時傳回 X，否則傳回 Y。

5. 在判斷條件複雜的情形下，有時會出現 if 條件敘述所包含的複合敘述中，就稱作 ＿＿＿＿＿＿ 條件敘述。

三、問答與實作題

1. 結構化程式設計包括哪三種流程控制結構？

2. 試說明 Python 程式區塊和 C、C++、Java 的程式區塊表示方式有何不同？

3. 底下程式請改成表達運算式只要簡單一行程式就能達到同樣的目的？

```python
if (x % 2)==0:
    y=" 偶數 "
else:
    y=" 奇數 "
print('{0}'.format(y))
```

4. 請設計一程式讓使用者輸入一整數，並判斷是否為 5 或 7 的倍數，不過卻不能為 35 的倍數。

5. 請寫出下列程式的輸出結果。

```python
number=84
if number % 4 == 0:
    if number % 7 == 0:
        print("{} 是 4 與 7 的公倍數 ".format(number))
else:
    print("{} 不是 4 的倍數 ".format(number))
```

6. 請問以下程式碼的執行結果？

```
cost=180
if cost>=125:
    print("Expensive")
```

7. 請問以下程式碼的執行結果？

```
X=121
print("7 的倍數 " if (X % 7)==0 else " 不是 7 的倍數 ")
```

8. 請問以下程式碼的執行結果？

```
height=180
if height>=175:
    print("Tall")
```

9. 請問以下程式碼的執行結果？

```
X=20
print("5 的倍數 " if (X % 5)==0 else " 不是 5 的倍數 ")
```

MEMO

迴圈結構學習之旅

「重複結構」或稱為迴圈（Loop）結構，就是一種迴圈控制格式，根據所設立的條件，重複執行某一段程式指令，直到條件判斷不成立，才會跳出迴圈。例如想要讓電腦計算出 1+2+3+4..100 的值，這時只需要利用迴圈結構就可以輕鬆達成。在 Python 中，提供了 for、while 兩種迴圈指令來達成重複結構的效果。

迴圈結構就是重複執行某一段程式指令

5-1　for 迴圈

for 迴圈又稱為計數迴圈，可以重複執行固定次數的迴圈，在大部分程式語言中（如 C/C++/Java 等），for 迴圈必須事先指定迴圈控制變數的起始值、條件以及控制變數的增減值，以決定迴圈重複的次數。

5-1-1　認識 range 函數

for 迴圈最常使用整數序列來控制迴圈要執行的次數，而 range() 函數的功能就是在建立整數序列。range() 函數格式依其參數的數目可以有以下幾種用法：

💬 1 個參數

當 range() 函數只有一個參數時，其語法如下：

```
數列變數 =range ( 整數 )
```

上述語法會產生的數列是 0 到「整數 -1」的數列，例如：

```
num1=range(10)       # 會產生整數數列 0,1,2,3,4,5,6,7,8,9
```

如果各位試著將所產生的數列以 list() 函數轉換為串列（List），並將其印出，就可以看出所產生的數列結果：

💬 2 個參數

當 range() 函數有兩個參數時，其語法如下：

```
數列變數 =range ( 起始值 ， 停止條件 )
```

上述語法會產生的數列是起始值到「停止條件 -1」的數列，例如：

```
num2=range(1,5)          # 會產生整數數列 1,2,3,4
```

其中起始值及停止條件的整數值也可以是負數，例如：

```
num3=range(-3,2)         # 會產生整數數列 -3, -2, -1, 0, 1
```

當停止條件的值小於或等於起始值，則會產生空串列。

💬 3個參數

當 range() 函數有三個參數時，其語法如下：

```
數列變數 =range ( 起始值 ， 停止條件 ， 增減值 )
```

上述語法會產生的數列是起始值，每次會加上增減值，直到「停止條件 -1」為止的數列，例如：

```
num5=range(1,5,1)        # 會產生整數數列 1,2,3,4
num6=range(1,10,2)       # 會產生整數數列 1,3,5,7,9
num7=range(10,1,-2)      # 會產生整數數列 10,8,6,4,2
```

5-1-2　for 迴圈語法

接著我們來實際介紹 for 迴圈與序列結合的語法架構：

```
for 元素變數 in 序列項目：
    # 執行的指令
```

例 1：底下是依字串，字串「hello」經過 for/in 迴圈的讀取之後，會以字元一個接一個來輸出。

```
word='hello'
for letter in word:
    print(letter)
```

輸出結果

```
h
e
l
l
o
```

 ChatGPT 幫幫忙

 當使用 Python 中的序列資料型別時，我們可以將多筆資料存儲在一個結構中，這些資料中的每個個體被稱為什麼？

> 在Python中，當你將多筆資料存儲在一個結構中時，這些資料中的每個個體通常被稱為元素（element）。元素是序列資料型別（如列表、元組、字串等）中的單個數據項目。例如，如果你有一個Python列表，則列表中的每個數值、對象或值都是列表的元素。同樣地，對於字串，每個字符都是字串的元素。

例 2：底下是一數字串列，利用 for 迴圈將數字 print 出來。

```
x = [11, 22, 33, 44, 55]
for i in x:
    print (i)
```

輸出結果

```
11
22
33
44
55
```

例 3：

```
for i in range(2, 11, 2):
    print(i)
```

輸出結果

```
2
4
6
8
10
```

例 4：以下是使用 for 迴圈與 range() 函數來計算 1 加到 100 的程式碼：（sum.py）

```
total=0
for count in range(1, 101): # 數值 1～100
    total += count # 將數值累加
print("數字 1 累加到 100 的總和 =",total)
```

輸出結果

數字1累加到100的總和= 5050

例 5：將數值 1 ～ 100 之間的奇數累計：（odd.py）

```
total=0
for count in range(1, 100, 2):
    total += count # 將數值累加
print("數值 1 ～ 100 之間的奇數累計 =",total)
```

輸出結果

數值1~100之間的奇數累計= 2500

　　執行 for 迴圈時，如果想要知道元素的索引值，可以使用 Python 內建的 enumerate 函數。語法如下：

```
for 索引值, 元素變數 in enumerate(序列項目):
```

例 6：（enum.py）

```
phrase = ["三陽開泰", "事事如意", "五福臨門"]
for index, x in enumerate(phrase):
    print ("{0}--{1}".format(index, x))
```

輸出結果

```
0--三陽開泰
1--事事如意
2--五福臨門
```

以下範例請利用 for 迴圈來設計一程式，可輸入小於 100 的整數 n，並計算以下式子的總和。

範例程式 **equation.py** ▶ 計算 1*1+2*2+3*3+4*4+.....+n-1*n-1+n*n

```
01   total=0
02   n=int(input("請輸入任一整數:"))
03   if n>=1 or n<=100:
04       for i in range(n+1):
05           total+=i*i    #1*1+2*2+3*3+..n*n
06       print("1*1+2*2+3*3+...+%d*%d=%d" %(n,n,total))
07   else:
08       print("輸入數字超出範圍了!")
```

執行結果

```
請輸入任一整數:10
1*1+2*2+3*3+...+10*10=385
```

程式解析

◆ 第 1 行：設定 total 變數值為 0。

◆ 第 3 行：如果所輸入的值在 1 ～ 100 間，則執行 4 ～ 6 行的指令。

- 第 4 行：使用 for 迴圈來控制設定了變數 i 的起始值為 1，迴圈重複條件為 i 小於等於 n，i 的遞增值為 1，只要當 i 大於 n 時，就會離開 for 迴圈。

- 第 8 行：最後輸出計算後的結果。

接著請設計一 Python 程式，讓使用者能輸入任意數目之數字，並利用 for 迴圈來控制要輸入的數字個數，並且邊輸入邊尋找這些數字中的最大值。

範例程式 **max.py** ▶ 尋找數字中的最大值

```
01  MAX= 0
02  num=int(input(" 準備輸入數字的個數："))
03  for i in range(num): # 利用 for 迴圈來輸入與尋找最大值
04      print(">",end="")
05      temp=int(input())
06      if MAX<temp:
07          MAX=temp
08  print(" 這些數字中的最大值為：%d" %MAX)
```

執行結果

```
準備輸入數字的個數：10
>9
>2
>1
>8
>52
>36
>47
>61
>29
>102
這些數字中的最大值為：102
```

ChatGPT 幫幫忙

設計一 Python 程式，讓使用者能輸入任意數目之數字，並利用 for 迴圈來控制要輸入的數字個數，並且邊輸入與邊尋找這些數字中的最大值。

範例程式：maxGPT.py

以下是一個**Python**程式，讓使用者可以輸入任意數目的數字，並使用 `for` 迴圈找到這些數字中的最大值：

```python
num_of_numbers = int(input("請輸入要輸入的數字個數: "))

if num_of_numbers > 0:
    max_value = float(input("請輸入第 1 個數字: "))

    for i in range(1, num_of_numbers):
        number = float(input(f"請輸入第 {i + 1} 個數字: "))
        if number > max_value:
            max_value = number

    print(f"輸入的數字中最大的數字是: {max_value}")
else:
    print("未輸入任何數字。")
```

5-1-3 巢狀迴圈

所謂巢狀 for 迴圈，就是多層式的 for 迴圈架構，也就 for 迴圈內還可以包括另外一個 for 迴圈。在巢狀 for 迴圈結構中，執行流程必須先將內層迴圈執行完畢，才會繼續執行外層迴圈，容易犯錯的地方是迴圈間不可交錯。巢狀 for 迴圈語法格式如下：

```
for 元素變數 in 序列項目：
    # 執行的指令
    for 元素變數 in 序列項目：
        # 執行的指令
```

ChatGPT 幫幫忙

 如果在巢狀 for 迴圈中，兩個迴圈使用相同的元素變數名稱會發生什麼情況？

如果在巢狀for迴圈，兩個迴圈使用相同的元素變數名稱，外層迴圈的元素變數將覆蓋內層迴圈的元素變數。這意味著內層迴圈將無法正確訪問其自身的元素，因為外層迴圈的元素變數已經被賦值為新的元素，導致不正確的行為。

以下是一個簡單的範例，示範了這種情況：

```python
for i in range(3):
    for i in range(2):
        print(i)
```
Copy code

在這個範例中，外層迴圈使用元素變數 `i`，然後內層迴圈也使用了相同的元素變數 `i`。由於外層迴圈的 `i` 在內層迴圈內，內層迴圈的 `i` 會覆蓋外層迴圈的 `i`。結果，內層迴圈將無法正確訪問外層迴圈的元素，並且迴圈的行為將變得不可預測。

為避免這種情況，應該使用不同的變數名稱，以確保在巢狀for迴圈中不會發生變數名稱衝突。

範例程式 table.py ▶ 九九乘法表

```
01  for x in range(1, 10):
02      for y in range(1, 10):
03          print("{0}*{1}={2: ^2}".format(y, x, x * y), end=" ")
04      print()
```

執行結果

```
1*1=1   2*1=2   3*1=3   4*1=4   5*1=5   6*1=6   7*1=7   8*1=8   9*1=9
1*2=2   2*2=4   3*2=6   4*2=8   5*2=10  6*2=12  7*2=14  8*2=16  9*2=18
1*3=3   2*3=6   3*3=9   4*3=12  5*3=15  6*3=18  7*3=21  8*3=24  9*3=27
1*4=4   2*4=8   3*4=12  4*4=16  5*4=20  6*4=24  7*4=28  8*4=32  9*4=36
1*5=5   2*5=10  3*5=15  4*5=20  5*5=25  6*5=30  7*5=35  8*5=40  9*5=45
1*6=6   2*6=12  3*6=18  4*6=24  5*6=30  6*6=36  7*6=42  8*6=48  9*6=54
1*7=7   2*7=14  3*7=21  4*7=28  5*7=35  6*7=42  7*7=49  8*7=56  9*7=63
1*8=8   2*8=16  3*8=24  4*8=32  5*8=40  6*8=48  7*8=56  8*8=64  9*8=72
1*9=9   2*9=18  3*9=27  4*9=36  5*9=45  6*9=54  7*9=63  8*9=72  9*9=81
```

接著請利用巢狀 for 迴圈來設計一程式,輸入整數 n,求出 1!+2!+...+n! 的和。如下所示:

```
1!+2!+3!+4!+...+(n-1)!+n!
```

範例程式 **fac.py** ▶ 求出 **1!+2!+...+n!** 的和

```
01   total=0
02   n1=1
03   n=int(input("請輸入任一整數:"))
04   for i in range(1,n+1):
05       for j in range(1,i+1):
06           n1*=j #n!的值
07       total+=n1 #1!+2!+3!+..n!
08       n1=1
09   print("1!+2!+3!+...+%d!=%d" %(n,total))
```

執行結果

```
請輸入任一整數:5
1!+2!+3!+...+5!=153
```

 ChatGPT 幫幫忙

 請設計一 Python 程式,利用巢狀 for 迴圈來設計一程式,輸入整數
n,求出 1!+2!+...+n! 的和。如下所示:

```
1!+2!+3!+4!+….+(n-1)!+n!
```

範例程式：facGPT.py

明白了，以下是一个不使用函数的 Python 程序，使用巢状for循环来计算1! + 2! + ... + n!的和：

```python
n = int(input("請輸入一個整數 n: "))
total_sum = 0
factorial = 1

for i in range(1, n + 1):
    factorial *= i
    total_sum += factorial

print(f"1! + 2! + 3! + ... + {n}! 的總和是：{total_sum}")
```

5-2　while 迴圈

　　如果迴圈執行的次數確定，那麼與 for 迴圈指令無疑就是最佳選擇。但對於某些不確定次數的迴圈，那就得另請高明囉！ while 迴圈與 for 迴圈類似，都是屬於前測試型迴圈。也就是先測試條件式是否成立，如果成立時才會執行迴圈內的指令。最大不同的是在於 for 迴圈需要給它一個特定的次數；而 while 迴圈則不需要，它只要在判斷的條件為 true 的情況下就能一直執行。while 迴圈內的指令可以是一個指令或是多個指令形成的程式區塊。格式如下。

```
while 條件判斷式:
    # 如果條件判斷式成立，就執行這裡面的指令
```

例 1：請說明 while 迴圈的運作。（while.py）

```
x, y = 1, 10
while x < y:
    print(x, end = ' ')
    x += 1
```

輸出結果

1 2 3 4 5 6 7 8 9

 ChatGPT 幫幫忙

在使用 while 迴圈時，如何避免無限迴圈？

避免無限迴圈是非常重要的，因為無限迴圈會導致程式永遠不會結束，消耗系統資源並導致程序崩潰。要確保避免無限迴圈，在使用 `while` 迴圈時，應該注意以下幾點：

1. 確保設定終止條件：在 `while` 迴圈的條件判斷式中，必須包含一個能讓條件最終變為 `False` 的條件。如果條件永遠不為 `False`，則迴圈將永遠運行。確保你的條件判斷式最終會變為 `False`，以終止迴圈的執行。

2. 更新控制變數：通常在 `while` 迴圈中，你需要一個控制變數，它在每次迭代時都應該更新，以接近或達到終止條件。如果你忘記更新控制變數，那麼迴圈可能永遠不會結束。

以下是一個簡單的範例，示範如何使用 `while` 迴圈來計算1到n的總和，避免無限迴圈：

```python
n = 10
sum = 0
i = 1

while i <= n:   # 終止條件：i大於n時停止
    sum += i
    i += 1   # 更新控制變數i，以接近終止條件

print(f"1到{n}的總和為：{sum}")
```

在這個範例中，`while` 迴圈的終止條件是 `i` 大於 `n`，並且在每次迭代時我們更新了 `i` 的值，以確保最終會達到終止條件，從而避免無限迴圈。

請設計一程式，利用 while 迴圈來求出使用者所輸入整數的所有正因數。

範例程式 **common.py** ▶ 整數的所有正因數

```
01  a=1
02  n=int(input(" 請輸入一個數字："))
03  print("%d 的所有因數為 :" %n,end="")
04  while a<=n: # 定義 while 迴圈，且設定條件為 a<=n
05      if n%a==0: # 當 n 能夠被 a 整除時～則 a 就是 n 的因數
06          print("%d " %a,end="")
07          if n!=a: print(",",end="")
08      a+=1 #a 值遞增 1
```

執行結果

```
請輸入一個數字：24
24 的所有因數為 :1 ,2 ,3 ,4 ,6 ,8 ,12 ,24
```

請設計一程式使用 while 迴圈，讓使用者輸入一個整數，並將此整數的每一個數字反向輸出，例如輸入 12345，這時程式可輸出 54321。

範例程式 **rev.py** ▶ 輸入整數的反向輸出

```
01  n=int(input(" 請輸入任一整數 :"))
02  print(" 反向輸出的結果 :",end="")
03  while n!=0:
04      print("%d" %(n%10),end="")  # 求出餘數值
05      n//=10
06  print()
```

執行結果

```
請輸入任一整數 :123456789
反向輸出的結果 :987654321
```

ChatGPT 幫幫忙

📖 請設計一程式使用 while 迴圈，讓使用者輸入一個整數，並將此整數的每一個數字反向輸出。

🖼 範例程式：revGPT.py

以下是一个使用`while`迴圈的Python程式，讓使用者輸入一個整數，然後將該整數的每個數字反向輸出：

```python
number = int(input("請輸入一個整數: "))
reversed_number = 0

while number > 0:
    digit = number % 10
    reversed_number = reversed_number * 10 + digit
    number //= 10

print("反向輸出的數字是:", reversed_number)
```

這個程式首先讓使用者輸入一個整數，然後使用`while`迴圈將該整數的每個數字反向輸出。在每個迴圈迭代中，它通過取模運算符（`%`）來獲取最右邊的數字，然後將該數字添加到`reversed_number`中，同時將原始數字除以10，以去掉已處理的數字。這樣，直到原始數字變為0，反向輸出的數字就會得到。

5-3 迴圈控制指令

使用迴圈時，在某些情形需要以 break 指令來離開迴圈；continue 指令會中斷此次指令，回到上一層迴圈繼續執行。

5-3-1 break 指令

break 指令可以用來跳離迴圈的執行，通常在 for、while 迴圈中，主要用於中斷目前的迴圈執行，會搭配 if 指令判斷離開迴圈的時機，並將控制權交給所在區塊之外的下一行程式。語法格式如下：

迴圈結構學習之旅

```
break
```

以下範例中我們先設定要存放累加的總數 sum 為 0，再將每執行完一次迴圈後將 i 變數（i 的初值為 1）累加 2，執行 1+3+5+7+...99 的和。直到 i 等於 101 後，就利用 break 的特性來強制中斷 for 迴圈。

範例程式 **break.py** ▶ 利用 **break** 的特性來強制中斷 **for** 迴圈

```
01   total=0
02   for i in range(1,201,2):
03       if i==101:
04           break
05       total+=i
06   print("1～99 的奇數總和:%d" %total)
```

執行結果

```
1~99的奇數總和:2500
```

程式解析

◆ 第 2 ～ 5 行：執行 for 迴圈，並設定 i 的值在 1 ～ 200 之間。

◆ 第 3 ～ 4 行：判斷當 i=101 時，則執行 break 指令，立刻跳出迴圈。

◆ 第 6 行：最後輸出 total 的值。

此外，當遇到巢狀迴圈時，break 指令只會跳離最近的一層迴圈，請看下面的範例程式。

範例程式 **innerbreak.py** ▶ 利用 **break** 的特性來強制中斷 **for** 迴圈

```
01   for a in range(1,6):  # 外層 for 迴圈控制
02       for b in range(1,a+1):  # 內層 for 迴圈控制
03           if b==4:
04               break
05           print(b,end="")  # 印出 b 的值
06       print()
```

執行結果

```
1
12
123
123
123
```

程式解析

➧ 第 3 行：if 指令，在 b 的值大於 4 時就會執行 break 指令，並跳出最近的
for 迴圈到第 6 行來繼續執行。

5-3-2　continue 指令

相較於 break 指令跳出迴圈，continue 指令則是指繼續下一次迴圈的運
作。也就是說，如果想要終止的不是整個迴圈，而是跳過目前的指令，讓迴圈
條件運算繼續下一個迴圈的執行。語法格式如下：

```
continue
```

例如：

```
for x in range(1, 10):
    if x == 5:
        continue
    print( x, end=" ")
```

輸出結果

```
1 2 3 4 6 7 8 9
```

綜 合 範 例

1. 已知有一公式如下，請設計一程式利用 for 迴圈可輸入 k 值，求 π 的近似值：$\dfrac{\pi}{4}=\sum_{n=0}^{k}\dfrac{(-1)^n}{2n+1}$，其中 k 的值越大，$\pi$ 的近似值越精確，本程式中限定只能使用 for 迴圈。

```
請輸入k值：2000
PI = 3.142092
```

解答 sigma.py

```
01   k=int(input(" 請輸入 k 值："))
02   sigma=0
03   for n in range(int(k)+1):
04       if(n % 2!=0): # 如果n是奇數
05           sigma += float(-1/(2*n+1))
06       else:  # 如果n是偶數
07           sigma += float(1/(2*n+1))
08   print("PI = %f" %(sigma*4))
```

2. 請設計一程式，可讓使用者輸入一正整數 n，並輸出 2 到 n 之間所有的質數（Prime number），設計本程式時要求必須同時使用 for 及 while 迴圈。

```
請輸入n的值,n表示2~n之間的所有質數:12
2
3
5
7
11
```

解答 prime.py

```
01   n=int(input(" 請輸入 n 的值 ,n 表示 2~n 之間的所有質數 :"))
02   i=2;
03   while i<=n:
04       no_prime=0
05       for j in range(2,i,1):
06           if i%j==0:
07               no_prime=1
08               break   # 跳出迴圈
09       if no_prime==0:
10           print("%d " %i); # 輸出質數
11       i+=1
```

3. 以下範例利用輾轉相除法與 while 迴圈來設計一 Python 程式，來求取任意
輸入兩數的最大公因數 (g.c.d)。

```
求取兩正整數的最大公因數 (g.c.d):
輸入兩個正整數：
24
60
最大公因數 (g.c.d) 的值為 :12
```

解答 divide.py

```
01  print(" 求取兩正整數的最大公因數 (g.c.d):")
02  print(" 輸入兩個正整數 :")
03  # 輸入兩數
04  Num1=int(input())
05  Num2=int(input())
06  if Num1 < Num2:
07      TmpNum=Num1
08      Num1=Num2
09      Num2=TmpNum# 找出兩數較大值
10  while Num2 != 0:
11      TmpNum=Num1 % Num2
12      Num1=Num2
13      Num2=TmpNum # 輾轉相除法
14  print(" 最大公因數 (g.c.d) 的值為 :%d" %Num1)
```

課後習題

一、選擇題

( ) 1. 下列有關 for 迴圈的描述何者不正確？

(A) 又稱為計數迴圈

(B) 必須事先指定迴圈控制變數的起始值

(C) 必須有控制變數的增減值，以決定迴圈重複的次數

(D) 事先無法得知迴圈次數，必須滿足特定條件，才能進入迴圈

( ) 2. 試寫出 num2=range(1,5) 所產生的序列。

(A) 會產生整數數列 1, 2, 3, 4,5　　(B) 會產生整數數列 1, 2, 3

(C) 會產生整數數列 2, 3, 4　　(D) 會產生整數數列 1, 2, 3, 4

( ) 3. 試寫出 num3=range(-3,4) 所產生的序列。

(A) 會產生整數數列 -1, 0, 1,2

(B) 會產生整數數列 -1, 0, 1,2,3

(C) 會產生整數數列 -2, -1, 0, 1,2

(D) 會產生整數數列 -3,-2, -1, 0, 1,2,3

( ) 4. 下列哪一個功能會產生整數數列 10, 8, 6, 4, 2？

(A) range(11,0,-2)　　(B) range(11,1,-2)

(C) range(10,1,-2)　　(D) range(1,10,2)

( ) 5. 下列有關 while 迴圈的描述何者不正確？

(A) 屬於前測試型迴圈

(B) while 迴圈需要給它一個特定的次數

(C) 在判斷的條件為 True 的情況下就能一直執行

(D) break 指令可以用來跳離迴圈的執行

( ) 6. Python 的 for 迴圈可以走訪任何序列項目，包括？

(A) 數字串列　　(B) List　　(C) string　　(D) 以上皆可

（　　）7. 以下程式當跳離迴圈時，i 的值為多少？

```
i=1
while i<200:# 迴圈條件式
i += 5    # 調整變數增減值
print(i)
```

(A) 207　　　　(B) 305　　　　(C) 203　　　　(D) 201

（　　）8. 以下程式當跳離迴圈時，sum 的值為多少？

```
total=0
count = 0
while count <= 21:
    total += count # 將的倍數累加
    count += 7
print(total) # 輸出累加結果
```

(A) 35　　　　(B) 42　　　　(C) 48　　　　(D) 50

（　　）9. 當某數 100 依次減去 1,2,3... 直到哪一數時，相減的結果為負？

(A) 14　　　　(B) 15　　　　(C) 13　　　　(D) 12

二、填充題

1. _____ 就是一種迴圈控制格式，根據所設立的條件，重複執行某一段程式指令，直到條件判斷不成立。

2. _____ 又稱為計數迴圈，可以重複執行固定次數的迴圈。

3. _____ 指令是用來跳離最近的 for、while 的程式迴圈，並將控制權交給所在區塊之外的下一行程式。

4. _____ 執行流程必須先等內層迴圈執行完畢，才會逐層繼續執行外層迴圈。

5. while 與 for 都是屬於 _____ 測試型迴圈。

6. _____ 指令只會直接略過底下尚未執行的程式碼，並跳至迴圈區塊的開頭繼續下一個迴圈，而不會離開迴圈。

7. _____ 函數主要功能是建立整數序列。

三、問答與實作題

1. 試比較 for 迴圈指令及 while 迴圈指令使用上特性的不同。

2. 請設計一 Python 程式，讓使用者能輸入任意數目小於 99999 之數字，並利用 for 迴圈來控制要輸入的數字個數，並且邊輸入邊尋找這些數字中的最小值。

3. 請試算下列程式的輸出結果？

```
for a in range(1,4): # 外層 for 迴圈控制
    for b in range(1,a+3): # 內層 for 迴圈控制
        if b==3:
            break
        print(b,end="")  # 印出 b 的值
    print()
```

4. 請寫出下列程式的輸出結果？

```
for x in range(1, 12, 2):
    if x == 5:
        continue
    print( x, end=" ")
```

5. 請寫出下列程式的輸出結果？

```
for x in range(1, 12, 2):
    if x == 5:
        break
    print( x, end=" ")
```

6. 以下程式的執行結果為何？

```
x = "aeiou"
for i in x:
    print(i,end='')
```

7. 以下程式的執行結果為何？

```
x = ['Happy', 'New', 'Year']
for i in x:
    print(i,end=' ')
```

8. 以下程式的執行結果為何？

```
for x in range(1,11,3):
    print(x, end=' ')
print()
```

9. 以下程式的執行結果為何？

```
n=109658574
while n!=0:
    print("%d" %(n%10),end='')
    n//=10
```

10. 以下程式的執行結果為何？

```
fac=1
for i in range(1,11):
    fac*=i
print(fac)
```

11. 不論是 for 迴圈或是 while 迴圈，主要是哪兩個基本元素組成？

12. 以下程式的執行結果為何？

```
x = "13579"
for i in x:
    print(i,end='')
```

13. 以下程式的執行結果為何？

```
product=1
for i in range(1,11,3):
    product*=i
print(product)
```

14. 以下程式的執行結果為何？

```
n=53179
while n!=0:
    print("%d" %(n%10),end='')
    n//=10
```

06
CHAPTER

Python 複合資料型態
的完美體驗

在 Python 當中，所有東西都是一個物件，除了之前提過的基本資料型態，Python 還提供了許多可以包含多筆資料的複合資料型態（Compound Data Type），包括 String 字串、Tuple 元組、List 串列、Dict 字典、集合 Set 等，這些複合式資料型態的組成元素都是一個物件，也都可以擁有各種不同的資料型態。

Python 中，所有東西都是一個物件

6-1 再談字串

在 Python 語言中使用單引號或雙引號皆可用來表示字串資料型態，正因為單雙引號皆能使用，通常使用單引號或是雙引號的時機沒有一定，不過如果字串中本身就包含單引號或是雙引號，就可以使用另一種引號以利區別。我們也可將單引號包含在雙引號中：

```
print("' 我是字串 '")
```

又或者將雙引號包含在單引號中：

```
print('" 我是字串 "')
```

6-1-1 字串建立

在 Python 使用某種資料型態變數時，只需直接指定其值給變數，則會自動依照該值去判斷該變數的資料類型。例如底下的 strText 變數就是一種字串的資料型態。

```
strText = " 我是字串 "
```

如果字串長度過長導致閱讀性降低，此時則可藉由換行來改善長度過長所導致的問題。可使用三個單引號或雙引號來將字串框住，如下所示：

```
strText = """ 我是一串很長很長很長很長的字串
            我是一串很長很長很長很長的字串 """
```

6-1-2　字串輸出格式化

針對字串輸出的部分，Python 支援字串的格式化，常見的格式化輸出的符號有：

符號	用途
%d / %i	以 10 進位整數輸出
%s	以 str() 函數輸出文字
%c	輸出字元或 ASCII 碼
%F / %f	以浮點數輸出
%E / %e	以科學記號輸出
%o	以 8 進位整數輸出
%X / %x	以 16 進位整數輸出

其也有輔助符號，常見如下：

符號	用途
*	定義長度或小數點精度
-	用於文字置左對齊
+	用於正數前面顯示加號（亦可用於文字置右對齊）
#	• 8 進位前顯示 0o • 16 進位前顯示 0x 或 0X（取決於 x 或 X），其大小寫也會影響 A-F 輸出的大小寫
0	顯示數字前不足位數補 0 而不是預設的空格
%	"%%" 可輸出一個 %
(var)	字典參數
m.n	• m 為總長度（含小數點以及小數點後 n 位，若有帶正負號則包含） • n 為保留小數點後 n 位

上表整理了字串格式符號以及輔助符號，接著可再更深入了解一下其一些用法。

🔲 整數（%d/%i）

整數格式化為 %d、%0nd、%nd，其用法如下說明：

- 不足位數補 0，格式為：%0nd。
- 不足位數預設空格，格式為：%nd。
- 小於位數則輸出全部，同基本用法 %d。

其中 n 為數值總長度且能以 * 替代。

📎 **範例程式** **ExInteger.py** ▶ 練習整數格式化

```
01   print("\n 不足數位補 0：%05d\n"%(66))
02
03   print(" 不足數位預設空格：%5d\n"%(66))
04
05   print(" 小於位數則輸出全部：%2d\n"%(666))
06
07   print(" 不足數位補 0 ( 以 * 替代 )：%*d\n"%(5, 66))
```

執行結果

```
不足數位補0：00066

不足數位預設空格：   66

小於位數則輸出全部：666

不足數位補0(以*替代)：00066
```

程式解析

- 第 1 行：數值 66 小於指定的總長度，則不足的位數以 0 填補。
- 第 3 行：同 01 行作用，差別在於前方未有填寫 0，將以預設空格填補不足位數。

- 第 5 行：因指定總長度小於數值 666，因此輸出全部，作用如同基本用法 %d。
- 第 7 行：指定總長度以 * 替代，可將 * 理解為 %nd 的 n 的參數。

💬 文字（%s/%c）

文字格式化可分為 %s 以及 %c，這兩個格式化皆為輸出文字，差別在於：

- %s 可輸出字串，簡單來說就是無任何限制輸出接收到的文字。

- %c 則可解釋為字元，一個字串中皆由一個個的字元所組成，這個格式符號只能接收一個字元。而且它也能接收整數（10 進位），並依據 ACSII 碼（圖形）顯示其對應字元。

這邊建議如果無法區分其差異，可將 %s 解釋為字串（String）；%c 為字元（Char）。而通常若無特別需求，基本上較為常用 %s。

ChatGPT 幫幫忙

💬 ASCII 是什麼？

ASCII（American Standard Code for Information Interchange）是一種字符編碼標準，用於表示文本中的字符和控制字符。ASCII定義了128個字符，其中包括26個大寫字母、26個小寫字母、10個數字、標點符號以及控制字符（例如換行、回車、制表符等）。

每個字符都被賦予一個唯一的數字碼，稱為ASCII碼。這些數字碼通常以二進制表示，但它們也可以轉換為十進制、八進制或十六進制。ASCII是一種最基本的字符編碼方式，它在計算機和通信系統中廣泛使用，允許不同設備和軟件之間的字符互通。

📎 **範例程式** **ExString.py** ▶ 練習 %s 與 %c 用法

```
01   strName = str(input("\n 郵局："))
02   strCode = str(input(" 郵局代號："))
03   intAount= int(input (" 戶頭："))
04   intMoney = int(input(" 金額："))
05
```

```
06   print("\n 郵局：%s" %(strName))
07   print(" 郵局代號為 %s，轉帳戶頭為 %02d" %(strCode, intAount))
08   print(" 匯入金額：%c%.2f"%(36, intMoney))
09
10   if intMoney<20000:
11       print("%c\n" %(" 成 "))
```

執行結果

```
郵局：臺北西園郵局(臺北3支)
郵局代號：700
戶頭：12345678923432
金額：15000

郵局：臺北西園郵局(臺北3支)
郵局代號為700，轉帳戶頭為12345678923432
匯入金額：$15000.00
成
```

程式解析

◆ 第 01 ～ 04 行：輸入郵局、郵局代號等等資料。

◆ 第 06 行：%s 會以 str() 函數方式輸出 strName 參數值。

◆ 第 07 行：郵局代號輸出 strCode 參數值，以及轉帳戶頭輸出 intAount 參數值，並不足位數補 0。

◆ 第 08 行：依據 ACSII 碼，其十進位 36 將輸出 $，並於金額後面保留小數點後兩位，因 intMoney 參數值為 int，故其顯示 .00。

◆ 第 10 ～ 11 行：判斷是否金額小於 20000，若是則 %c 輸出一個字元。

16 進位（%x/%X）

16 進位所對應的字元，也可參考 ASCII 碼表，因輸入皆為整數（10 進位）再轉換為 16 進位後輸出，所以這邊將要對應則是 10 進位以及 16 進位。

範例程式 **ExCarry.py** ▶ 練習轉換 16 進位

```
01   i = 10
02
03   for j in range(5):
```

```
04        z = i + j
05        print("小寫：%x\t 大寫：%X"%(z, z))
```

執行結果

```
小寫：a      大寫：A
小寫：b      大寫：B
小寫：c      大寫：C
小寫：d      大寫：D
小寫：e      大寫：E
```

程式解析

- 第 01 行：宣告變數 i 並指定參數值為 10。

- 第 03 ～ 05 行：藉由迴圈將 i 加上 j 取得整數，再依據 ASCII 碼表取得 A-E 大小寫字母並輸出。

浮點數

浮點數格式化為 %0m.nf、%m.nf、%.nf，其用法如下說明：

- 不足位數補 0，格式為：%0m.nf。

- 不足位數預設空格，格式為：%m.nf。

- 針對小數點後 n 位保留，格式為：%.nf。

其 m 或 n 也能以 * 替代。而 m 為數值總長度；n 則僅指小數點後 n 位保留，整數位數則不受任何影響。

範例程式 ExFloat.py ▶ 浮點數格式化練習

```
01  print("\n 不足數位補 0：%06.2f\n" %(1.2345))
02
03  print(" 不足數位預設空格：%6.2f\n" %(1.2345))
04
05  print(" 小數點保留 2 位：%.2f\n" %(1.2345))
06
07  print(" 不足數位補 0( 以 * 替代 )：%0*.2f\n" %(6, 1.2345))
```

執行結果

```
不足數位補0：001.23

不足數位預設空格：　1.23

小數點保留2位：1.23

不足數位補0(以*替代)：001.23
```

程式解析

◆ 第 01 行：由於僅保留小數點後 2 位，則其取出後為 1.23 又因不足位數則補 0，故輸出後為 001.23。

◆ 第 03 行：與 01 行相似，差別在於不足位數以預設空格取代 0。

◆ 第 05 行：因只要求小數點後保留 2 位數，故輸出 1.23。

◆ 第 07 行：與 01 行相似，不足位數由 * 替代並由後面給予參數設定。

TIPS　**format() 字串格式化**

Python2.6 版本後，已有提供新的字串格式化：

```
print("{:d}".format(10))  #str.format()
```

其格式方式為 ":" 加上 " 格式符號 "：

符號	用途
{:d}	輸出整數
{:f}	輸出浮點數
{:%}	以百分比方式輸出
{:>nd}	靠右對齊，長度為 n
{:m.nf}	• m 為總長度（含小數點以及小數點後 n 位） • n 則為保留小數點後 n 位
{:+m.nf}	• m 為總長度（含小數點以及小數點後 n 位，若有帶正負號則包含） • n 為保留小數點後 n 位

6-1-3　[] 運算子與切片運算

每個字元都是一個獨立物件，字串就是由獨立物件所發展出來的一個群組，那要如何從群組中取出物件呢？相信很多人都常會看到中括號的運算子：

```
[]
```

該運算子透過給予的索引值取得字串中的值，例如假設有變數 Index = "abc def" 其索引位置則可參考下圖：

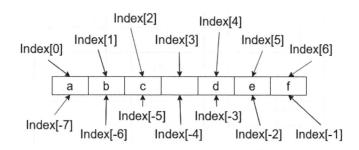

這邊要稍微注意的是，由左至右的索引位置以 0 為開始；由右至左則以 -1 開始。接著，若要取得 Index 中的某索引位置相對應的值，其寫法：

```
Index[2] 或 Index[-5]
```

則其所取得到的值為 c。

既然可以取得字串中各個字元，當然這部分也提供切片運算的功能取得某一小段的字串，其寫法格式：

```
Index[start_Index : end_index : step]
```

- start_Index：表示開始位置。
- end_index：表示結束位置。
- step：間隔，不可為 0。

ChatGPT 幫幫忙

💬 在切片運算中，如何設定間隔值（step），以控制每次提取字元的間隔？這個間隔值可以是正數還是負數？

在切片運算中，你可以使用「:」符號來設定間隔值（step），以控制每次提取字符的間隔。間隔值可以是正數或負數。

- 正數間隔值表示你從左到右選擇字符，例如，如果你設定間隔值為2，則每次選擇的字符將間隔一個字符。
- 負數間隔值表示你從右到左選擇字符，例如，如果你設定間隔值為-1，則每次選擇的字符將間隔一個字符，但是方向是由右向左。

例如，如果有一個字串 `text = "Hello, World"`，你可以使用以下方式來進行切片操作：

- `text[::2]` 將選擇所有字符，但每次間隔一個字符，結果為 `"Hlo ol"`
- `text[::-1]` 將選擇所有字符，但反向排列，結果為 `"dlroW ,olleH"`

📎 **範例程式 ExSlice.py ▶ 練習 Slice 運算**

```
01   Index = "Hello Python, This is Program"
02
03   print("Index 字串：", Index)
04   print(Index[-3:-25:-2])
```

執行結果

```
Index字串： Hello Python, This is Program
roPs iT,otP
```

程式解析

→ 第 01 行：宣告字串變數並給予字串值。

→ 第 03 行：列印 Index 的字串內容。

→ 第 04 行：開始位置為 -3，結束位置為 -25 並以間隔為 2。

6-1-4　跳脫字元

字元型態資料中除了一般的字元外，還有一些特殊的字元無法利用鍵盤來輸入或顯示於螢幕。這時候必須在字元前加上反斜線「\」來通知編譯器，將後面的字元當成一個特殊字元，形成所謂「跳脫字元」（Escape Sequence Character），並進行某些特殊的控制功能，例如 "\n" 表示換行功能的「跳脫字元」。例如前面我們談過的「\n」，就是一種跳脫字元，用來表示換行。常見有：

符號	用途
\' / \""	單引號 / 雙引號
\n	換行字元
\t	水平製表字元（如 Tab 作用）
\v	垂直製表字元
\b	退格
\r	將游標返回行頭
\\	反斜線
\	續行字元（在行尾時）

6-1-5　字串相關方法

有關於字串所提供的方法相當得多。本單元將介紹一些常用的字串方法，當宣告了字串變數之後，就可以透過「.」（Dot）運算子來取得方法。

💬 與子字串有關的函數

首先列出與子字串有關的方法與函數，如何在字串搜尋或替換新的子字串。

方法	參數	用途
startswith(suffix[, start, end])	suffix – 可為一個字元或一個元素 start – 開始位置 end – 結束位置	字串開頭含有指定的字元或元素返回 True，反之返回 False

方法	參數	用途
endswith(suffix[, start, end])	suffix－可為字元或符號 start－開始位置 end－結束位置	字串末尾含有指定的字元或元素返回 True，反之返回 False
find(sub, beg = 0, end = len(string))	sub－欲搜尋字元 beg－開始搜尋位置。預設為第一個字元，其索引值為 0 end－結束搜尋位置。預設其字串總長度	欲搜尋的字元若在搜尋範圍內返回其開始索引值，反之返回 -1
index(sub, beg = 0, end = len(string))	sub－欲搜尋字元 beg－開始搜尋位置。預設為第一個字元，其索引值為 0 end－結束搜尋位置。預設其字串總長度	欲搜尋的字元若在搜尋範圍內返回其開始索引值，反之拋出異常
str.join(seq)	str－指定連接序列的字元 seq－欲連接元素序列	返回指定連結序列中的元素後的新字串
lstrip([chars])	chars－指定刪除的字元預設空格	刪除字串開頭的空格或指定字元的新字串
rstrip([chars])	chars－指定刪除的字元預設空格	刪除字串末尾的空格或指定字元的新字串
strip([chars])	chars－指定刪除的字元預設空格	刪除字串頭尾的空格或指定字元的新字串
replace(old, new[, max])	old－舊字元 new－新字元 max－可選，替換不超過的次數	返回字串中替換字元後的字串，若指定第三個參數，則替換不可超過其次數
split(str = "", num = string.count(str))	str－分隔符。預設為所有空字元，包括空格、\n、\t num－分隔次數（num + 1 個）。預設為 -1 即分隔所有	透過指定分隔符將字串分隔數個

使用 split() 方法分割字串時，會將分割後的字串以串列回傳。例如：
（split.py）

```
str1 = "happy \nclever \nwisdom"
print( str1.split() )  # 以空格與換行符號 (\n) 來分割
print( str1.split(' ', 2 ) )
```

執行結果

```
['happy', 'clever', 'wisdom']
['happy', '\nclever', '\nwisdom']
```

以下範例搜尋特定字串出現次數：（count.py）

```
str1="Happy birthday to my best friend."
s1=str1.count("to",0)  # 從 str1 字串索引 0 的位置開始搜尋
s2=str1.count("e",0,34)  # 搜尋 str1 從索引值 0 到索引值 34-1 的位置
print("{}\n「to」出現 {} 次，「e」出現 {} 次 ".format(str1,s1,s2))
```

執行結果

```
Happy birthday to my best friend.
「to」出現1次，「e」出現2次
```

另外，上表中的函數 strip() 用於去除字串首尾的字元，lstrip() 用於去除左邊的字元，rstrip() 用於去除右邊的字元，三種方法的格式相同，以下以 strip() 做說明：

```
字串 .strip([ 特定字元 ])
```

特定字元預設為空白字元，特定字元可以輸入多個，例如：

```
str1="Are you happy?"
s1=str1.strip("A?")
print(s1)
```

執行結果

```
re you happy
```

由於傳入的是（"A?"）相當於要去除「A」與「?」，執行時會依序去除兩端符合的字元，直到沒有匹配的字元為止，所以上面範例分別去除了左邊的「A」與右邊的「?」字元。

至於函數 replace() 可以將字串裡的特定字串替換成新的字串，程式如下：（replace.py）

```
s= " 我畢業於宜蘭高中 ."
print(s)
s1=s.replace(" 宜蘭高中 ", " 高雄中學 ")
print(s1)
```

執行結果

```
我畢業於宜蘭高中 .
我畢業於高雄中學 .
```

這裡還要來介紹兩種有趣的函數，它會依據設定範圍判斷設定的子字串是否存在於原有字串，若結果相符會以 True 回傳。startswith() 函數用來比對前端字元，endswith() 函數則以尾端字元為主。例如：（startswith.py）

```
wd = 'Alex is optimistic and clever.'
print(' 字串 :', wd)
print('Alex 為開頭的字串嗎 ', wd.startswith('Alex'))
print('clever 為開頭的字串嗎 ', wd.startswith('clever', 0))
print('optimistic 從指定位置的開頭的字串嗎 ', wd.startswith('optimisti', 8))
print('clever. 為結尾字串嗎 ', wd.endswith('clever.'))
```

執行結果

```
字串: Alex is optimistic and clever.
Alex為開頭的字串嗎 True
clever為開頭的字串嗎 False
optimistic從指定位置的開頭的字串嗎 True
clever.為結尾字串嗎 True
```

跟字母大小寫有關的方法與函數

方法	說明
capitalize()	只有第一個單字的首字元大寫，其餘字元皆小寫
lower()	全部大寫
upper()	全部小寫
title()	採標題式大小寫，每個單字的首字大寫，其餘皆小寫
islower()	判斷字串是否所有字元皆為小寫
isupper()	判斷字串是否所有字元皆為大寫
istitle()	判斷字串首字元是否為大寫，其餘皆小寫
isalnum()	判斷字串是否僅由字母和數字組成。是為 True，否為 False
isalpha()	判斷字串是否僅由字母組成。是為 True，否為 False
isdigit()	判斷字串是否僅由數字組成。是為 True，否為 False
isspace()	判斷字串是否僅由空格組成。是為 True，否為 False

以下程式示範跟字母大小寫有關的方法：（phrase.py）

```
phrase = 'Happy holiday.'
print('原字串：', phrase)
print('將首字大寫 ', phrase.capitalize())
print('每個單字的首字會大寫 ', phrase.title())
print('全部轉為小寫字元 ', phrase.lower())
print('判斷字串首字元是否為大寫 ', phrase.istitle())
print('是否皆為大寫字元 ', phrase.isupper())
print('是否皆為小寫字元 ', phrase.islower())
```

執行結果

```
原字串： Happy holiday.
將首字大寫  Happy holiday.
每個單字的首字會大寫 Happy Holiday.
全部轉為小寫字元 happy holiday.
判斷字串首字元是否為大寫 False
是否皆為大寫字元 False
是否皆為小寫字元 False
```

○ 與對齊格式有關的方法

方法	參數	用途
center(width, fillchar)	width – 字串總長度 fillchar– 填充字元	指定總長度並將字串置中，其餘長度以填充字元，預設為空格
ljust(width, fillchar)	width – 字串總長度 fillchar– 填充字元 預設為空格	指定總長度並將字串置左，其餘長度以填充字元填滿
rjust(width, fillchar)	width – 字串總長度 fillchar– 填充字元 預設為空格	指定總長度並將字串置右，其餘長度以填充字元填滿。與 zfill(width) 方法類同，差別在於 zfill() 只有 width 參數且僅填充 0
zfill(width)		字串左側補「0」
partition(sep)		字串分割成三部份，sep 前，sep，sep 後
splitlines([keepends])		依符號分割字串為序列元素，keepends=True 保留分割的符號

以下程式示範了與對齊格式有關的方法。

📎 **範例程式** | **align.py** ▶ 與對齊格式有關的方法

```
01  str1 = 'Python is funny and powerful'
02  print('原字串 ', str1)
03  print('欄寬 40，字串置中', str1.center(40))
04  print('字串置中, * 填補', str1.center(40, '*'))
05  print('欄寬 10，字串靠左', str1.ljust(40, '='))
06  print('欄寬 40，字串靠右', str1.rjust(40, '#'))
07
08  mobilephone = '931666888'
09  print('字串左側補 0:', mobilephone.zfill(10))
```

```
10
11   str2 = 'Mayor,President'
12   print('以逗點分割字元 ', str2.partition(','))
13
14   str3 = ' 禮 \n 義 \n 廉 \n 恥 '
15   print('依 \\n 分割字串 ', str3.splitlines(False))
```

執行結果

```
原字串 Python is funny and powerful
欄寬40，字串置中           Python is funny and powerful
字串置中，* 填補 ******Python is funny and powerful******
欄寬10，字串靠左 Python is funny and powerful============
欄寬40，字串靠右 ###########Python is funny and powerful
字串左側補0: 0931666888
以逗點分割字元 ('Mayor', ',', 'President')
依\n分割字串 ['禮', '義', '廉', '恥']
```

程式解析

- 第 3 ～ 4 行：使用 center() 方法，設定欄寬（參數 width）為 40，字串置中時，兩側補「#」。

- 第 5 ～ 6 行：ljust() 方法會將字串靠左對齊；rjust() 方法會將字串靠右對齊。

- 第 8 ～ 9 行：字串左側補「0」。

- 第 12 行：partition() 方法中，會以 sep 參數「,」為主，將字串分割成三個部份。

- 第 15 行：splitlines() 方法的參數 keepends 設為 False，分割的字元不會顯示出來。

如何區分 Python 中的內建函數和方法？可以舉個例子使用 replace() 方法嗎？

要區分Python中的內建函數和方法，主要有以下幾點區別：

1. **內建函數（Built-in Functions）：**
   - 內建函數是Python語言提供的全局函數，它們可以在任何程式中直接調用，而不需要對象名稱。
   - 內建函數是通用的，可以應用於不同類型的數據，如整數、浮點數、字串、列表等。
   - 例子包括 `print()`、`abs()`、`len()`、`max()`、`min()` 等。

2. **方法（Methods）：**
   - 方法是與特定對象關聯的函數，它們需要通過對象名稱來調用，因為它們提供了對該對象的操作。
   - 方法只能應用於特定類型的對象，例如，字串的方法只能應用於字串對象，列表的方法只能應用於列表對象。
   - 方法的調用方式是：`對象名稱.方法(參數, ...)`。
   - 例子包括字串的 `replace()` 方法、列表的 `append()` 方法、字典的 `keys()` 方法等。

現在，讓我們使用字串的 `replace()` 方法來演示這一區別：

```python
# 使用 replace() 方法
original_str = "My name is John"
new_str = original_str.replace("John", "Joan")

print("使用 replace() 方法後的新字串：", new_str)
```

6-2 串列

　　串列（List）是 Python 語言中非常重要的資料結構，也就是用來表示記錄連續性資料的方法，不同程式語言通常都可以使用序列的資料，例如 C 和 C++ 中常使用的就是陣列（Array），而在 Python 當中，則使用串列或元組（Tuple）來儲存連續性的資料。

串列運作好比是郵差可以依照住址，把信件直接投遞到指定的信箱

串列是由一連串資料所組成，以中括號 [] 表示存放的元素，資料稱為元素（Element）或項目（Item），可以存放不同資料型態的元素，不但具有順序性，而且可以改變元素內容，甚至於 2 個以上的串列也可以把它們串接起來，相乘以及檢查某些元素是否存在於串列中，還有在串列中的每一個資料項目都有其索引編號，這些編號起始位置都是從 0 開始。

6-2-1 建立串列

我們可以直接使用中括號 [] 或內建的 list() 函數來建立串列，如下所示：

串列名稱 = [元素 1, 元素 2, …..]

ChatGPT 幫幫忙

串列是否一定要有名稱？

串列不一定需要有名稱，它們可以在 for 迴圈中使用 `range()` 函數臨時產生無名（未命名）串列。以下是一個示例：

```python
# 在for迴圈中產生無名串列
for i in range(5):
    print(i)
```

在這個示例中，我們使用 `range(5)` 來創建一個無名串列，它包含了0到4的整數。這個無名串列用於遍歷 `for` 迴圈中的元素。無名串列在這裡沒有分配給任何變數名稱，因為它僅用於迴圈中的臨時用途，並不需要單獨的名稱。這種情況下，我們使用了無名（未命名）串列。

裡面的項目皆以逗號（,）分隔，並由中括號包裹著，每一項可說是獨立個體，彼此之間不需具有相同的型態。例如：

```
>>> list1 = ["123", "abc", True]
>>> list2 = [123, 1.0]
>>> print(list1)
['123', 'abc', True]
>>> print(list2)
[123, 1.0]
```

list1、list2 兩個串列中都有不同型態的數據在其中，彼此之間不受型態影響

而 list 也跟字串一樣，能夠進行切片、檢查是否指定字元或元素包含在內等等。

```
>>> list1 = ["Python", 20, "C#", 3.14, True, 0.05]
>>> list2 = ["Go"]
>>> list3 = ["to", "the", "movie"]
>>>
>>> print(list1[3])
3.14
>>>
>>> print(list1[0:4:2])
['Python', 'C#']
>>>
>>> print(list2*3)
['Go', 'Go', 'Go']
>>>
>>> print(list2 + list3)
['Go', 'to', 'the', 'movie']
```

這邊可得知 list 可取得指定索引值所對應的值、切片、使用乘(*)來自動產生重複的值以及若有兩個 list 欲合併可使用加 (+) 將兩個不同 list 組合而成

以上圖 list1 為例，若要新增一個項目，先查看該 list 個數（即索引值，以 0 開始算起）接著再將個數 +1 便可新增。

```
list1[len(list1) + 1] = "ABC"
```

若要更新裡面其中之一的項目，則直接覆蓋值即可：

```
list1[1] = 10
```

刪除的部分也是差不多的寫法，透過 del 語句：

```
del list1[5]
```

範例程式　ExList.py ▶ 取得串列中所有元素並依序輸出

```
01  list1 = ["A", True, 10, 3.14, "G"]
02
03  for i in range(len(list1)):
04  print(" 索引位置：%s\t 對應值：%s\t 型態：%s\n" %(i, list1[i], type(list1[i])))
```

執行結果

索引位置：0	對應值：A	型態：\<class 'str'\>
索引位置：1	對應值：True	型態：\<class 'bool'\>
索引位置：2	對應值：10	型態：\<class 'int'\>
索引位置：3	對應值：3.14	型態：\<class 'float'\>
索引位置：4	對應值：G	型態：\<class 'str'\>

程式解析

- 第 01 行：宣告一個串列，其包含不同型態資料。

- 第 03 ～ 04 行：取得該串列所有的資料並顯示其索引位置、對應值以及資料型態。

如果要將字串轉換成串列，那麼可以使用 list() 函式，該函式會將字串逐一拆解成單一字元，每個字元為串列中的一項元素，請看下例的說明：

```
print(list('Happy')) # 轉成 ['H', 'a', 'p', 'p', 'y']
```

此外，串列中括號裡面也可以結合 for 指令、range() 函數來產生的結果為串列的元素。例如：

```
>>>list1=[i for i in range(3,10)]
>>>list1
[ 3, 4, 5, 6, 7, 8, 9]
>>>
>>>list2=[i+10 for i in range(1,5)]
>>>list2
[11, 12, 13, 14]
>>>
```

還有一點要特別說明，串列的元素也像字串中的字元具有順序性，因此支援切片（Slicing）運算，切片運算也可以應用於取出若干元素，可以透過切片運算子 [] 擷取串列中指定索引的子串列。我們來看以下的例子：

```
word = ['A','B','C','D','E','F', 'G', 'H']
print(word [:4])
```

Python 複合資料型態的完美體驗

```
print(word [1:8])
print(word [5:])
```

其執行結果如下：

```
['A', 'B', 'C', 'D']
['B', 'C', 'D', 'E', 'F', 'G', 'H']
['F', 'G', 'H']
```

6-2-2　多維串列

通常串列的使用可以分為一維串列、二維串列與多維串列等等，基本的運作原理都相同。多維串列基本上就是一個串列中包含多個串列，每個串列中又包含多個元素。

```
[[1, 2, 3], [4, 5, 6], …]
```

若要宣告二維串列寫法為：

```
[["" for i in range(3) ] for j in range(4)] or [[""] * 3 for j in range(4)]
```

其中 "" for i in range(3) 表示第二維串列中每個串列生成 3 個元素；for j in range(4) 表示將生成 4 個第二維串列，故執行得到的結果如下圖。

```
[['', '', ''], ['', '', ''], ['', '', ''], ['', '', '']]
```

以二維串列來說，索引位置示意圖如下。

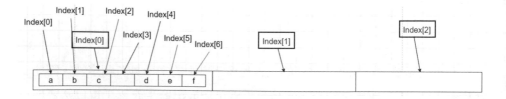

第一維串列索引位置由藍色標示，第二維串列用黑色標示。在使用相關方法時，因一維串列為 list[i] 表示，第二維表示如下，以此類推。

```
list[i][j]
```

在 Python 中，凡是二維以上的串列都可以稱作多維串列，想要提高串列的維度，只要在宣告串列時，增加中括號與索引值即可。例如三維陣列宣告方式如下：

```
num=[[[5,4,6],[6,8,16],[34,21,46]],[[25,47,33],[27,52,36],[62,39,18]]]
```

下例就是一種三維陣列的初值設定及各種不同陣列存取方式：

```
num=[[[5,4,6],[6,8,16],[34,21,46]],[[25,47,33],[27,52,36],[62,39,18]]]
print(num[0])
print(num[0][0])
print(num[0][0][0])
```

其執行結果如下：

```
[[5, 4, 6], [6, 8, 16], [34, 21, 46]]
[5, 4, 6]
5
```

6-2-3　常用的串列函數以及方法

串列常用的函式：

函式	參數	用途
len(list)		返回串列元素個數
max(list)	list – 串列	返回串列元素中最大值
min(list)		返回串列元素中最小值
list(seq)	seq – tuple 型態	將 tuple 轉換為列表

常用的方法：

方法	參數	用途
list.append(obj)	obj – 對象	串列末尾處新增一筆元素， word = ["cat", "dog", "bird"] word.append("fish") print(word) `['cat', 'dog', 'bird', 'fish']`

方法	參數	用途
list.count(obj)	obj－對象	返回串列重複出現次數 word = ["dog", "cat", "dog"] print("dog 出現的次數 ", word.count("dog")) `dog 出現的次數  2`
list.extend(seq)	seq－可為 list、tuple、集合、字典（僅將 key 作為元素加入）	串列末尾處新增多筆元素
list.index(x[, start, end])	x－欲搜尋的字元 start－開始位置 end－結束位置	返回欲搜尋的字元索引位置，若找不到則拋出異常
list.insert(index, obj)	index－需插入的索引位置 obj－欲插入對象	在串列指定位置插入元素 word = ["dog", "cat", "bird"] word.insert(2,"fish") print(word) `['dog', 'cat', 'fish', 'bird']`
list.pop([index = -1])	index－可選，欲移除串列元素的索引位置，不可超過串列總長度。預設為 -1，刪除最後一個	返回已從串列中移除對象的串列，如果 pop() 括號內沒有指定索引值，則預設移除最後一個。 word = ["dog", "cat", "bird"] word.pop(2) print(word) `['dog', 'cat']`
list.remove(obj)	obj－對象	串列中移除指定的元素 word = ["dog", "cat", "bird"] word.remove ("cat") print(word) `['dog', 'bird']`
list.sort(key = None, reverse = False)	key－進行比較的元素，僅一個參數 reverse－排序升降冪。True 為降冪；False 為升冪（預設）	將串列中的元素進行升降冪排序 word = ["dog", "cat", "bird"] word.sort() print(word) `['bird', 'cat', 'dog']`

方法	參數	用途
list.clear()		清空串列
list.copy()		複製串列
List.reverse()		**reverse ()** 函數可以將 list 串列資料內容反轉排列 word = ["dog", "cat", "bird"] word.reverse() print(word) `['bird', 'cat', 'dog']`

　　一般在專案中經常會有一些原有資料存在的情形，基本上透過 list 的方法能夠保留原有資料既可新增、查詢、刪除等等功能作用。

範例程式 ExList2.py

```
01   person = ["John", "Merry", "Mi", "Jason"]
02
03   addPerson = str(input("請輸入新增人員名字："))
04
05   if person.count(addPerson) == 0:
06   person.insert(len(person) - 2, addPerson)
07
08   print("搜尋剛新增人員索引位置：", person.index(addPerson))
09
10   person1 = person.copy()
11   person.clear()
12
13   print("複製原串列：", person1)
14   print("原串列：", person)
```

執行結果

```
請輸入新增人員名字：Simon
搜尋剛新增人員索引位置： 2
複製原串列： ['John', 'Merry', 'Simon', 'Mi', 'Jason']
原串列： []
```

程式解析

◆ 第 01 行：建立一個一維串列。

◆ 第 03 行：提供使用者輸入人員名字。

◆ 第 05 ～ 08 行：搜尋該人員名字是否有重複出現次數，若為 0 則將該人員插入總長度 -2 並返回索引位置。

◆ 第 10 ～ 14 行：將原串列複製到 person1 變數，同時將 person 清空。person1 亦存在其複製串列，故原串列清空不影響複製串列。

以下程式由使用者輸入資料後，再依序以 append() 函數附加到 list 串列中，最後再將串列的內容印出。

範例程式 **append.py** ▶ 使用 **append()** 函數附加資料到 **list** 串列中

```
01   num=int(input(' 請輸入總人數：'))
02   student = []
03   print(' 請輸入 {0} 個數值：'.format(num))
04
05   # 依序讀取分數
06   for item in range(1,num+1):
07       score = int(input()) # 取得輸入數值
08   student.append(score) # 新增到串列
09
10   print(' 總共輸入的分數 ', end = '\n')
11   for item in student:
12       print('{:3d} '.format(item), end = '')
```

執行結果

```
請輸入總人數： 3
請輸入3個數值：
89
76
84
總共輸入的分數
 89  76  84
```

程式解析

- ➜ 第 1 行：輸入總人數，並將輸入的字串轉換為整數。

- ➜ 第 2 行：建立空串列。

- ➜ 第 5 ～ 8 行：將所輸入的數值轉換為整數，再新增到串列。

- ➜ 第 11 ～ 12 行：將儲存於 student 的串列元素輸出。

 ChatGPT 幫幫忙

 請設計一 Python 程式，能讓使用者使用 append() 函數附加資料到 list 串列中。最終使用 for 迴圈將 list 串列資料列出來。

 範例程式：appendGPT.py

以下是一個Python程式，它允許使用者使用`append()`函數附加資料到串列中，然後使用 `for`迴圈列出串列的資料：

```python
# 創建一個空串列
my_list = []

# 使用者輸入資料，並使用append()函數添加到串列中
while True:
    user_input = input("請輸入一個項目（或輸入 '結束' 以停止）: ")

    if user_input.lower() == '結束':
        break
    else:
        my_list.append(user_input)

# 使用for迴圈列出串列的資料
print("串列中的資料：")
for item in my_list:
    print(item)
```

6-3　元組

元組（Tuple）與串列非常相似，差別在於元組的元素是不可修改，相當於是一種唯讀串列，不過仍可進行擷取、組合、計算元素個數等等運算以及方法。還有一點小眉角，串列是以中括號 [] 來存放元素，元組卻是以小括號 () 來存放元素。

元組中的元素有順序性，可以存放不同資料型態的元素，但是個數及元素值都不能改變。基本上，雖然串列的功能整體來說較元組強大且具有彈性，但是元組型態的執行速度較快，由於不允許修改內容，資料存放的安全性也較高。當不提供元素可進行修改時，可使用元組避免其他人更動，元組亦可透過 list() 函數轉換成串列型態。

6-3-1　建立元組

我們已知道串列是以中括號表示，元組則是以小括號表示：

```
("123", 1, 2.0)
```

當然，若不加上小括號也是可行的。

```
>>> tuple1 = ("12", 1.0, 5)
>>> type(tuple1)
<class 'tuple'>
>>>
>>>
>>> tuple1 = "23", 2.5, "Python"
>>> type(tuple1)
<class 'tuple'>
```

不添加小括號，其型態還是 tuple

請注意！元組中只包含一個元素時，需在該元素末尾加上逗號（,），否則括號將被視為運算符號使用。

```
>>> tuple1 = ("23")
>>> type(tuple1)
<class 'str'>
>>>
>>> tuple1 = (10)
>>> type(tuple1)
<class 'int'>
>>>
>>> tuple1 = (10,)
>>> type(tuple1)
<class 'tuple'>
```

元組中元素僅有一個時，需在該元素末尾添加逗號事實上，我們還可以直接使用內建的 tuple() 函數來建立元組，如下所示：

```
l1= tuple()      # 建立空元組
print(l1)
l2= tuple ([2,4,6,8])
print(l2)
```

01
02
03
04
05

06
Python 複合資料型態的完美體驗

07
08
09
10
11
12
13
14
A

執行結果

```
()
(2, 4, 6, 8)
```

由於元組是序列（Sequence）的一種，如何取得元組中的元素和串列一樣，例如：

```
tuple1 = ("123", 45, 30.5, "Python")
print("tuple1[2]：", tuple1[2])
```

執行結果

```
tuple1[2]:  30.5
```

另外，如果要檢查某一個元素是否存在或不存在於元組中，則可以使用 in 與 not in 運算子，例如：

```
>>> "Mon" in ("Mon","Tue","Fri")
True
>>> "Sun" not in ("Mon","Tue","Fri")
True
>>>
```

同樣的，元組也可以進行組合、刪除、切片等等運算。雖然儲存在元組的元素不可以用 [] 運算子來改變元素的值，不過元組內元素仍然可以利用「+」運算子將兩個元組資料內容串接成一個新的元組，而「*」運算子可以複製元組的元素成多個。例如：

```
>>> tuple1 = ("123", 45, 30.5, "Python")
>>> tuple2 = ("C#", "Java")
>>>
>>> tuple3 = tuple1 + tuple2
>>> print(tuple3)
('123', 45, 30.5, 'Python', 'C#', 'Java')
>>>
>>>
>>> del tuple3
>>> print(tuple3)
Traceback (most recent call last):
  File "<pyshell#11>", line 1, in <module>
    print(tuple3)
NameError: name 'tuple3' is not defined
>>>
>>> tuple2 * 2
('C#', 'Java', 'C#', 'Java')
>>>
>>>
>>> "C#" in tuple2
True
```

當然切片運算也可以應用於元組，可用來取出若干元素。若是取得指定範圍的若干元素，使用正值就得正向取出元素（由左而右），但使用負值就採用負向（由右而左）取出元素。以下例子是說明各種元組切片運算的語法：

```
>>> (1,4,8)+(9,4,3)
(1, 4, 8, 9, 4, 3)
>>> (1,2,3)*3
(1,2,3, 1,2,3, 31,2,3)
>>>tup=(90,43,65,72,67,55)
>>>tup[2]
65
>>>tup[-3]
72
>>>tup[1:4]
(43, 65, 72)
>>>tup[-6:-2]
(90, 43, 65, 72)
>>>tup[-1:-3]  # 無法正確取得元素
()
>>>
```

6-3-2　常用元組函數

元組雖是串列的一種，但其本身比較屬於純取得資料供使用者讀取，由於元組內的元素不可以改變，所以會更動到元組元素內容值或元素個數的方法都無法使用，例如 append()、insert() 等函數。較常用函數僅有：

函式	參數	用途
len(tuple)	tuple – tuple 型態	計算元組元素個數
max(tuple)		返回元組中元素最大值
min(tuple)		返回元組中元素最小值
tuple(seq)	seq – list 型態	將串列轉換為元組
sum(tuple)	tuple – tuple 型態	加總元組內各元素總和

如果要將字串轉換成元組，就可以使用 tuple() 函式，該函式會將字串逐一拆解成單一字元，每個字元為元組中的一項元素，請看下例的說明：

```
print(tuple('Hello')) # 轉成 ('H', 'e', 'l', 'l', 'o')
```

我們也可以透過 tuple() 函數將串列轉換成元組，如下：

```
>>>l1=[1,3,5,7]
>>>t1=tuple(l1)
>>>l1
(1,3,5,7)
```

以下例子將示範如何將二維串列轉換元組。

範例程式 **ExTuple.py** ▶ 練習二維串列轉換元組

```
01  tupleData = ()
02  listData = []
03
04  strFieldName = str(input(" 請輸入不可修改欄位名稱（逗號為分隔索引位置；頓號
    則為放置在同一個索引位置）："))
05  strFieldData = str(input(" 請輸入欄位對應資料（逗號為分隔索引位置；頓號則為
    放置在同一個索引位置）："))
06
07  for i in range(len(strFieldName.split(","))):
08      listData.append(strFieldName.split(",")[i])
09
10  for j in range(len(strFieldData.split(","))):
11      x = 0
12
13      if len(listData)%2 == 0:
14          x = len(listData) - 1
15      else:
16          x = len(listData) + 1
```

```
17
18        listData.insert(x, [strFieldData.split(",")[j] for x in range(1)])
19
20   listToTuple = tuple(listData)
21   print("\n")
22   print(listToTuple)
```

執行結果

請輸入不可修改欄位名稱(逗號為分隔索引位置；頓號則為放置在同一個索引位置)：姓名,數學、國文、英文
請輸入欄位對應資料(逗號為分隔索引位置；頓號則為放置在同一個索引位置)：王小明,78、88、90

list轉換tuple：('姓名', ['王小明'], '數學、國文、英文', ['78、88、90'])

程式解析

- 第 01 ～ 02 行：宣告空元組以及空串列。

- 第 04 ～ 05 行：輸入欄位名稱以及欄位對應值。

- 第 07 ～ 08 行：將欄位名稱以迴圈方式逐一加入串列中。

- 第 10 ～ 18 行：若當前串列個數為偶數插入位置以當前串列個數 -1；基數則插入位置以當前串列個數 +1 並分隔其對應值，資料格式為串列再依據基偶數插入當前串列中。

- 第 20 行：透過 tuple() 將串列轉換成元組。

6-3-3　拆解與交換

在其他程式語言，以 C 語言為例，如果想要交換（Swap）兩個變數的值，通常需要第三個 temp 變數來輔助，例如原先 first 變數值為 50，second 變數值為 30，如果要將兩個變數值互調，即 first 變數值變更為 30，second 變數值變更為 50，其程式的寫法會如下的程式碼：

```
temp = first;
first = secocd;
second = temp;
```

經過上述三道指令後，才可以達到兩個變數互調的目的，這樣的應用尤其在資料結構中各種排序演算法最為常見。但是 Python 語言的 Unpacking（拆

解）的特性，可以簡化變數交換的工作，只要一行指令就可以達到上述的資料交換的工作：

```
second,first = first,second
```

另外，Python 針對元組有個很特別的用法 Unpacking（拆解）。舉例來說，下列第 1 行敘述將 "Spring", "Summer", "Fall","Winter" 這些值定義為元組，第 2 行則使用變數取出元組中元素值，稱為 Unpacking（拆解）。

```
season = ("Spring", "Summer", "Fall","Winter")
s1, s2, s3, s4= season  #Unpacking
print(s2)          # 輸出 Summer
```

事實上，Unpacking（拆解）不只限於 tuple，還包括 list 跟 set 等序列型物件，只要把握一個原則，序列拆解的等號左邊的變數個數必須與等號右邊的序列元素數量相同。

範例程式 unpack01.py

```
01  word1 = "zoo"
02  word2 = "animal"
03  print("交換前 : ")
04  print(' 單字 1={}, 單字 2={}'.format(word1,word2))
05  word2,word1 = word1,word2
06  print("交換後 : ")
07  print(' 單字 1={}, 單字 2={}'.format(word1,word2))
```

執行結果

```
交換前:
單字1=zoo,單字2=animal
交換後:
單字1=animal,單字2=zoo
```

程式解析

◆ 第 5 行：利用 Unpacking 的特性，變數值交換只要一行程式就可以達到。

以下範例是將 for 迴圈結合 Unpacking 的概念，應用在解析二維元組的資料。

📎 範例程式 **unpack02.py**

```
01  product = (('iPhone','手機','我預算的首選'),
02              ('iPad','平板','視股票獲利'),
03              ('iPod','播放','價格最親民'))
04
05  for(name, c_name,memo) in product:
06      print('%-10s %-12s %-10s'%(name,c_name,memo))
```

執行結果

```
iPhone      手機        我預算的首選
iPad        平板        視股票獲利
iPod        播放        價格最親民
```

程式解析

◆ 第 1 ～ 3 行:建立二維元組,即元組中有元組。

◆ 第 5 ～ 6 行:利用 Unpacking 的功能及 for 迴圈讀取二維元組,並輸出其值。

ChatGPT 幫幫忙

💬 請設計一 Python 程式,將 for 迴圈結合 Unpacking 的概念,應用在解析二維元組的資料。

🎯 範例程式:unpack02GPT.py

以下是一個Python程式,它結合了 `for` 迴圈和Unpacking的概念,用於解析二維元組的資料:

```python
# 創建一個包含二維元組的串列
data = [(1, 'Alice'), (2, 'Bob'), (3, 'Charlie'), (4, 'David')]

# 使用for迴圈和Unpacking解析二維元組的資料
for id, name in data:
    print(f"ID: {id}, Name: {name}")
```

在這個程式中,我們首先創建了一個包含二維元組的串列 `data`,每個元組包含一個ID和一個名字。然後,我們使用 `for` 迴圈遍歷 `data` 中的每個元組,並使用Unpacking來分別提取ID和名字的值,並在迴圈內部使用這些值來顯示相應的資料。

6-4　字典

字典（Dict）與串列、元組的作用也非常相似，可存放任何型態的對象，屬於一種較為複雜的資料結構，對於資料的尋找很方便。字典也具備元素沒有順序性、鍵值不可重複與可以改變元素內容的三種特性。比較不同字典是以一個鍵（Key）對應一個值（Value），而不是以索引值進行呼叫。由於「鍵」沒有順序性，所以適用於序列與元組型態的切片運算、連接運算子（+）、重複運算子（*）等，在字典中就無法使用。

6-4-1　建立字典

在字典中，每一個元素都由鍵和值構成，字典裡元素的值可以是任何的資料型態，例如：字串、整數、list、物件等等。每個 key 與 value 之間以冒號（:）分隔，每一組 key:value 皆以逗號（,）區隔並以大括號包裹著每一組鍵值。

```
字典名稱 = ( 鍵 1：值 1, 鍵 2：值 2, 鍵 3：值 3……)
```

建立字典以後，我們可以透過 key 來取得對應的 value，通常字典都是以 key 在查詢並取得對應值，故 key 為唯一且僅以字串命名，value 則不必。

建立字典的方式除了利用大括號 {} 產生字典，也可以使用 dict() 函數，或是先建立空的字典，再利用 [] 運算子以鍵設值，鍵與值之間以冒號元素（:）分開，資料之間必須以逗號（,）隔開，字典要取得其對應值，如同串列一樣，只是將索引值改成 key 名稱。例如：

```
dict1 = {"Name":"Python", "Version":"1.0", …}
dict1["Version"]
```

如果搜尋字典中沒有的 key，則會拋出異常。

```
>>> dict1 = {"Name": "Python", "Version": "1.0"}
>>> dict1["Author"]
Traceback (most recent call last):
  File "<pyshell#55>", line 1, in <module>
    dict1["Author"]
KeyError: 'Author'
```

字典中無 "Author" 的 key，故顯示 KeyError 的錯誤訊息要修改字典的元素值必須針對「鍵」設定新值，才能取代原先的舊值。例如：

```
dic={'name':'陳大貴', 'year': '1965', 'school':'清華大學'}
dic['name']= '朱安德'
print(dic)
```

會輸出如下結果：

```
{'name': '朱安德', 'year': '1965', 'school': '清華大學'}
```

也就是說，如果有相同的「鍵」卻被設定不同的「值」，則只有最後面的「鍵」所對應的「值」有效，前面的「鍵」將被覆蓋。如果要新增字典的鍵值對，只要加入新的鍵值即可。語法如下：

```
dic={'name':'陳大貴', 'year': '1965', 'school':'清華大學'}
dic['city']= '新竹'
print(dic)
```

會輸出如下結果：

```
{'name': '陳大貴', 'year': '1965', 'school': '清華大學', 'city': '新竹'}
```

如果要刪除字典中的特定元素，語法如下：

```
del 字典名稱 [ 鍵 ]
```

例如：

```
del dic['city']
```

當字典不再使用時，如果想刪除整個字典，則可以使用 del 指令，例如：

```
del dic
```

6-4-2 常用的字典函數與方法

各位建立字典之後，可以搭配 get() 方法來回傳 key 對應的值，或者以 clear() 方法清除字典所有內容，字典與串列一樣，皆提供函數以及方法使用，常見函數：

函式	參數	用途
cmp(dict1, dict2)	dict1、dict2 – 字典	比較兩邊字典的元素
len(dict)	dict– 字典	計算字典元素個數，即 key 的總數
str(dict)		以字串的方式輸出字典的 key:value

而方法包含：

方法	參數	用途
dict.clear()		清空字典
dict.copy()		複製字典
dict.fromkeys(seq[, value])	seq –key 串列 value – 可選。設置 value，預設為 None	建立一個新字典
dict.get(key, default = None)	key – 欲搜尋的 key default – 若 key 不存在，設置預設值（None）	返回欲搜尋 key 的值，若不存在，則返回預設值
key in dict		key 若存在於字典返回 True，反之為 False。例如： ```\n>>> "Mon" in\n["Mon","Tue","Fri"]\nTrue\n>>> "Sun" not in\n["Mon","Tue","Fri"]\nTrue\n```
dict.items()		以列表包裹元組方式返回鍵值

方法	參數	用途
dict.setdefault(key, default = None)	key – 欲搜尋的 key default – 若 key 不 存 在，設置預設值（None）	與 get() 方法相似，差別 key 不存在，setdefault() 方法將會自動添加 key，value 為預設值
dict.update(dict2)	dict2 – 字典	將字典的 key:value 更新到另一個字典當中
dict.pop(key[, default])	key – 欲刪除的 key default – 若 key 不 存 在，設置預設值	刪除 key:value 並返回被刪除的 value

🔲 清除－ clear()

clear() 方法會清空整個字典，但是字典仍然存在，只不過變成空的字典。但是 del 指令則會將整個字典刪除。以下例子將示範如何使用 clear() 方法：

```
dic={'name':'陳大貴 ', 'year': '1965', 'school':'清華大學 '}
dic.clear()
print(dic)
```

執行結果

```
{}
```

🔲 複製 dict 物件－ copy()

使用 copy() 方法可以複製整個字典，以期達到資料備份的功效，但新字典會和原先的字典佔用不同記憶體位址，兩者內容不會互相影響。例如：

```
dic1={'name':'陳大貴 ', 'year': '1965', 'school':'清華大學 '}
dic2=dic1.copy()
print(dic2)# 新字典和原字典內容相同
dic2["name"]=" 許德昌 "# 修改新字典內容
print(dic2)# 新字典內容已和原字典 dic1 內容不一致
print(dic1)# 原字典內容不會
```

執行結果

```
{'name': '陳大貴', 'year': '1965', 'school': '清華大學'}
{'name': '許德昌', 'year': '1965', 'school': '清華大學'}
{'name': '陳大貴', 'year': '1965', 'school': '清華大學'}
```

💬 搜尋元素值－ get()

get() 方法會以鍵（Key）搜尋對應的值（Value），但是如果該鍵不存在則會回傳預設值，但如果沒有預設值就傳回 None，例如：

```
dic1={"name":" 陳大貴 ", "year": "1965", "school":" 清華大學 "}
chen=dic1.get("name")
print(chen)  # 印出陳大貴
paper=dic1.get("color")
print(paper)  # 印出 None
paper=dic1.get("color","Gold")
print(paper)  # 印出 Gold
```

執行結果

```
陳大貴
None
Gold
```

💬 移除元素－ pop()

pop() 方法可以移除指定的元素，例如：

```
dic1={"name":" 陳大貴 ", "year": "1965", "school":" 清華大學 "}
dic1.pop("year")
print(dic1)
```

執行結果

```
{'name': '陳大貴', 'school': '清華大學'}
```

💬 更新或合併元素－ update()

update() 方法可以將兩個 dict 字典合併，格式如下：

```
dict1.update(dict2)
```

dict1 會與 dict2 字典合併，如果有重複的值，括號內的 dict2 字典元素會取代 dict1 的元素，例如：

```
dic1={"name":" 陳大貴 ", "year": "1965", "school":" 清華大學 "}
dic2={"school":" 北京清華大學 ", "degree":" 化工博士 "}
dic1.update(dic2)
print(dic1)
```

執行結果

```
{'name': '陳大貴', 'year': '1965', 'school': '北京清華大學', 'degree': '化工博士'}
```

💬 items()、keys() 與 values()

items() 方法是用來取 dict 物件的 key 與 value，keys() 與 values() 這兩個方法是分別取 dict 物件的 key 或 value，回傳的型態是 dict_items 物件，例如：

```
dic1={"name":" 陳大貴 ", "year": "1965", "school":" 清華大學 "}
print(dic1.items())
print(dic1.keys())
print(dic1.values())
```

執行結果

```
dict_items([('name', '陳大貴'), ('year', '1965'), ('school', '清華大學')]
dict_keys(['name', 'year', 'school'])
dict_values(['陳大貴', '1965', '清華大學'])
```

6-5 集合

集合（Set）和元組（Tuple）與串列（List）很類似，不同的點在於集合不會包含重複的資料。集合與字典一樣擁有無排序的特性，透過集合的型態能直接過濾掉重複的資料，也支援聯集、交集、差集等運算。不過 set 集合只有鍵（Key）沒有值（Value），由於它不會記錄元素的位置，當然也不支援索引或切片運算、連接運算子（+）、重複運算子（*）等，在集合中也無法使用。

6-5-1 建立集合

集合可以使用大括號 {} 或 set() 方法建立，資料則以逗號隔開，建立方式如下：

```
集合名稱 ={ 元素 1, 元素 2,..}
```

例如：

```
{"Python", "Java", "PHP", "JavaScript"}
```

或者

```
set("abcdabcdabcdefg")
```

然而，當集合僅含有一個元素時，仍可以下寫法格式：

```
set(("abcdabcdabcdefg",))
```

要注意的是，若要建立一個空集合應以 set() 建立而非 {}，因 {} 為建立一個字典。

底下是使用 set() 方法建立集合的方法，括號 () 裡只能有一個 iterable（疊代）物件，也就是 str，list，tuple，dict…等物件，例如：

```
strObject = set("13579")
print(strObject)
listObject = set(["Cat", "Dog", "Bird"])
```

```
print(listObject)
tupleObject = set(("Cat", "Dog", "Bird"))
print(tupleObject)
dictObject = set({"topic":"sports", "age":18, "country":"USA"})
print(dictObject)
```

set() 使用 dict 當引數時只會保留 key，上面敘述的執行結果如下：

```
{'7', '9', '1', '5', '3'}
{'Bird', 'Dog', 'Cat'}
{'Bird', 'Dog', 'Cat'}
{'country', 'topic', 'age'}
```

另外，如果要檢查某一個元素是否存在或不存在於集合中，則可以使用 in 與 not in 運算子，例如：

```
>>> "Fall" in {"Spring","Summer","Fall","Winter"}
True
>>> "Autumn" not in {"Spring","Summer","Fall","Winter"}
True
>>>
```

那麼建立集合之後，該如何使用聯集、交集、差集的作用呢？這部份其實可以藉由運算子簡單實現。

■ 聯集 – 集合 A 或集合 B 包含的所有元素

```
A | B
```

■ 交集 – 包含集合 A 以及集合 B 的元素

```
A & B
```

■ 差集 – 僅包含集合 A

```
A - B
```

■ 對稱差 – 不同時包含集合 A 和集合 B 的元素

```
A ^ B
```

範例程式 **ExSet.py** ▶ 練習集合的方法使用

```
01  likeBasketball = set(("class A", "class B", "class C"))
02  likeDodgeball = set(("class A", "class F", "class k"))
03
04  setDifference = likeBasketball.difference(likeDodgeball)
05  print("\nlikeBasketball 差集：", setDifference)
06  setDifference = likeDodgeball.difference(likeBasketball)
07  print("likeDodgeball 差集：", setDifference)
08
09  setIntersection = likeBasketball.intersection(likeDodgeball)
10  print("\nlikeBasketball 以及 likeDodgeball 的交集：", setIntersection)
11
12
13  setUnion = likeBasketball.union(likeDodgeball)
14  print("\nlikeBasketball 以及 likeDodgeball 的聯集：", setUnion)
15
16  setSymmetric_difference = likeBasketball.symmetric_difference
    (likeDodgeball)
17  print("\nlikeBasketball 以及 likeDodgeball 的對稱差：", setSymmetric_
    difference)
```

執行結果

```
likeBasketball差集: {'class B', 'class C'}
likeDodgeball差集: {'class k', 'class F'}

likeBasketball以及likeDodgeball的交集: {'class A'}

likeBasketball以及likeDodgeball的聯集: {'class k', 'class F', 'class A', 'class B', 'class C'}

likeBasketball以及likeDodgeball的對稱差: {'class k', 'class F', 'class B', 'class C'}
```

程式解析

- ➡ 第 01 ～ 02 行：宣告兩個集合，一個為喜歡籃球的班級集合，一個為喜歡躲避球的班級集合。

- ➡ 第 04 ～ 07 行：分別可取得喜歡籃球的差集、躲避球的差集。

- ➡ 第 09 ～ 10 行：intersection() 取得包含在兩個集合中的元素。

- ➡ 第 13 ～ 14 行：可取得兩個集合包含所有的元素。

- ➡ 第 16 ～ 17 行：symmetric_difference() 方法僅會取得不同時都包含的元素。

6-5-2　常用集合方法

集合除了可使用 len() 以及 x in s 檢查是否存在欲搜尋的字元外，其常見方法：

方法	參數	用途
set.add()		新增集合元素
set.clear()		清空集合
set.copy()		複製集合
set.difference()		集合的差集，將返回新的集合
set.discard(item) / set.remove(item)	item– 欲移除的元素	移除集合中指定的元素。刪除一個不存在的元素不會拋出異常 / 刪除一個不存在的元素會拋出異常
set.intersection(set1[, set2, ...])	set1 – 必填。欲搜尋相同元素的集合 set2 – 可選。欲搜尋其他相同元素的集合，可多個並以逗號分隔	返回兩個集合的交集的新集合
set.isdisjoint()		判斷兩個集合中是否包含相同的元素，沒有返回 True，反之為 False
set.issubset()		判斷集合的所有元素是否皆包含在指定的集合中，是為 True，反之為 False
set.issuperset()		判斷指定集合的所有元素是否皆包含在原集合中，是為 True，反之為 False
set.pop()		隨機移除一個元素
set.symmetric_difference()		返回兩個集合中不同時存在的元素的新集合

方法	參數	用途
set.union(set1, set2, ...)	set1 – 必填。欲合併的集合 set2 – 可選。欲合併的集合，可多個並以逗號分隔	集合的聯集。即包含了所有集合的元素，重複的元素僅出現一次，返回一個新集合
set.update(set)	set – 元素或集合。若新增字串，可以大括號包裹，若無大括號包裹則會拆分成單個字元	修改當前集合，可新增元素，若新增的元素已存在則只會出現一次，重複的忽略

我們以下將介紹集合函數的使用方式：

🔘 新增與刪除元素－ add() / remove()

add 方法一次只能新增一個元素，如果要新增多個元素，可以使用 update() 方法，底下是 add 與 remove 方法的使用方式：

```
word= {"animation", "realize", "holiday"}
word.add("computer")
print(word)
```

執行結果

```
{'computer', 'realize', 'animation', 'holiday'}
```

```
word= {"animation", "realize", "holiday"}
word.remove("holiday")
print(word)
```

執行結果

```
{'realize', 'animation'}
```

🗨 更新或合併元素－ update()

update() 方法可以將兩個 set 集合合併，set1 會與 set2 合併，由於 set 集合不允許重複的元素，如果有重複的元素會被忽略，格式如下：

```
set1.update(set2)
```

例如：

```
word= {"animation", "realize", "holiday"}
word.update({"realize", "happy","clever","horriable"})
print(word)
```

執行結果

```
{'happy', 'clever', 'horriable', 'holiday', 'animation', 'realize'}
```

建立集合後，可以使用 in 敘述來測試元素是否在集合中。

綜 合 範 例

1. 請利用字串方法修改標題以及個人資料。

```
是否要更改名稱(Y/N)：y
是否要更改前後星號(Y/N)：y
請輸入名字：許富強
請輸入暱稱：小強
請輸入Gmail：strong@gmail.com
你的興趣(以逗號分隔)：閱讀,旅遊
============================

撰寫Python小網站
作者： 許富強
暱稱： 小強
Gmail： strong@gmail.com
興趣： 閱讀|旅遊
```

解答 ExStrMethod.py

```
01  def EditData():
02      if len(strEditTitle) > 0:
03          print(strEditTitle)
04      else:
05          print(strTitle)
06
07      print("作者：", strName)
08      print("暱稱：", strId)
09      print("Gmail：", strEmail)
10      print("興趣：", strJoin)
11
12  strTitle = ""
13  strEditTitle = " 撰寫 Python 小網站 "
14
15  isEditTitle = str(input(" 是否要更改名稱 (Y/N)："))
16  isSymbol = str(input(" 是否要更改前後星號 (Y/N)："))
17
18  if isEditTitle == "Y" and isSymbol == "Y":
19      strEditTitle = str(input(" 請輸入欲更改名稱："))
20      strSymbol = str(input(" 請輸入欲更改前後符號："))
21
22      strEditTitle = strEditTitle.center(36, strSymbol)
23
24  elif isEditTitle == "Y" and isSymbol == "N":
```

```
25      strEditTitle = str(input("請輸入欲更改名稱："))
26      strEditTitle = strEditTitle.center(36, "*")
27
28  elif isEditTitle == "N" and isSymbol == "Y":
29      strSymbol = str(input("請輸入欲更改前後符號："))
30      strTitle = strTitle.center(36, strSymbol)
31
32  strName = str(input("請輸入名字："))
33  strId = str(input("請輸入暱稱："))
34  strEmail = str(input("請輸入 Gmail："))
35
36  while strEmail.endswith("@gmail.com") == False:
37  strEmail = str(input("請重新輸入 Gmail："))
38
39  strSavor = str(input("你的興趣 ( 以逗號分隔 )："))
40  strJoin = "|".join(strSavor.split(","))
41
42  print("="*30, "\n")
43  EditData()
```

2. 應用串列的 sort() 函數來進行資料排序的實作。

```
排序前順序： [98, 46, 37, 66, 69]
遞增排序： [37, 46, 66, 69, 98]
排序前順序：
['one', 'time', 'happy', 'child']
遞減排序：
['time', 'one', 'happy', 'child']
```

解答 sort.py

```
01  score = [98, 46, 37, 66, 69]
02  print('排序前順序：',score)
03  score.sort() #省略 reverse 參數，遞增排序
04  print('遞增排序：', score)
05  letter = ['one', 'time', 'happy', 'child']
06  print('排序前順序：')
07  print(letter)
08  letter.sort(reverse = True) #依字母做遞減排序
09  print('遞減排序：')
10  print(letter)
```

3. 實作串列中 reverse() 函數，其中包含兩個串列，一個串列中的項目全部都是數字，另一個串列中的項目全部都是字串。

```
反轉前內容： ['apple', 'orange', 'watermelon']
反轉後內容： ['watermelon', 'orange', 'apple']
反轉前內容： [65, 76, 54, 32, 18]
反轉後內容： [18, 32, 54, 76, 65]
```

解答 rev.py

```
01  fruit = ['apple', 'orange', 'watermelon']
02  print('反轉前內容：', fruit)
03  fruit.reverse()
04  print('反轉後內容：', fruit)
05  score = [65,76,54,32,18]
06  print('反轉前內容：', score)
07  score.reverse()
08  print('反轉後內容：', score)
```

4. 二維陣列與二階行列式的宣告與應用範例。

```
|a1 b1|
|a2 b2|
請輸入a1:8
請輸入b1:1
請輸入a2:9
請輸入b2:2
| 8 1 |
| 9 2 |
ans= 7
```

解答 column.py

```
01  print("|a1b1|")
02  print("|a2b2|")
03  arr=[[]*2 for i in range(2)]
04  arr=[[0,0],[0,0]]
05  arr[0][0]=int(input("請輸入 a1:"))
06  arr[0][1]=int(input("請輸入 b1:"))
07  arr[1][0]=int(input("請輸入 a2:"))
08  arr[1][1]=int(input("請輸入 b2:"))
09  ans= arr[0][0]*arr[1][1]-arr[0][1]*arr[1][0]  # 求二階行列式的值
10  print("| %d %d |" %(arr[0][0],arr[0][1]))
11  print("| %d %d |" %(arr[1][0],arr[1][1]))
12  print("ans= %d" %ans)
```

5. 以下範例將實作如何利用 sorted() 函數來對元組內的元素進行排序。

```
(8000, 7200, 8300, 4700, 5500)
由小而大： [4700, 5500, 7200, 8000, 8300]
由大而小： [8300, 8000, 7200, 5500, 4700]
資料仍維持原順序：
(8000, 7200, 8300, 4700, 5500)
```

解答 tuple_sorted.py

```
01  pay = (8000, 7200, 8300, 4700, 5500)
02  print(pay)
03  print(' 由小而大：',sorted(pay))
04  print(' 由大而小：', sorted(pay, reverse = True))
05
06  print(' 資料仍維持原順序：')
07  print(pay)
```

6. 以下範例將秀出出現在任何一組樂透清單的數字、兩組都出現的數字，及列出沒有出現在任一組樂透清單的數字。

```
{1, 2, 3, 4, 5, 6, 7, 8, 9, 10, 11, 12}
第一組樂透： {3, 5, 7, 10, 12}
第二組樂透： {2, 5, 6, 11, 12}
有 8 個數字出現在其中一次開獎 {2, 3, 5, 6, 7, 10, 11, 12}
有 2 個數字出現在每一次開獎 {12, 5}
總共有 4 個不幸運的數字 {8, 1, 4, 9}
```

解答 lotto.py

```
01  number={1,2,3,4,5,6,7,8,9,10,11,12}
02  print(number)
03  lotto1={3,5,7,10,12} # 第一組幸運彩蛋
04  print(" 第一組樂透 :",lotto1)
05  lotto2={2,5,6,11,12} # 第二組幸運彩蛋
06  print(" 第二組樂透 :",lotto2)
07  lucky=lotto1 | lotto2
08  print(" 有 %d 個數字出現在其中一次開獎 " %len(lucky), lucky)
09  biglucky=lotto1&lotto2
10  print(" 有 %d 個數字出現在每一次開獎 " %len(biglucky), biglucky)
11  badnum=number -lucky
12  print(" 總共有 %d 個不幸運的數字 " %len(badnum), badnum)
```

課後習題

一、選擇題

(　　) 1. 如果 fruit = ["papaya", "grape", "apple"]，請問執行 print(len(fruit)) 的
執行結果為何？

(A) 4　　　　　　(B) 3　　　　　　(C) 5　　　　　　(D) 2

(　　) 2. 請問 [i for i in range(1,21,4)] 所產生的串列內容為何？

(A) [1, 5, 9, 13]　　　　　　　　(B) [1, 5, 9, 13, 17,21]

(C) [1, 5, 9, 13, 17]　　　　　　(D) [5, 9, 13, 17,21]

(　　) 3. 如果 word = ["red", "yellow", "green"]，請問執行 word.sort() 的執行結
果為何？

(A) ['andy', 'mary', 'tom']　　　(B) ['tom', 'andy', 'mary',]

(C) ['andy', 'tom' , 'mary']　　　(D) ['mary', 'tom', 'andy']

(　　) 4. 下列哪一個是不合法的元組？

(A) ()

(B) [25,36,63]

(C) ('2020', 168, ' 新北市 ')

(D) ('salesman', [58000, 74800], 'department')

(　　) 5. num = [[8, 2, 5, 9], [41, 45, 16,10]]，請問 num[0][2] 值為何？

(A) 2　　　　　　(B) 45　　　　　　(C) 16　　　　　　(D) 5

(　　) 6. 如果 word =["A", "AB", "ABC", "ABCD","ABCDE","ABCD","ABC","AB","A"]，
請問執行 print(len(word)) 的執行結果為何？

(A) 4　　　　　　(B) 5　　　　　　(C) 8　　　　　　(D) 9

(　　) 7. 請問 [i for i in range(20,-5,-3)] 所產生的串列內容為何？

(A) [17, 14, 11, 8, 5, 2, -1,]　　　(B) [17, 14, 11, 8, 5, 2, -1, -4]

(C) [20, 17, 14, 11, 8, 5, 2, -1]　　(D) [20, 17, 14, 11, 8, 5, 2, -1, -4]

（　）8. 如果 word = ['ZANY', 'YOKEL', 'PANDA']，請問執行 word.sort() 的執行
結果為何？

(A) ['PANDA', 'YOKEL', 'ZANY']　　　　(B) ['YOKEL', 'ZANY', 'PANDA']

(C) ['PANDA', 'ZANY', 'YOKEL']　　　　(D) ['ZANY','PANDA', 'YOKEL',]

（　）9. num = [[28, 78, 31], [28, 45, 15]]，請問 num[0][2] 值為何？

(A) 31　　　　　(B) 28　　　　　(C) 78　　　　　(D) 15

（　）10. 下列哪一個是不合法的元組？

(A) ()　　　　　　　　　　　　(B) (98,85, 76, 64,100)

(C) [('2020', 7, 16, ' 新北市 ')]　　　(D) ('manager', 'labor')

二、填充題

1. 串列是屬於不同資料型態的集合，並以 _____ 來存放的元素。

2. 如果要檢查某一個元素是否存在於串列中，則可以使用 _____ 運算子。

3. set 集合可以使用 _____ 或 _____ 方法建立。

4. _____ 函數會在串列末端加入新的元素。

5. 串列的 _____ 函數可以在括號內指定索引位置的元素移除。

6. _____ 函數可以將 list 串列資料內容反轉排列。

7. _____ 這個函數可以回傳串列中特定內容出現的次數。

8. 當字典不再使用時，如果想刪除整個字典，則可以使用 _____ 指令。

9. _____ 方法會清空整個字典，但是字典仍然存在，只不過變成空的字典。

10. 字典中的 _____ 方法可以將兩個 dict 字典合併。

11. _____ 函數可以回傳串列中特定元素第一次出現的索引值。

12. 字典的元素是放置於 _____ 內，是一種「鍵」與「值」對應的資料型態。

三、問答與實作題

1. 請問 [i+3 for i in range(10,25,2)] 的串列結果？

2. 請寫出以下程式的執行結果。

```
dic={'color':'yellow', 'price': 520, 'function':'Play music'}
dic['price']= 1200
print(dic)
```

3. 請寫出以下程式的執行結果。

```
threeC = ["TV", "Computer", "Phone","LCD"]
del threeC[2]
print(threeC)
del threeC[0]
print(threeC)
```

4. 請寫出以下程式的執行結果。

```
threeC = ["TV", "Computer", "Phone","LCD"]
threeC.pop()
threeC.pop()
print(threeC)
```

5. list = [2,8,5,6,3,4,7]，請分別寫出以下敘述的切片運算結果。

   ❶ list[3:7]

   ❷ list[-1:]

6. 請寫出以下程式的執行結果。

```
hobby_tom={'baseball', 'read', 'jogging'}
hobby_john={'basketball', 'swimming', 'jogging','music'}
print(hobby_tom&hobby_john)
print(hobby_tom | hobby_john)
print(hobby_john -hobby_tom)
```

7. 請寫出以下程式的執行結果。

```
num=[[[1,77],[1,4],[5,3]],[[2,6],[5,3],[7,3]]]
print(num[0][1])
print(num[0][1][1])
```

8. 請寫出以下程式的執行結果。

```
>>> (5,4,3)*2
```

9. 試簡述串列的組成元素。

10. 請試著比較集合（Set）與字典（Dict）的異同。

11. 請問 [i+5 for i in range(10,15)] 的串列結果？

12. list = [1,3,5,7,9,7,5,3,1]，請分別寫出以下敘述的切片運算結果。

❶ list[4:8]

❷ list[-2:]

13. 請寫出以下程式的執行結果。

```
friendA= {"Andy", "Axel", "Michael","Julia"}
friendB = {"Peter", "Axel", "Andy","Tom"}
print(friendA&friendB)
```

07
CHAPTER

函數的祕密花園

截至目前為止，相信各位已經能夠寫出一個架構完整的 Python 程式了，但是緊接著您會開始發現當功能越多，程式碼就會愈寫愈長，這時對程式可讀性的要求就會愈高。特別是當程式越來越大、越來越複雜時，會發現到有某些程式碼經常被重複地撰寫。各位想像一下，如果在一支程式中有許多相似的程式碼，亦即不同的資料套用相同的運算流程，若是沒有用較為有條理的方式來處理，勢必會造成相當紊亂與複雜的程式碼。

函數就像生產線分工負責的獨立單位

所謂「模組化」設計精神，把程式由上而下逐一分析，並將大問題逐步分解成各個較小的問題，模組化的概念也沿用到程式設計中，從實作的角度來看，就是函數。因此使用函數（Function）就可將程式碼組織為一個小的、獨立的運行單元，就像是一台機器，你可以自行指定它的功能，並且可在程式中的各個地方重複執行多次。

7-1　函數簡介

函數本身其實就像是一部機器，或者說像是一個黑盒子。在各位國中所學的數學便曾經提及函數，數學上函數的形式如下：

```
y = f(x)
```

其中 x 代表輸入的參數，f(x) 表示是 x 的函數，而 y 則是針對一個特定值 x 所得到的結果與回傳參數。如果這樣的例子還太過抽象的話，我們利用以下生活上的例子來說明，假設有一個函數叫做「冷氣機」，此函數的抽象形式為：

```
涼風 = 冷氣機（開機指令）
```

當使用者對「冷氣機」這個函數輸入「開機」的指令，冷氣機就會吹出涼風。或者有另一函數稱為「微波爐」，則「微波爐」函數的抽象形式就是：

熱過的便當 ＝ 微波爐（冷的便當， 開機指令， 結束時間）

日常生活中有許多函數的應用

經過前面的說明，相信各位讀者應該對於函數都有初步的瞭解了吧！對於程式設計師而言，函數是由許多的指令所組成，可將程式中重複執行的區塊定義成函數型態，一旦函數的定義夠明確，就能讓程式呼叫該函數來執行重複的指令，使用函數的好處有以下三點：

1. 避免造成相同程式碼重複出現，增加程式的重複利用性。
2. 讓程式更加清楚明瞭，降低維護時間與成本，增加程式的易讀性與容易除錯。
3. 將較大的程式分割成多個不同的函數，可以獨立開發、編譯，最後可連結在一起。

7-1-1 Python 函數類型

Python 的函數類型大概區分成三種，分別是內建函數、標準函數庫及自訂函數，簡單介紹如下：

■ **內建函數（Built-in）**：Python 本身就內建許多的函數，像是之前使用過的 help()、range()、len()、type() 都是內建的函數，直接可以呼叫使用。

- **標準函數庫（Standard Library）**：或稱第三方開發的模組庫函數，所謂模組就是指特定功能函數的組合，Python 提供的標準函數庫（Standard Library），提供了許多相當實用的函數，使用這類的函數，必須事先將該函數所屬套件匯入。

- **自訂函數（User-defined）**：需要先定義函數，然後才能呼叫函數，這種函數則是依自己的需求自行設計的函數，這也是本章中所要說明的重點。

 ChatGPT 幫幫忙

 什麼是第三方函數庫？

 第三方函數庫（Third-party Libraries）是由獨立的開發者或團隊開發的Python程式庫，它們不是Python語言的一部分，而是可以用來擴展Python的功能的外部程式庫。這些函數庫通常提供了各種工具、模組、類別和函數，可以用於不同領域的任務和功能。主要特點包括：

- **獨立開發**：第三方函數庫是由獨立的開發者或團隊開發和維護的，與Python的官方開發團隊無關。
- **多樣性**：這些函數庫涵蓋了多個不同的領域，如數據分析、機器學習、網頁開發、遊戲開發等，以滿足各種不同需求。
- **開源性質**：大多數第三方函數庫是開源的，這意味著它們的源代碼對開發者是可見的，可以自由修改和共享。

7-1-2 定義函數

在 Python 中函數必須要以關鍵字「def」定義，其後空一格接自行命名的函數名稱，當然函數名稱必須遵守識別字名稱的規範，然後串接一對小括號，小括號內可以填入傳入函數的參數，小括號之後再加上「:」，格式如下所示：

```
def 函數名稱（參數1, 參數2, …）:
    程式指令區塊
    return 回傳值   #有回傳值時才需要
```

請注意！程式指令區塊可能是單行、多行指令（Statement）或者是運算式，函數的程式敘述區塊必須縮排，函數不一定需要具備參數，如果有多個參數就必須利用逗號（,）加以區隔。以上即為一個函式的基本架構，包含兩個區塊：

- **宣告**：我們會利用 def 這個關鍵字來定義我們的函數，包含函式名稱以及這個函式所需的參數。

- **程式指令區塊**：我們需要這個函式做什麼的程式碼。

如果函數有定義參數，呼叫函數時必須連帶傳入相對應的引數（Arguments），當函數執行結束後，如果需要傳回結果，可以利用 return 指令回傳結果值。一般來說，使用函數的情況大多都是做處理計算的工作，因此都需要回傳結果給函數呼叫者，回傳值可以是一個或多個，必須利用逗號（,）加以區隔，當然也可以沒有回傳值。

定義完函數後，並不會主動執行，只有在主程式中呼叫函數時才能開始執行，呼叫函數的語法格式如下所示：

```
函數名稱 ( 引數 1, 引數 2, …)
```

下面將在 IDLE 交談式 shell 定義一個名為 hello() 的簡單函數，該函數會輸出一句預設的字串。程式碼如下：

```
>>>def hello():
    print(' 程式設計真有趣 ')      ← 此處要再按一次 ENTER
                                      鍵才會結束函數的定義
>>>hello()
Happy New Year
```

上面的自訂函數 hello()，當中沒有任何參數，函數功能只是以 print() 函數輸出指定的字串，當呼叫此函數名稱 hello() 時，會印出函數所要輸出的字串，如本例中的「程式設計真有趣」字串。

上述程式中沒有回傳值，我們也可以將函數的執行結果，以 return 指令回傳指定的變數值。例如底下函數有回傳值：（func.py）

```
def func(a,b,c):
    x = a +b +c
```

```
        return x
print(func(1,2,3))
```

執行結果

6

　　各位可以修正上述程式碼，直接將輸出的指令寫在函數內，並取消原先的
回傳指令，這種情況下，該函數則會返回 None，請參考以下的範例程式碼：
（func1.py）

```
def func(a,b,c):
    x = a +b +c
    print(x)

print(func(1,2,3))
```

執行結果

6
None

　　以下範例是要求使用者輸入兩個數字，並比較哪一個數字較大。如果輸入
的兩數一樣，則輸出任一數。

範例程式　**compare.py** ▶ 建立比較兩數大小的函數

```
01  def mymax(x,y):
02      if x>y:
03          return x
04      else:
05          return y
06
07  print(' 數字比大小 ')
08  a=int(input(' 請輸入 a:'))
09  b=int(input(' 請輸入 b:'))
10  print(" 較大者之值為 :%d" %mymax(a,b))# 函數呼叫
```

執行結果

```
數字比大小
請輸入a:8
請輸入b:6
較大者之值為:8
```

程式解析

◆ 第 1～5 行:是利用 > 運算子判定究竟是 x 較大或是 y 較大,並輸出較大值。

◆ 第 10 行:為了要使用 mymax 函數,必須要呼叫 mymax(a,b) 函數,並以 a 與 b 當作參數傳遞給 mymax 函數。

以下範例是計算所輸入兩數 x、y 的 x^y 值函數 Pow()。

範例程式 **pow.py** ▶ 求取某數的某次方值實作練習

```
01    def Pow(x, y):
02        p = 1;
03        for i in range(y+1):
04            p *= x
05        return p
06    print(' 請輸入兩數 x 及 y 的值函數:')
07    x=int(input('x='))
08    y=int(input('y='))
09    print(' 次方運算結果:%d' %Pow(x, y))
```

執行結果

```
請輸入兩數x及y的值函數:
x=3
y=5
次方運算結果:729
```

程式解析

◆ 第 1～5 行:我們定義了函數的主體。

◆ 第 9 行:為了要使用 Pow 函數,必須要呼叫 Pow(x,y) 函數,並以 x 與 y 當作參數傳遞給 Pow 函數。

7-1-3 參數預設值

　　雖然我們能夠將參數傳遞給函數，但是如果傳遞的參數過多，那麼在參數的設定上就會顯得有些麻煩。特別是當某些參數只有在特殊情況下才會變動時，就可以使用設定參數預設值的方式，直接讓函數設定預設值，如此一來，呼叫函數就不需要再傳參數。例如：

```
>>> def myname(name='王建民'):
        print(name)


>>> myname()
王建民
```

7-1-4 任意引數傳遞

　　Python 也支援任意引數列（Arbitrary Argument List），也就是如果各位事先不知道呼叫函數時要傳入的多少個引數，這種情況下可以在定義函數時在參數前面加上一個星號（*），表示該參數可以接受不定個數的引數，而所傳入的引數會視為一組元組（tuple）；但是在定義函數時在參數前面加上 2 個星號（**），傳入的引數會視為一組字典（dict）。下列程式將示範在函數中傳入不定個數的引數。

▶ **範例程式　para.py** ▶ 呼叫函數 - 傳入不定個數的引數

```
01  def square_sum(*arg):
02      ans=0
03      for n in arg:
04          ans += n*n
05      return ans
06
07  ans1=square_sum(1)
08  print('1*1=',ans1)
09  ans2=square_sum(1,2)
10  print('1*1+2*2=',ans2)
11  ans3=square_sum(1,2,3)
12  print('1*1+2*2+3*3=',ans3)
```

```
13   ans4=square_sum(1,3,5,7)
14   print('1*1+3*3+5*5+7*7=',ans4)
15
16   def progname(**arg):
17       return arg
18
19   print(progname(d1='python', d2='java', d3='visual basic'))
```

執行結果

```
1*1= 1
1*1+2*2= 5
1*1+2*2+3*3= 14
1*1+3*3+5*5+7*7= 84
{'d1': 'python', 'd2': 'java', 'd3': 'visual basic'}
```

程式解析

◆ 第 1 ~ 5 行：如果事先不知道要傳入的引數個數，可以在定義函數時在參數前面加上一個星號（*），表示該參數接受不定個數的引數，傳入的引數會視為一組元組。

◆ 第 16 ~ 17 行：參數前面加上 2 個星號（**），傳入的引數會視為一組字典。

下一個例子將示範函數包含有一般參數與不確定個數的參數，這類函數的設計必須將不確定個數的參數放在最右邊。

範例程式 **para1.py** ▶ 函數包含有一般參數與不確定個數的參數

```
01   def dinner(mainmeal, *sideorder):
02       # 列出所點餐點的主餐及點心副餐
03       print('所點的主餐為 ',mainmeal,' 所點的副餐點心包括 :')
04       for snack in sideorder:
05           print(snack)
06
07   dinner(' 鐵板豬 ',' 烤玉米 ')
08   dinner(' 泰式火鍋 ',' 德式香腸 ',' 香焦牛奶 ',' 幸運餅 ')
```

【執行結果】

```
所點的主餐為 鐵板豬 所點的副餐點心包括：
烤玉米
所點的主餐為 泰式火鍋 所點的副餐點心包括：
德式香腸
香蕉牛奶
幸運餅
```

【程式解析】

◆ 第 1 ～ 5 行：在定義函數時該函數包含有一般參數與不確定個數的參數，在參數前面加上一個星號（*），表示該參數接受不定個數的引數，傳入的引數會視為一組元組。

◆ 第 7 ～ 8 行：以不同的引數個數呼叫函數。

7-1-5　關鍵字引數

由於 Python 的引數傳入的方式有分「位置引數」（Position Argument）與「關鍵字引數」（Keyword Argument）兩種方式，預設方式則是以「位置引數」為主，主要特點是傳入的引數個數與先後順序，簡單來說，如果是第一個引數，丟出去的資料，只能讓排第一個參數來接收，依此類推。

至於關鍵字引數呼叫函數時，會直接以引數所對應的參數名稱來進行傳值，如果位置引數與關鍵字引數混用必須確保位置引數必須在關鍵字引數之前，而且每個參數只能對應一個引數。在此我們實例以一個程式例子（keyword.py）來加以說明，請修改範例與說明。

```
def equation(x,y,z):
ans = x*y+z*x+y*z
    return ans

print(equation(z=1,y=2,x=3))
print(equation(3, 2, 1))
print(equation(x=3, y=2 , z=1))
print(equation(3, y=2 , z=1))
```

函數的祕密花園

執行結果

```
11
11
11
11
```

從執行結果來看，各位可以看出這4種不同的關鍵字引數或混合位置引數與關鍵字引數的呼叫方式其執行結果值都一致，例如下式就是錯誤的參數設定方式：

```
equation (2, x=3, z=1)
```

上式第一個位置引數是傳入給參數 x，第 2 個引數又指定參數 x，這種重複指定相同參數的值時，就會發生錯誤，所以使用上要特別留意。

7-1-6 變數的有效範圍

所謂變數的有效範圍（Scope）依據變數所在的位置來決定，並且用來決定在程式中有哪些指令（Statement）可以合法使用與存取這個變數。Python 中變數的有效範圍可分為兩種層次：「區域變數」（Local Variable）、「全域變數」（Global Variable）。

🗨 區域變數（Local Variable）

區域變數是指宣告在函數之內的變數，它的有效範圍只在宣告的函數區塊中，其他函數都不可以使用該變數。例如：

```
def product():
    number_1=33
    number_2=11
    return number_1*number_2
```

上例中所宣告在函數 product () 內的變數 number_1、number_2 就是區域變數，僅供函數 product () 使用。

🔘 全域變數（Global Variable）

全域變數是指宣告函數之外的變數，全域變數在整個程式的任何指令都可以合法使用該變數，大部分的變數都屬於這種變數，有效範圍涵蓋整個 Python 程式檔案。例如：

```
score=15
def total(a,b):
    return a+b+score

score_1=70
score_2=86
print(' 成績 1+ 成績 2+ 全班加分 =',total(score_1,score_2))
```

在這個範例裡 score 是一個全域變數，因此它可以被函數 total() 直接拿來使用，也可供主函數使用。要注意一點就是如果在宣告變數時全域變數和區域變數同名的話，Python 會讓程式以區域變數為主。

7-1-7 lambda 函數

lambda 函數是一種新型態的程式語法，其主要目的是為了簡化程式，增強效能，或稱為匿名函數（Anonymous Function）。通常一般函數需要給定函數名稱，但是 lambda 並不需要替函數命名，其語法如下：

```
lambda 參數串列, ... : 運算式
```

其中運算式之前的冒號「:」不能省略，運算式不能使用 return 指令與程式區塊。例如以下範例是將 add() 函數宣告為 lambda，並計算兩數的和。

範例程式 **lambda.py** ▶ **lambda 宣告與使用範例**

```
01   total=lambda a,b:a+b
02   num1=0
03   num2=0
04   num1=int(input('輸入數值 1:'))
05   num2=int(input('輸入數值 2:'))
06   print('數值 1+數值 2 =',total(num1,num2))
```

執行結果

```
輸入數值 1:6
輸入數值 2:5
數值 1+數值 2 = 11
```

程式解析

◆ 第 1 行：使用 lambda 函數定義函數，將所傳入的引數相加後回傳。

◆ 第 6 行：呼叫 lambda 函數，則該函數會自動呼叫。

ChatGPT 幫幫忙

請設計一 Python 程式，使用 lambda 對列表中的元素進行平方。

範例程式：lambdaGPT.py

以下是一個Python程式範例，展示如何使用lambda函數對列表中的元素進行平方，但這次我們不使用 `map` 函數：

```python
# 創建一個列表
numbers = [1, 2, 3, 4, 5]

# 使用 lambda 函數對列表中的元素進行平方，不使用 map
squared_numbers = [(lambda x: x ** 2)(x) for x in numbers]

# 列印結果
print("原始列表:", numbers)
print("平方後的列表:", squared_numbers)
```

在這個程式中，我們使用列表推導式（list comprehension）來應用lambda函數，對列表中的每個元素進行平方。然後，我們列印原始列表和平方後的列表。這是一種不使用 `map` 函數的方法，同樣可以實現對列表中元素的操作。

7-2 參數傳遞模式

　　函數中參數傳遞的功用是將主程式中呼叫函數的引數值，傳遞給函數的參數，接著在函數中，處理所定義的程式敘述，這種關係有點像投手與捕手的關係，一個投球一個接球。首先各位要了解 Python 並不能如其他語言（如 C、C++ 等）可以自行選擇參數傳遞的方式，而是利用所傳遞的參數是屬於可變和不可變物件來判斷，又可以分為「傳值呼叫」（Call by Value）、「傳址呼叫」（Call by Address），我們來說明如下：

參數傳遞模式有點像是投手與捕手的關係

7-2-1 傳值呼叫

所謂傳值呼叫（Call by Value），是指主程式呼叫函數的實際參數時，系統會將實際參數的數值傳遞並複製給函數中相對應的形式參數。由於函數內的形式參數已經不是原來的變數（形式參數是額外配置的記憶體），因此在函數內的形式參數執行完畢時，並不會更動到原先主程式中呼叫的變數內容。Python 中當所傳遞的引數如果是一種不可變物件（Immutable Object），例如數值、字串、元組時，Python 就會視為一種「傳值」呼叫模式。

接下來我們利用以下範例來說明傳值呼叫的基本方式，目的在於將兩個變數的內容傳給函數 swap_test() 以進行交換，不過由於變數是屬於數值，所以經過交換後並不會針對引數本身作修改。

📎 **範例程式** **swap.py** ▶ 傳值呼叫實作

```
01  def swap_test(x,y):
02      print(' 函數內交換前：x=%d, y=%d' %(x,y))
03      x,y=y,x  # 交換過程
04      print(' 函數內交換前：x=%d, y=%d' %(x,y))
05
06  a=10
07  b=20 # 設定 a,b 的初值
08  print(' 函數外交換前：a=%d, b=%d' %(a,b))
09  swap_test(a,b) # 函數呼叫
10  print(' 函數外交換後：a=%d, b=%d' %(a,b))
```

執行結果

```
函數外交換前：a=10, b=20
函數內交換前：x=10, y=20
函數內交換前：x=20, y=10
函數外交換後：a=10, b=20
```

程式解析

- 第 3 行：x 與 y 數值的交換過程。
- 第 6 ～ 7 行：設定 a、b 的初值。
- 第 9 行：函數呼叫指令。

ChatGPT 幫幫忙

請設計一 Python 程式,將兩個變數的內容傳給函數 swap_test() 以進行交換。最後將函數內跟函數外的交換前交換後列出來。

範例程式:swapGPT.py

以下是一個Python程式,用於將兩個變數的內容傳遞給名為 `swap_test` 的函數以進行交換,並在函數內外列出交換前後的值:

```python
def swap_test(a, b):
    print("函數內交換前:")
    print("a =", a)
    print("b =", b)

    # 交換變數的值
    a, b = b, a

    print("函數內交換後:")
    print("a =", a)
    print("b =", b)

# 創建兩個變數
var1 = 10
var2 = 20

print("函數外交換前:")
```

7-2-2 傳址呼叫

傳址呼叫是表示在呼叫函數時,系統並沒有另外分配實際的位址給函數的形式參數,而是將參數的位址直接傳遞給所對應的引數,Python 中當所傳遞的引數如果是一種可變物件(Mutable Object),例如串列、字典與集合等,在函數內如果可變物件被修改內容值,因為佔用同一位址,會連動影響函數外部的值。

以下範例是設計一 exchange() 函數,以傳址呼叫方式將串列參數的值互相交換,最後主程式中串列參數的值也會隨之改變。

函數的祕密花園

ChatGPT 幫幫忙

💬 有哪些技巧可以在使用傳址呼叫時確保不意外修改函數外部的值？

在使用傳址呼叫（pass by reference）時，確保不意外修改函數外部的值是很重要的。以下是一些技巧和最佳實踐，可幫助您確保這一點：

1. 使用不可變物件（Immutable Objects）：儘量使用不可變物件（如整數、字符串、元組等）作為函數的引數，因為它們不會在函數內部修改而影響函數外部的值。

2. 創建複本（Copy）：如果您必須在函數內部修改可變物件，請在函數內部創建該物件的複本，以避免影響原始物件。您可以使用切片（slicing）或內置函數 `copy()` 來創建複本。

```python
def modify_list(my_list):
    new_list = my_list.copy()   # 創建列表的複本
    # 在 new_list 上進行修改
    return new_list
```

3. 使用 `return` 語句：如果函數內部必須修改可變物件，請將修改後的物件返回，而不是直接修改引數。這樣可以讓調用函數的代碼明確地處理修改後的物件。

```python
def modify_list(my_list):
    # 在函數內部修改 my_list
    return my_list

original_list = [1, 2, 3]
modified_list = modify_list(original_list)
```

✏️ **範例程式** exchange.py ▶ exchange() 函數的傳址呼叫宣告與實作

```
01  def exchange(num):
02      num[0],num[1]=num[1],num[0]   # 交換兩數過程
03
04  print(" 請輸入兩個數值： ")
05  num=[]
06  num.append(int(input()))
07  num.append(int(input()))
08  print('num[0]=',num[0])
09  print('num[1]=',num[1])
10  exchange(num)
```

```
11  print('------------- exchange() 函數交換 ----------------')
12  print('num[0]=',num[0])
13  print('num[1]=',num[1])
```

執行結果

```
請輸入兩個數值：
3
7
num[0]= 3
num[1]= 7
------------- exchange()函數交換 ----------------
num[0]= 7
num[1]= 3
```

程式解析

➧ 第 1～2 行：將傳入參數內串列資料型態的第一個數值與第二個數值 交換。

➧ 第 6～7 行：由主程式中取得兩個數值。

➧ 第 10 行：呼叫 exchange() 函數，並傳遞參數位址給該函數。

7-3　常見 Python 內建數值函數

Python 本身就內建許多的函數，本節將為各位整理出 Python 中較常用且相當實用的內建函數，包括數值函數、字串函數及與日期相關函數。下表列出 Python 與數值運算有關的內建函數。

名稱	說明
int(x)	轉換為整數型別
bin(x)	轉整數為二進位，以字串回傳
hex(x)	轉整數為十六進位，以字串回傳
oct(x)	轉整數為八進位，以字串回傳
float(x)	轉換為浮點數型別
abs(x)	取絕對值，x 可以是整數、浮點數或複數

名稱	說明
divmod(a,b)	a//b 得商，a％b 取餘數，a、b 為數值
pow(x,y[, z]))	如果沒有 z 參數，x ** y，傳回值為 x 的 y 次方。如果有 z 參數，其意義為 x 的 y 次方除以 z 的餘數
round(x[,y])	如果沒有 y 參數，將數值四捨六入，也就是 4（含）以下捨去，6（含）以上進位。如果為 5，則視前一位數來決定，如果前一位為偶數則將 5 捨去，如果前一位為奇數則將 5 進位。如果有 y 參數則是用來設定有幾位小數
chr(x)	取得 x 的字元
ord(x)	傳回字元 x 的 unicode 編碼
str(x)	將數值 x 轉換為字串
sorted(list[,reverse=True|False)	將串列 list 由小到大排序，其中 reverse 參數預設值為 False，預設會由小到大排序，但是如果 reverse 參數設定為 True，則會由大到小排序
max(參數列)	取最大值
min(參數列)	取最小值
len(x)	回傳元素個數
sum(list)	將串列中所有數值進行加總

上述的 pow 函數除了可以進行指數運算外，也可以用來計算餘數，下例分別為 pow() 函數的兩種用法：

```
pow(2,3)  # 輸出的結果值為 8
pow(2,4,5)  # 輸出的結果值為 16 除以 5 的餘數，結果值為 1
```

另外補充的是 divmod(a,b) 函數，其回傳值分別為商數及餘數，並以元組資料型態來儲存這兩個結果值，例如：

```
result=divmod(100,7)
print('100 除以 7 的商為 =',result[0])  # 輸出 14
print('100 除以 7 的餘數為 =',result[1])  # 輸出 2
```

以下程式將示範如何用 divmod() 函數來計算班遊剩餘款項平均每位出遊者可以退費多少錢，又剩多少錢可以存入班費的共同基金。

範例程式 | **fee.py** ▶ **divmod()** 函數的生活應用實例

```
01   money=int(input('請輸入班遊剩餘的金額:'))
02   num=int(input('請輸入這次出遊的總人數:'))
03   ans=divmod(money,num)
04   print('每一位同學的平均退費為 ',ans[0],'元')
05   print('剩餘可以存入班費共同基金為 ',ans[1],'元')
```

執行結果

```
請輸入班遊剩餘的金額:958
請輸入這次出遊的總人數:12
每一位同學的平均退費為 79 元
剩餘可以存入班費共同基金為   10 元
```

程式解析

➡ 第 3 行：divmod(a,b) 函數，其回傳值分別為商數及餘數，並以元組資料型態來儲存這兩個結果值。

至於 round() 函數的範例如下：

```
print(round(6.4))
print(round(6.5))
print(round(3.5))
print(round(7.8))
print(round(7.837,2))
print(round(7.835,2))
print(round(7.845,2))
print(round(7.845,1))
```

執行結果

```
6
6
4
8
7.84
7.83
7.84
7.8
```

以下範例將示範各種常用數值函數的使用範例。

範例程式 | **value.py** ▶ 數值函數的使用範例

```
01   print('int(9.6)=',int(9.6))
02   print('bin(20)=',bin(20))
03   print('hex(66)=',hex(66))
04   print('oct(135)=',oct(135))
05   print('float(70)=',float(70))
06   print('abs(-3.9)=',abs(-3.9))
07   print('chr(69)=',chr(69))
08   print('ord(\'%s\')=%d' %('D',ord('D')))
09   print('str(543)=',str(543))
```

執行結果

```
int(9.6)= 9
bin(20)= 0b10100
hex(66)= 0x42
oct(135)= 0o207
float(70)= 70.0
abs(-3.9)= 3.9
chr(69)= E
ord('D')=68
str(543)= 543
```

程式解析

➡ 第 1 ～ 9 行：各種數值函數的使用語法範例。

接下來的例子將應用 sum、sorted、max、min 及 round 等函數來協助計算各次數學小考的成績，並將各次小考的成績進行加總及平均，再以 round() 函數取平均分數到小數點後 1 位，同時也由小到大排序所有的小考分數。

範例程式 | **math.py** ▶ 統計各次數學小考的重要數據

```
01   score=[97,76,89,76,90,100,87,65]
02   print(' 本學期總共考過的數學小考次數 ', len(score))
03   print(' 所有成績由小到大排序的結果為： {}'.format(sorted(score)))
04   print(' 本學期所有分數的總和 ', sum(score))
05   print(' 本學期所有分數的平均 ', round(sum(score)/len(score),1))
06   print(' 本學期考最差的分數為 ', min(score))
07   print(' 本學期考最好的分數為 ', max(score))
```

執行結果

```
本學期總共考過的數學小考次數 8
所有成績由小到大排序的結果為：[65, 76, 76, 87, 89, 90, 97, 100]
本學期所有分數的總和 680
本學期所有分數的平均 85.0
本學期考最差的分數為 65
本學期考最好的分數為 100
```

程式解析

- 第 1 行：各次分數以串列資料型態來加以儲存。

- 第 3 行：sorted 函數預設由小到大排序。

課後習題

一、選擇題

( ) 1. 下列何者為 Python 的引數傳入的預設方式？

(A) 位置引數　　(B) 關鍵字引數　(C) 傳址引數　　(D) 傳值引數

( ) 2. 請問 divmod(108,11) 值為何？

(A) (9, 8)　　　(B) (9, 7)　　　(C) (9, 6)　　　(D) (9, 9)

( ) 3. 下列何者敘述有誤？

(A) 搜尋（Search）指的是從資料檔案中找出滿足某些條件的記錄之動作

(B) 遞迴區分為直接遞迴和間接遞迴

(C)「尾歸遞迴」就是程式的最後一個指令為遞迴呼叫

(D) 用迴圈去循環重複程式碼的某些部分來得到答案是一種分治法

( ) 4. 下列何者敘述有誤？

(A) 使用模組前必須使用 import 指令進行匯入

(B) time 模組這個模組可以取得日曆相關資訊

(C) 傳遞的引數如果是一種不可變物件就會視為一種「傳值」呼叫模式

(D) lambda 並不需要替函數命名

( ) 5. 請問 list1=[1,93,25,32,32,48,2,9,11,49]，則 max(list1) 值為何？

(A) 92　　　　　(B) 48　　　　　(C) 49　　　　　(D) 93

( ) 6. 在定義函數時在參數前面加上一個星號（＊），表示該參數可以接受不定個數的引數，而所傳入的引數會視為？

(A) 一組字串（string）　　　　(B) 一組串列（list）

(C) 一組元組（tuple）　　　　　(D) 一組字典（dict）

( ) 7. Python 的函數類型不包括？

(A) 內建函數　　(B) 標準函數庫　(C) 自訂函數　　(D) 商業化函數

( ) 8. 關於 Python 函數何者敘述有誤？

    (A) 以關鍵字 def 定義函數   (B) 以 () 運算子進行函數呼叫

    (C) 我們無法自訂函數   (D) 提供許多實用的內建函數

( ) 9. 請問 int(3.55) 值為何？

    (A) 3.6   (B) 3.5   (C) 4   (D) 3

二、填充題

1. 呼叫函數時只要使用「()」括號運算子傳入引數即可，但是引數傳入的方式有分「 _____ 」與「 _____ 」兩種方式。

2. _____ 運算式視為一種函數的表現方式，它可以根據輸入的值，決定輸出的值。

3. 當所傳遞的引數是一種不可變物件（Immutable Object）（如數值、字串）時，Python 程式語言就會視為一種「 _____ 」呼叫。

4. 變數可以區分成以下二種作用範圍的變數：_____ 變數和 _____ 變數。

5. 當所傳遞的引數是一種可變物件（Mutable Object）（如串列），Python 程式語言就會視為一種「 _____ 」呼叫。

三、問答與實作題

1. 請說明使用函數的好處？

2. Python 的函數類型有哪幾種？

3. 請寫出下列程式的執行結果：

```
def func(a,b,c):
    x = a +b +c
    print(x)


print(func(1,2,3))
```

4. 請問以下程式的執行結果？

```
def funbox(*arg):
    product=1
    for n in arg:
        product *= n
    return product

ans=funbox(1,3,5,7,9)
print(ans)
```

5. 請問以下程式的執行結果？

```
def func(a,b):
    p1 = a * b
    p2 = (a + b) * (a-b)
    return p1, p2

num1 ,num2 = func(6, 3)
print(num1,num2)
```

6. 請問以下程式的執行結果？

```
def Pow(x,y):
    p=1
    for i in range(y):
        p *= x
    return p

x,y=3,4
print(Pow(x,y))
```

7. 請問以下程式的執行結果？

```
ans = lambda x : 8*x+7
print(ans(5))
```

8. 請問以下程式的執行結果？

```
def func(x,y,z):
    formula = x*x+y*y+z*z
    return formula
```

```
print(func(z=3,y=2,x=1))
print(func(y=2,x=1,z=3))
```

9. 試簡述 lambda() 函數的異同。

10. 在 Python 中可以區分成哪二種作用範圍的變數？

11. 請問以下程式的執行結果？

```
book = ['FB', 'IG', 'LINE']
total=''
for item in book:
    total += item
    print(total)
print(total)
```

12. 請問以下程式的執行結果？

```
def Pow(x,y):
    p=1
    for i in range(y):
        p *= x
    return p

x,y=2,6
print(Pow(x,y))
```

13. 請問以下程式的執行結果？

```
def func(x,y,z):
    formula = x+y+z
    return formula

print(func(z=5,y=2,x=7))
print(func(x=7, y=2 , z=5))
```

14. 試比較自訂函數與 lambda() 函數的異同。

15. 在 Python 中可以區分成哪二種作用範圍的變數？

模組與套件
實用關鍵密技

Python 自發展以來累積了相當完整的標準函數庫，這些標準函數庫裡包含相當多元實用的模組，相較於模組是一個檔案，套件就像是一個資料夾，用來存放數個模組。除了內建套件外，Python 也支援第三方公司所開發的套件，這項優點不但可以加快程式的開發，也使得 Python 功能可以無限擴充，這使得其功能更為強大，受到許多使用者的喜愛。

8-1　認識模組與套件

所謂模組是指已經寫好的 Python 檔案，也就是一個「*.py」檔案，程式檔中可以撰寫如：函數（Function）、類別（Class）、使用內建模組或自訂模組以及使用套件等等。

在 Python 安裝路徑下的 Lib 資料夾中可看到程式檔名稱為 os.py，而這就是一個模組，程式檔內容可看到變數的宣告、函數定義以及匯入其他的模組。

套件簡單來說，就是由一堆 .py 檔集結而成的。由於模組有可能會有多個檔情況，為了方便管理以及避免與其他檔名產生衝突的情形，將會為這些分別開設目錄也就是建立出資料夾。先來看如下套件的結構：

為了能夠清楚查看，這邊將透過資料夾顯示其結構。json 資料夾中包含許多 .py 檔，其中 __init__.py 其作用在於標記檔案夾視為一個套件。基本上若無其他特殊需求，該檔案內容為空即可，若為建立屬於自己的套件時，可自行新增 __init__.py。

ChatGPT 幫幫忙

為什麼在執行 Python 程式時會生成 __pycache__ 文件夾和 .pyc 檔案？

在執行Python程式，生成`__pycache__`文件夾和`.pyc`檔案的主要原因是為了提高程式的執行效能。當您運行Python程式時，Python解釋器會將源程式碼文件（.py檔案）轉換成Python字節碼，然後運行這些字節碼以執行程式。

`__pycache__`文件夾和`.pyc`檔案的生成是為了緩存已經編譯過的字節碼，這樣在之後的執行中可以更快地載入和執行程式，節省時間。這對於頻繁執行相同程式的情況特別有用，因為不需要每次都重新編譯源程式碼。

此外，`.pyc`檔案也可以用來確保已經編譯的字節碼與源程式碼保持同步。如果源程式碼有任何更改，Python會檢查`.pyc`檔案的修改日期，如果發現不一致，則會重新編譯字節碼以反映最新的源程式碼。

8-1-1　模組的使用

匯入模組的方式除了匯入單一模組外，也可以一次匯入多個模組，使用模組前必須先使用 import 關鍵字匯入，語法如下：

```
import 模組或套件名稱
```

就以 random 模組為例，它是一個用來產生亂數，如果要匯入該模組，語法如下：

```
import random
```

在模組中有許多函數可供程式設計人員使用，要使用模組中的函數語法如下：

```
import 模組名稱.函數
```

例如 random 模組中有 randint()、seed()、choice() 等函數，各位在程式中可以使用 randint()，它會產生 1 到 100 之間的整數亂數：

```
random.randint(1, 100)
```

如果每次使用套件中的函數都必須輸入模組名稱，容易造成輸入錯誤，這時可以改用底下的語法匯入套件後，在程式使用該模組中的函數。語法如下：

```
from 套件名稱 import *
```

以上述的例子來說明，我們就可以改寫成：

```
from random import *
randint(1, 10)
```

萬一模組的名稱過長，這時不妨可以取一個簡明有意義的別名，語法如下：

```
import 模組名稱 as 別名
```

有了別名之後，就可以利用「別名.函數名稱」的方式進行呼叫。

```
import math as m    # 將 math 取別名為 m
print("sqrt(9)= ", m.sqrt(9))    # 以別名來進行呼叫
```

8-2 建立自訂模組

由於 Python 提供相當豐富又多樣的模組，提供開發者能夠不需花費時間再額外去開發一些不同模組來使用，為何還需要自行定義的模組來使用呢？不能用其提供的內建模組走遍天下嗎？若多經歷過一些專案的開發後，會發現再多的模組都不一定能符合需求，此時會需要針對要求去撰寫出符合的程式以及其邏輯。當各位累積了大量寫程式的經驗之後，必定會有許多自己寫的函數，這些函數也可以整理成模組，等到下一個專案時直接匯入就可以重複使用這些函數。

8-2-1 建立自訂模組

首先，開啟 Python 直譯器並點選左上角的 File 下拉選單→ New File，畫面上會有多一個空白的程式檔並可開始撰寫程式。下面就來示範如何建立自訂模組。

範例程式 CalculateSalary.py ▶ 自訂模組練習

```
01   # 設置底薪 (BaseSalary)、結案獎金件數 (Case)、職位獎金 (OfficeBonus)
02   BaseSalary = 25000
03   CaseBonus = 1000
04   OfficeBonus = 5000
05
06   # 請輸入職位名稱 (Engineer)、結案獎金金額 (CaseAmount) 變數
07   Engineer = str(input(" 請輸入職位名稱："))
08   Case = int(input(" 請輸入結案案件數（整數）："))
09
10   # 計算獎金 function
11   def CalculateCase(case, caseBonus):
12       return case * caseBonus
13
```

```
14   def CalculateSalary(baseSalary, officeBonus):
15       return baseSalary + officeBonus
16
17   CaseAmount = CalculateCase(Case, CaseBonus)
18   SalaryAmount = CalculateSalary(BaseSalary, OfficeBonus)
19
20   print(" 該工程師薪資：", CaseAmount + SalaryAmount)
```

執行結果

```
請輸入職位名稱：工程師
請輸入結案案件數 (整數)：5
該工程師薪資： 35000
```

ChatGPT 幫幫忙

如何查詢模組所在目錄的目錄名列表？

要查詢模組所在目錄的目錄名列表，您可以使用 `sys.path` 變數。`sys.path` 是一個包含目錄路徑的列表，Python 解譯器在導入模組時按順序搜索這些路徑。以下是如何查詢 `sys.path` 中的目錄名列表的範例：

```python
import sys

# 列印 sys.path 中的目錄路徑列表
for path in sys.path:
    print(path)
```

8-2-2　名稱空間的功用

Python 的標準函數庫裡面有非常多好用的模組，可以讓我們省下不少程式開發的時間，往往一個程式裡會匯入多個模組，這時函數名稱就有可能會重複，好在 Python 提供名稱空間（Namespace）機制，它就像是一個容器，將模組資源限定在模組的命名空間內，避免不同模組之間同名衝突的問題。

事實上，一個程式檔中最怕與其他匯入的程式檔或當前程式中的變數、函數…等等造成名稱命名上的衝突以及混淆，為了避免造成命名上的衝突，Python 語言就以名稱空間這種機制來加以防範，也就是說，在同一個名稱空間中變數名稱不能重複命名，但是不同的名稱空間則允許有相同的名稱。事實上，在 Python 模組所建立的變數、函數名稱、類別名稱，其最大範圍就是在模組內，這些所建立的變數、函數名稱、類別名稱就是以模組作為其名稱空間。名稱空間分為以下 3 種：

❶ 全域性名稱空間（Global）：模組所定義的函數、類別、變數，以及其他匯入的模組，皆可在該模組下使用則皆屬於全域性。

❷ 區域性名稱空間（Local）：函數或類別其傳入的參數以及內部定義的變數。簡單來說，一旦跳出該函數或類別以外的程式，只要屬於這區域定義皆無法呼叫。

❸ 內建名稱空間（Built-in）：如 input、print、int、list、…等等皆可在任何一個模組底下呼叫。

以 CalculateSalary.py 來說明：

一旦離開該函數則其所定義的傳入參數皆無法呼叫

通常匯入的模組使用其函數、變數、…等等，其前方皆會加上其模組名稱，例如匯入模組名稱為 test.py，則呼叫變數 x。為了程式可觀性，如下寫法：

```
test.x
```

以告知其他開發者該變數來源為何，不需擔心與正在撰寫的模組內含有同名稱導致互相衝突。

8-3　常用內建模組

相信大家對模組以及套件都有相對的認識，接著將會介紹常見的內建模組。Python 標準函數庫提供許多不同功用的模組，供開發者可依照需求進行呼叫，常用的內建模組：

❶ os 模組 – 提供與作業系統相關互動功能。

❷ sys 模組 – 提供對直譯器互動或維護變數操作。

❸ math 模組 – 提供較為複雜數學運算的函數，與 cmath 模組相對應。

❹ random 模組 – 可隨機產生亂數或排序。

❺ time 模組 – 提供時間處理以及轉換時間格式。

❻ datetime 模組 – 相較於 time 模組，該模組更有效處理日期時間。

❼ calendar 模組 – 該模組提供的函數皆與日曆有關。

除了 Python 提供的內建模組外，也能依照當前需求建立自訂模組，提供相關人員使用。

8-3-1　os 模組

該模組功能可用來建立檔案、檔案刪除、異動檔名等等。相關函數列表如下：

函數	參數	用途
os.getcwd()		取得當前工作路徑
os.rename(src, dst)	src– 要修改的檔名 dst– 修改後的檔名	重新命名檔案名稱
os.listdir(path)	path – 指定路徑	列出指定路徑底下所有的檔案
os.walk(path, topdown)	path – 指定路徑 topdown– 預設 True， 可排序返回後的資料	以遞迴方式搜尋指定路徑下的所有子目錄以及檔案
os.mkdir(path)	path – 指定路徑	建立目錄
os.rmdir(path)	path – 指定路徑	刪除目錄
os.remove(path)	path – 指定要移除的文件路徑	刪除指定路徑的文件

透過 os 模組提供的函數查詢當下工作目錄路徑：

```
os.getcwd()
```

取得工作目錄的路徑後可在其目錄底下操作類似於查詢 / 新增 / 編輯 / 刪除等等功能。

```
path = os.getcwd()                       # 先查詢目前工作目錄路徑
os.mkdir(path + "\\CreateFolder ")       # 於該路徑底下建立目錄，這邊需注意
# 的是路徑以兩個反斜線（\\）區隔
os.rename("CreateFolder", "OldFolder")   # 修改新建立的目錄名稱
os.rmdir(path + "\\OldFolder "           # 透過 rmdir() 函數刪除目錄
```

8-3-2　sys 模組

os 模組提供可針對作業系統相關操作，而 sys 模組則比較傾向於與 Python 直譯器互動。

函數	參數	用途
sys.argv()		可取得外部傳入的參數
sys.modules.keys()		返回已匯入的模組名
sys.modules.values()		返回已匯入的模組引用路徑
sys.modules()		記錄 / 取得所有匯入的模組

在撰寫程式時，經常會遇到需要從程式外部取得傳入的參數，又該如何去取得這部分的傳入參數值呢？這時需要使用到語法如下：

```
sys.argv()
```

範例程式 **GetParam.py** ▶ 取得外部傳入參數

```
01    import sys
02    if len(sys.argv) < 0:
03        print(" 未有外部傳入參數 ")
04    else:
05        print("Python 版本號：", sys.version)
06        print(" 作業系統：", sys.platform)
07
08        for n in range(len(sys.argv)):
09            print("param" + str(n) + "：", sys.argv[n])
```

執行結果

```
C:\ 命令提示字元

Microsoft Windows [版本 10.0.17134.885]
(c) 2018 Microsoft Corporation. 著作權所有，並保留一切權利。

C:\Users\User>cd C:\Users\User\AppData\Local\Programs\Python\Python37-32

C:\Users\User\AppData\Local\Programs\Python\Python37-32>python GetParam.py One Two Three
Python版本號： 3.7.4 (tags/v3.7.4:e09359112e, Jul  8 2019, 19:29:22) [MSC v.1916 32 bit (Intel)]
作業系統： win32
param0： GetParam.py
param1： One
param2： Two
param3： Three
```

程式解析

◆ 第 03 ～ 04 行：為判斷是否有傳入參數，由於外部取得可為多個參數，所以將會取得一個 list（列表），可藉由 len 計算 list 長度。

◆ 第 05 ～ 10 行：若有傳入參數值，則列印出 Python 版本號以及作業系統並透過迴圈列印出傳入值。

順帶一提，每當開發者導入新的模組皆會將當前環境加載了哪些模組記錄在 sys.modules，能透過其提供的函數查詢所有的模組名稱：

```
sys.modules.keys()
```

若要查詢某個模組路徑，語法如下：

```
sys.modules[ 模組名稱 ]
```

當不確定是否已有模組記錄在 sys.modules 當中，可透過 in 關鍵字查詢。

```
模組名稱 in sys.modules
```

8-3-3　math 模組

Python 已有支援基本運算子，如：+、-、*、/。而 math 模組將提供許多對於浮點數的數學運算，列舉出比較常用的函數：

函數	參數	用途
math.fabs(x)		x 的絕對值
math.fmod(x, y)		x/y 的餘數
math.pow(x, y)	x、y 皆為數值	x 的 y 次方，同 x**y
math.factorial (x)		x 的階乘
math.isnan(x)		x 若不是數字，則為 True，反之為 False
math.gcd(x, y)		x 和 y 的最大公約數

範例程式 **ExMath.py** ▶ 練習 math 模組函數

```
01    import math
02    x = 10
03    y = -2
04
05    z = math.fabs(x / y)
06    h = math.factorial(z)
07
08    if math.isnan(h) == False:
09        print("計算後數值：", h)
10        print("最大公約數：", math.gcd(h, x))
```

執行結果

```
計算後數值：  120
最大公約數：  10
```

程式解析

- 第 02 ～ 03 行：設定 x、y 變數並各別給予值。
- 第 05 行：x 除以 y 後的值為負數，透過 fabs() 取得其絕對值並指向變數 z。
- 第 06 行：計算 z 的階乘後指向給變數 h。
- 第 08 ～ 10 行：判斷 h 是否為數字，若 h 是數字則為 False，並列印其計算後的值以及 h、x 的最大公約數。

8-3-4　random 模組

隨機產生一組亂數在程式當中是相當常見的功能，而在現實中，我們也能常常看到類似這種機制的娛樂性質的遊戲，例如：大樂透，抽籤等等。

函數	參數	用途
random.random()		產生一個 0 ～ 1 的隨機浮點數，即 0 <= n <= 1.0
random.randint(a, b)	a、b 皆為數值	隨機產生指定範圍內的整數
random.uniform(a, b)		隨機產生指定範圍內的浮點數
random.randrange([start], stop[, step])	start – 起始 stop – 終點 step – 遞增間隔	指定範圍內的序列中取得一個亂數
random.choice(seq)	seq – 代表序列	從序列中取得一個隨機元素
random.sample(population, k)	population– 代表序列 k – 長度	從序列中取得 k 指定範圍內的長度的元素
random.shuffle(lis)	lis– 代表序列	序列中隨機排序

雖然是一些較為簡單的功能，不過每個函數各有不同的地方。

- **random() /uniform()**：雖然這兩個函數皆為產生一個隨機浮點數值，但 random() 僅提供生成 0 ～ 1 的隨機浮點數，而 uniform() 則可在指定範圍內產生隨機浮點數。

■ **randint()/randrange()**：這兩個函數皆可產生一個隨機整數。而比較有趣的是，randrange() 不但能產生隨機或指定範圍內的整數，也能透過其設定參數指定產生奇數 / 偶數的整數。

範例程式 **ExRandrange.py** ▶ 練習 **randrange()** 隨機自動產生變數（任一整數 / 奇數 / 偶數）

```
01  import random
02
03  print("任一整數：", random.randrange(100))
04
05  print("任一整數：", random.randrange(52, 100))
06
07  print("奇數：", random.randrange(1, 100, 2))
08
09  print("偶數：", random.randrange(0, 100, 2))
```

執行結果

```
任一整數 38
任一整數 88
奇數 63
偶數 72
```

程式解析

◆ 第 03 行：產生 100 以內的隨機整數。

◆ 第 05 行：產生指定範圍內的隨機整數。

◆ 第 07 行：產生 1 ～ 100 以內且以遞增間隔為 2 的隨機奇數。其抽取樣本為 1、3、5、...99。

◆ 第 09 行：產生 0 ～ 100 以內且以遞增間隔為 2 的隨機偶數。其抽取樣本為 0、2、4、...100。

有隨機自動產生亂數函數，自然也就有隨機抽取樣本的函數：

■ **choice()/sample()**：這兩函數非常相似，序列皆支援 list、tuple、字串等等。差異在於，sample() 可指定抽取長度取得多個元素；choice() 僅可抽取一個元素。

■ **shuffle()**：序列中的資料隨機排序。序列僅支援 list。

範例程式 **ExRandomSort.py** ▶ 練習隨機抽取樣本以及序列資料隨機排序

```
01   import random
02   name = [" 小明 ", " 小黃 ", " 小紅 ", " 小綠 ", " 小白 "]
03
04   print(" 抽取一個元素：", random.choice(name))
05
06   print(" 抽取三個元素：", random.sample(name, 3))
07
08   print(" 抽取三個元素：", random.shuffle(name))
```

執行結果

```
抽取一個元素： 小白
抽取三個元素： ['小綠', '小明', '小白']
隨機排序： None
```

程式解析

◆ 第 05 行：僅取得一個隨機抽取元素。

◆ 第 06 行：隨機抽取三個元素。

◆ 第 08 行：該函數可說是將該序列中的排序重新洗牌。

模組與套件實用關鍵密技

請設計一 Python 程式，隨機抽取樣本以及序列資料隨機排序。

範例程式：ExRandomSortGPT.py

以下是一個使用 `random` 模組的Python範例程序，示範如何隨機污染物和隨機排序序列資料：

```Python
import random

# 隨機抽樣
my_list = [1, 2, 3, 4, 5, 6, 7, 8, 9, 10]
sample_size = 3  # 指定抽樣的大小
random_sample = random.sample(my_list, sample_size)
print(f"隨機抽樣 {sample_size} 個元素: {random_sample}")

# 隨機排序序列資料
random.shuffle(my_list)
print("隨機排序後的序列:")
for item in my_list:
    print(item, end=" ")
```

8-3-5　time 模組

在 Python 當中，有關日期時間的處理模組有：time、datetime、calendar。通常表示時間有 3 種方式：

■ **時間戳（Timestamp）**：從 1970 年 1 月 1 日 00:00:00 開始按秒計算的偏移量。

```
time.time()
```

■ **格式化時間字串（Format String）**

- %y 兩位數的年份表示（00-99）
- %Y 四位數的年份表示（000-9999）

- %m 月份（01-12）

- %d 月內中的一天（0-31）

- %H 24 小時制（0-23）

- %I 12 小時制（01-12）

- %M 分鐘（00-59）

- %s 秒（00-59）

- %a/%A 簡化 / 完整星期名稱

- %b/%B 簡化 / 完整月份名稱

- %U 一年中的星期數（00-53），星期天為一星期的開始

- %W 一年中的星期數（00-53），星期一為一星期的開始

- %w 星期（0-6），星期天為一星期的開始

■ 元組（struct_time）：共有 9 個元素（年、月、日、時、…等等）。

索引（Index）	參數（Attribute）	用途（Values）
0	tm_year（年）	000-9999
1	tm_mon（月）	1-12
2	tm_mday（日）	1-31
3	tm_hour（時）	0-23
4	tm_min（分）	0-59
5	tm_sec（秒）	0-59
6	tm_wday	0-6，（0 代表星期一）
7	tm_yday	1-366，（一年中第幾天）
8	tm_isdst	預設 0，是否為夏令時段

而 time 模組較為常見的函數如下表格：

函數	參數	用途
time.strftime(format[, t])	format – 格式化定義 t - struct_time 型別或 gmtime() 或 localtime() 返回值	時間字串
time.localtime([sec])/ time.gmtime([sec])	sec – 為 struct_time 型別	轉換當前時區的 struct_time
time.strptime(str, format)	str – 字串時間 format – 格式化定義	轉換 struct_time 型別
time.asctime([t])	t - struct_time 型別或 gmtime() 或 localtime() 返回值	轉換成時間形式：月份日時 間年

localtime() 函數傳回的元組資料型態，各名稱的意義如下：

■ **tm_year**：元組資料索引值 0，代表西元年。

■ **tm_mon**：元組資料索引值 1，代表 1-12 月份。

■ **tm_mday**：元組資料索引值 2，代表 1-31 日數。

■ **tm_hour**：元組資料索引值 3，代表 0-23 小時。

■ **tm_min**：元組資料索引值 4，代表 0-59 分。

■ **tm_sec**：元組資料索引值 5，代表 0-60 的秒數。

■ **tm_wday**：元組資料索引值 6，代表星期幾，數值 0-6。

■ **tm_yday**：元組資料索引值 7，代表一年中第幾天，數值為 1-366，有可能閏年。

■ **tm_isdst**：元組資料索引值 8，代表時光節約時間，0 為無時光節約時間，1 為時光節約時間。

範例程式 **ExTime.py** ▶ 練習時間轉換格式

```
01    import time
02
03    t = time.time()
```

模組與套件實用關鍵密技

```
04   tLocal = time.localtime (t)
05
06   print(" 轉換時間形式 ( 年 / 月 / 日 ) : ", time.strftime("%Y/%m/%d", tLocal))
07   print(" 轉換時間形式 ( 月份日時間年 ) : ", time. asctime (tLocal))
```

執行結果

```
轉換時間形式(年/月/日): 2019/07/30
轉換時間形式(年/月/日 時:分:秒): Tue Jul 30 21:43:55 2019
```

程式解析

- 第 03 ～ 04 行:將時間戳的格式轉換成 struct_time 格式。

- 第 06 ～ 07 行:透過 strftime() 以及 asctime() 轉換亦能閱讀的時間形式。

雖然 time 模組能夠提供很多時間上的轉換處理等等,但若要取得年、月等等單一資料則需要做一些轉換處理取得,而這部份可透過 datetime 模組去取得。

 ChatGPT 幫幫忙

 datetime 有哪些五個類別所組成?

`datetime` 模組由五個類別組成,每個類別用途如下:

1. `datetime.date`:用於表示日期。
   - 使用 `datetime.date(year, month, day)` 創建日期物件。
2. `datetime.time`:用於表示時間。
   - 使用 `datetime.time(hour, minute, second, microsecond)` 創建時間物件。
3. `datetime.datetime`:日期時間的綜合類別,包含日期和時間信息。
   - 使用 `datetime.datetime(year, month, day, hour, minute, second, microsecond)` 創建日期時間物件。
4. `datetime.timedelta`:用於表示時間間隔。
   - 可以進行時間的加減運算。
5. `datetime.tzinfo`:用於處理時區相關資訊的基礎抽象類別。

8-3-6　calendar 模組

calendar 模組所提供的類別、函數皆與日曆相關，也提供開發者可針對日期的一些操作以及產生日曆的生成器。

函數	參數	用途
calendar.calendar(year, w=2, l=1, c=6)	year – 年 w– 每日寬度間隔 l – 每星期行數 c– 3 個月一行，其間隔距離 每行長度為 21*w+18+2*c	生成指定年份的日曆
calendar.month(year, month, w=2, l=1)	year – 年 month – 月 w– 每日寬度間隔 l – 每星期行數 每行長度為 7*w+6	生成指定年月份的日曆
calendar.firstweekday()		返回當前每週起始日期設置。星期一為 0，星期日為 6
calendar. setfirstweekday (weekday)	weekday – 星期	設置每週起始日期。星期一為 0，星期日為 6 weekday 可輸入 calendar. MONDAY/TUESDAY/ WEDNESDAY/THURSDAY/FRIDAY/ SATURDAY/SUNDAY
calendar.isleap(year)	year – 年	判斷是否為閏年，是為 True；反之為 False
calendar.leapdays(y1, y2)	y1、y2– 年	取得 y1、y2 兩年之間的閏年總數

而 calendar 除了本身已有提供一些函數可呼叫之外，其底下還分成三大類別：

■ **calendar.Calendar(firstweekday=0)**：提供用於日曆數據進行格式化方法。

- **calendar.TextCalendar(firstweekday=0)**：用於生成純本文日曆。

- **calendar.HTMLCalendar(firstweekday=0)**：生成 HTML 日曆。

範例程式 **ExCalendar.py** ▶ 列印出 n 年內的某月日曆

```
01   import calendar
02
03   y = int(input(" 請輸入年份 :"))
04   m = int(input(" 請輸入月份 :"))
05   ys = int(input(" 列印 n 年內為閏年的月曆 :"))
06   notLeap = []
07
08   calendar.setfirstweekday(calendar.SUNDAY)
09
10   for i in range(ys):
11       if calendar.isleap(y+i) == True:
12           print("\n")
13           calendar.prmonth(y+i, m)
14       else:
15           notLeap.append(y+i)
16
17   print("\n 以下非閏年 :", notLeap)
18   print("{} 到 {} 期間有幾個閏年 :{}".format(y, y+ys, calendar.leapdays(y,
     y+ys)))
```

執行結果

```
請輸入年份:2010
請輸入月份:7
列印n年內為閏年的月曆:9


     July 2012
Su Mo Tu We Th Fr Sa
 1  2  3  4  5  6  7
 8  9 10 11 12 13 14
15 16 17 18 19 20 21
22 23 24 25 26 27 28
29 30 31


     July 2016
Su Mo Tu We Th Fr Sa
             1  2
 3  4  5  6  7  8  9
10 11 12 13 14 15 16
17 18 19 20 21 22 23
24 25 26 27 28 29 30
31

以下非閏年: [2010, 2011, 2013, 2014, 2015, 2017, 2018]
2010到2019期間有幾個閏年:2
```

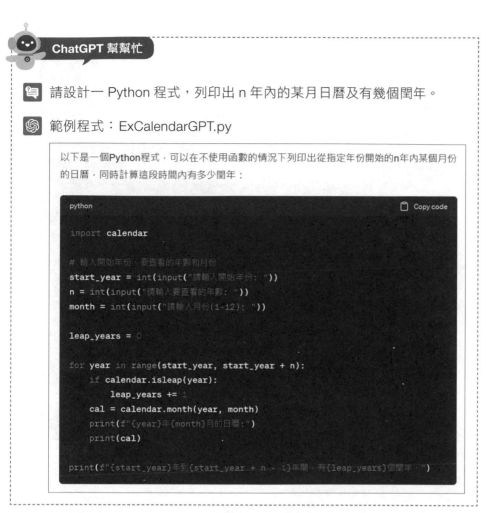

ChatGPT 幫幫忙

請設計一 Python 程式，列印出 n 年內的某月日曆及有幾個閏年。

範例程式：ExCalendarGPT.py

以下是一個**Python**程式，可以在不使用函數的情況下列印出從指定年份開始的n年內某個月份
的日曆，同時計算這段時間內有多少閏年：

```python
import calendar

# 輸入開始年份、要查看的年數和月份
start_year = int(input("請輸入開始年份: "))
n = int(input("請輸入要查看的年數: "))
month = int(input("請輸入月份(1-12): "))

leap_years = 0

for year in range(start_year, start_year + n):
    if calendar.isleap(year):
        leap_years += 1
    cal = calendar.month(year, month)
    print(f"{year}年{month}月的日曆:")
    print(cal)

print(f"{start_year}年到{start_year + n - 1}年間，有{leap_years}個閏年。")
```

8-4 套件管理程式－ pip

除了官方提供的內建程式庫、自訂建立模組外，也能透過其他第三方套件
來協助，更降低開發程式的時間。

8-4-1 第三方套件集中地 PyPI

PyPI（Python Package Index, 簡稱 PyPI）為 Python 第三方套件集中處，可
查看網頁：https://pypi.org。

直接輸入套件名稱搜尋

點擊 browse projects 後將導至如下圖畫面

　　上圖於畫面中查看到搜尋框並輸入欲要查詢的套件名稱，亦或者點擊下方 browse projects 按鈕直接透過分類後的搜尋條件進行瀏覽。

那麼，該如何進行套件安裝呢？點擊套件進入到其詳細內容網頁，左上角會有個 pip install 套件名稱的字樣，接著就可透過 pip 下載套件。

提供指令可透過 pip 管理工具協助安裝

亦提供檔案下載

8-4-2　pip 管理工具

pip（python install package）為 Python 標準庫的 package 管理工具，提供查詢、安裝、升級、移除等功能。如果安裝 Python 未有包含 pip 或者未有勾選安裝，可直接點擊網址：https://bootstrap.pypa.io/get-pip.py，複製其內容到 Python 直譯器另存新檔，於命令提示字元中切換到 get-pip.py 的目錄再執行：

```
python get-pip.py
```

完成 pip 安裝完成後，開啟命令提示字元取得相關支援指令：

```
pip -help
```

綜合範例

1. 使用 random 模組裡的 randint 函數來取得隨機整數，以及利用 shuffle 函數將數列隨機洗牌。

```
8 7 1 5 4
['apple', 'bird', 'tiger', 'quick', 'happy']
```

解答 import.py

```
01   import random
02
03   for i in range(5):
04       a = random.randint(1,10)  # 隨機取得整數
05   print(a,end=' ')
06   print()
07   # 給定 items 數列的初始值
08   word = ['apple','bird','tiger','happy','quick']
09   random.shuffle(word)    # 使用 shuffle 函數打亂字的順序
10   print(word)# 將打亂後字依序輸出
```

課後習題

一、選擇題

( ) 1. 在撰寫程式時，經常會遇到需要從程式外部取得傳入的參數，又該如何去取得這部分的傳入參數值呢？

(A) sys.argv() (B) sys.modules.keys()

(C) sys.modules.values() (D) sys.modules()

( ) 2. 完成 pip 安裝完成後，開啟命令提示字元取得相關支援指令？

(A) pip-h (B) pip-quit (C) pip-answer (D) pip–help

( ) 3. 有關函數的敘述下列何者有誤？

(A) randrange() 函數是在指定範圍內的序列中取得一個亂數

(B) randint() 可以隨機取得浮點數

(C) shuffle() 能在序列中隨機排序

(D) choice() 能從序列中取一個隨機數

( ) 4. 假設已匯入 math 模組，請問下列函數值不正確？

(A) math.sqrt(100)=10.0 (B) math.fabs(-7.55)=7.550

(C) math.fmod(25,3)=1.0 (D) math.floor(-0.8)=-1

( ) 5. random 模組內的函數不包括下列何者？

(A) sample() (B) randint() (C) seed(x) (D) uniform()

( ) 6. 可以用來取得 y1、y2 兩年之間的閏年總數的函數為？

(A) calendar.calendar() (B) calendar.isleap()

(C) calendar.leapdays() (D) calendar.firstweekday()

( ) 7. walk() 是以遞迴方式搜尋底下所有檔案／文件，其返回的元組不包括？

(A) root (B) dirs (C) groups (D) files

（　）8. Python 的內建模組不包括？

　　　(A) calendar　　　(B) datetime　　　(C) sys　　　　　(D) pie

（　）9. 匯入模組的說明下列何者正確？

　　　(A) 模組（Module）其實就是一個程式檔（程式檔名 .py）

　　　(B) 只能一次匯入一個模組

　　　(C) 無法只匯入模組中特定函數

　　　(D) 必須使用系統預設的模組名稱無法另取別名

（　）10. 關於 os 模組功能的說明何者不正確？

　　　(A) os.getcwd() 取得當前工作路徑

　　　(B) os.rename(src, dst) 重新命名檔案名稱

　　　(C) os.listdir(path) 列出指定路徑底下所有的檔案

　　　(D) os.rmdir(path) 建立目錄

二、填充題

1. ＿＿＿＿＿＿＿ 簡單來說就是由一堆 .py 檔集結而成的。

2. json 資料夾中包含許多 .py 檔，其中 ＿＿＿＿＿＿＿ 其作用在於標記檔案夾視為一個套件。

3. 使用模組前必須先使用 ＿＿＿＿＿＿＿ 關鍵字匯入。如果要一次匯入多個模組，則必須以 ＿＿＿＿＿＿＿ 隔開不同的模組名稱。

4. datatime 模組提供了 ＿＿＿＿＿＿＿ 物件可以計算兩個日期或時間的差距。

5. ＿＿＿＿＿＿＿ 函數是在指定的範圍內，依照遞增基數隨機取一個數，所以取出的數一定是遞增基數的倍數。

6. 要查詢模組所在目錄的目錄名列表可匯入 sys 模組並下 ＿＿＿＿＿＿＿ 指令查詢。

7. 為了避免造成命名上的衝突，Python 語言就以 ＿＿＿＿＿＿＿ 這種機制來加以防範。

8. ＿＿＿＿＿＿＿ 提供可針對作業系統相關操作。

9. shuffle(x) 函數是直接將序列 x 打亂，並傳回 ＿＿＿＿＿ 。

10. ＿＿＿＿＿ 函數會回傳目前的日期及時間，並以元組資料型態回傳。

三、問答與實作題

1. 名稱空間可分為哪 3 種？

2. 如何建立自訂模組，試簡述之。

3. 請舉出至少五種常用的內建模組。

4. 要將套件名稱指定別名的語法為何？試舉例之。

5. 如何才能一次匯入多個套件？

6. 試比較 random() 及 uniform() 兩者間的異同？

7. 請問以下程式的執行結果？

```
import datetime
print(datetime.time(21,13,32).hour)
```

8. 試比較 choice() 及 sample() 兩者間的異同？

9. 請問以下程式的執行結果？

```
import math
print(math.gcd(169,26))
```

10. 如果想從 0-1000 間隨機取 10 個 5 的倍數，程式該如何撰寫？

11. 什麼是模組，試簡述之。

12. 請問以下程式的執行結果？

```
import math
print(math.gcd(144,272))
```

13. 如果想從 2-1000 間隨機取 20 個偶數，程式該如何撰寫？

MEMO

視窗程式設計的
贏家工作術

視窗操作模式與文字模式最大的不同點在於使用者與程式之間的操作方式，能讓使用者同時工作數個程式。每個程式在他自己的視窗中執行。在視窗模式下，使用者的操作是經由事件（Event）的觸發與視窗程式溝通，使用圖形方式顯示使用者操作介面（Graphical User Interface, GUI），可以讓一般使用者透過比較直覺的方式來和程式互動，使用者在操作時只需要移動滑鼠游標，點選另一個被賦予功能的圖形，即可執行相對應已設計好的程式，如此達到操作程式的目的。例如下圖就是一種圖形使用者介面。

9-1　建立視窗

　　Python 提供了許多套件來幫助程式人員開發圖形化的視窗應用程式，例如 tkinter、wxPython、PyQt、Kivy、PyGtk 等。本章內容將會以 Python 所提供的 GUI tkinter（Tool Kit Interface）套件為主，tkinter 套件是 Python 中最基本的圖形化工具標準模組。

9-1-1　匯入 tkinter 套件

　　要使用 tkinter 套件之前，必須先匯入模組，為了簡化後續程式的撰寫工作，也可以為套件名稱取一個別名。語法如下：

```
import tkinter as tk  #為套件名稱取一個別名
```

GUI 介面的最外層是一個視窗物件，稱為主視窗，要先建立一個主視窗，才能在上面放置各種元件，例如標籤、按鈕、文字方塊、功能表…等視窗內部的元件，最後才實作事件處理函數。建立主視窗語法如下：

```
主視窗名稱 = tk.Tk()
```

例如視窗變數名稱為 win，建立主視窗的語法如下：

```
win = tk.Tk()
```

主視窗常用的方法有：

方法	說明	實例
geometry(" 寬 x 高 ")	設定主視窗尺寸（「x」是小寫字母 x），如果沒有提供主視窗尺寸的資訊，預設會以視窗內部的元件來決定視窗的寬與高	win.geometry("150x200") 表示設定視窗的寬度 150 像素，高度 200 像素
title(text)	設定主視窗標題列文字	win.title(" 我的第一支視窗程式 ")

當主視窗設定後，還要使用 mainloop() 方法讓程式進入循環監聽模式，來偵測使用者觸發的「事件（Event）」，這個迴圈會一直執行，直到將視窗關閉，語法如下：

```
win.mainloop()
```

以下範例將建立第一個空的視窗。

📎 **範例程式** **tk_main.py** ▶ 建立視窗的第一支程式

```
01  import tkinter as tk
02  win = tk.Tk()
03  win.geometry("400x400")
04  win.title(" 第一支視窗程式 ")
05  win.mainloop()
```

執行結果

程式解析

- 第 1 行：匯入 tkinter 模組，並為套件名稱取一個別名。

- 第 2 行：建立主視窗語法。

- 第 3 行：表示設定視窗的寬度 400 像素，高度 400 像素。

- 第 4 行：設定為主視窗標題列文字。

- 第 5 行：使用 mainloop() 方法讓程式進入循環監聽模式。

9-2 常用視窗元件介紹

　　前面已學會了如何建立一個主視窗，接下來就是將視窗圖形化元件加入到空白視窗，tkinter 套件提供非常多視窗 GUI 的函式庫，讓開發者可以透過常見的元件來設計整個視窗應用程式，接下來，就來介紹常用的 GUI 元件吧！

9-2-1 標籤元件

Label 標籤就是顯示一些唯讀的文字，通常作為標題或是控制物件的說明，我們無法對標籤元件作輸入或修改資料的動作，點擊它也不會觸發任何事件，建立 Label 語法如下：

```
元件名稱 = tk.Label(容器名稱, 參數)
```

容器名稱是指上一層（父類別）容器名稱，當建立了一個標籤元件，就可以指定其文字內容、字型色彩及大小、背景顏色、標籤寬跟高、與容器的水平或垂直間距、文字位置、圖片…等參數，各參數之間用逗號（,）分隔，常用的參數功能如下表：

參數	說明
height	設定高度
width	設定寬度
text	設定標籤的文字

font	設定字型及字體大小，字型會以 Tuple（元組）來表示 font 元素，例如「新細明體」、大小為 14、粗斜體字型的設定方式
	`font =(' 新細明體 ', 14, 'bold', 'italic')`
	字型也可以直接以字串表示，如下所示：
	`" 新細明體 14 bold italic"`

fg	設定標籤的文字顏色，指定顏色可以使用顏色名稱（例如 red、yellow、green）或使用十六進位值顏色代碼，例如紅色 #ff0000、黃色 #ffff00
bg	設定標籤的背景顏色
padx	設定文字與容器的水平間距
pady	設定文字與容器的垂直間距
borderwidth	設標籤框線寬度，可以「bd」取代
image	標籤指定的圖片
justify	設定標籤有多行文字的對齊方式

下例將示範在視窗中顯示 Label 文字標籤。

範例程式 **label.py** ▶ **Label 標籤的使用**

```
01   import tkinter as tk
02   win = tk.Tk()
03   win.title("Label 標籤 ")
04   label = tk.Label(win, text = "Label 標籤 ")
05   label.pack()
06   win.mainloop()
```

執行結果

程式解析

- 第 01 行：這邊是將 tkinter 套件匯入。

- 第 02 行：將 tk.Tk() 指定給 win 變數並建立一個視窗。

- 第 03 行：透過 title() 函式為視窗給定標題名稱。

- 第 04 行：第一個參數為主視窗名稱，第二個參數之後則是 Label 所要顯示的文字敘述以及一些寬度、底線等等的設置。

- 第 05 行：設置完成後，最後須加上 pack() 版面佈局方式，來指定該標籤放置位置。

上述程式中各位應該有注意到第 5 行的 pack 方法，它是一種視窗元件的佈局方式。總共有 3 種佈局方法：pack、grid 以及 place。

pack 方法

pack 方法是最基本的佈局方式，就是由上到下依序放置，常用參數如下：

參數	說明
padx	設定水平間距
pady	設定垂直間距
fill	是否填滿寬度 (x) 或高度 (y)，參數值有 x、y、both、none

參數	說明
expand	左右分散對齊，可以設定 0 跟 1 兩種值，0 表示不要分散；1 表示平均分配
side	設定位置，設定值有 left、right、top、bottom

位置及長寬的單位都是像素（pixel），例如以下程式碼將 2 個按鈕利用 pack 方法加入視窗，其中 width 屬性是按鈕元件的寬度，而 text 屬性為按鈕上的文字。

範例程式 pack.py ▶ 利用 pack 方法加入視窗

```
01  import tkinter as tk
02  win = tk.Tk()
03  win.geometry("400x100")
04  win.title("pack 版面佈局 ")
05
06  taipei=tk.Button(win, width=20, text=" 台北景點 ")
07  taipei.pack(side="top")
08  kaohsiung=tk.Button(win, width=20, text=" 高雄景點 ")
09  kaohsiung.pack(side="top")
10
11  win.mainloop()
```

執行結果

程式解析

- 第 1 行：匯入 tkinter 模組，並為套件名稱取一個別名。
- 第 2 行：建立主視窗語法。
- 第 3 行：表示設定視窗的寬度 400 像素，高度 100 像素。

- 第 4 行：設定為主視窗標題列文字。

- 第 6 ～ 9 行：在視窗中加入按鈕元件，按鈕上的文字為「台北景點」，以 pack() 方法安排版面佈局方式，位置齊上。其他第 8 ～ 9 行加入另外一個按鈕元件。

- 第 11 行：使用 mainloop() 方法讓程式進入循環監聽模式。

🔵 place 方法

place 方法是以元件在視窗中的絕對位置與相對位置來告知系統元件的擺放方式，簡單來說，就是給精確的座標來定位。相對位置的方法是將整個視窗寬度或高度視為「1」，常用參數如下表。

參數	說明
x	以左上角為基準點，x 表示向右偏移多少像素
y	以左上角為基準點，y 表示向下偏移多少像素
relx	相對水平位置，值為 0 ～ 1，視窗中間位置 relx=0.5
rely	相對垂直位置，值為 0 ～ 1，視窗中間位置 rely=0.5
anchor	定位基準點，參數值有下列 9 種： center: 正中心 n、s、e、w：上方中間、下方中間、右方中間、左方中間 ne、nw、se、sw：右上角、左上角、右下角、左下角，例如引數 anchor='nw'，就是前面所講的錨定點是左上角

📎 範例程式　place.py ▶ 利用 place 方法加入視窗

```
01   import tkinter as tk
02   win = tk.Tk()
03   win.geometry("400x100")
04   win.title("pack 版面佈局 ")
05
06   taipei=tk.Button(win, width=30, text=" 台北景點 ")
07   taipei.place(x=10, y=10)
08   kaohsiung=tk.Button(win, width=30, text=" 高雄景點 ")
09   kaohsiung.place(relx=0.5, rely=0.5, anchor="center")
10
11   win.mainloop()
```

執行結果

```
pack版面佈局            —   □   ✕
```
台北景點

高雄景點

程式解析

- ◆ 第 1 行：匯入 tkinter 模組，並為套件名稱取一個別名。
- ◆ 第 2 行：建立主視窗語法。
- ◆ 第 3 行：表示設定視窗的寬度 400 像素，高度 100 像素。
- ◆ 第 4 行：設定為主視窗標題列文字。
- ◆ 第 6 ～ 9 行：在視窗中加入按鈕元件，按鈕上的文字為「台北景點」，以 place() 方法安排版面佈局方式，位置為向右偏移 10 像素，向下偏移 10 像素。
- ◆ 第 8 ～ 9 行：加入另外一個按鈕元件，也以 place() 方法安排版面佈局方式，但設定位置的方式改採用相對位置的方式。
- ◆ 第 11 行：使用 mainloop() 方法讓程式進入循環監聽模式，來偵測使用者觸發的「事件（Event）」。

🔵 grid 方法

grid 方法是利用表格的形式定位，常用的參數如下：

參數	說明
column	設定放在哪一行
columnspan	左右欄合併的數量
padx	設定水平間距，就是單元格左右間距
pady	設定垂直間距，就是單元格上下間距
row	設定放在哪一列

參數	說明
rowspan	上下欄合併的數量
sticky	設定元件排列方式,有 4 種參數值可以設定:n、s、e、w:靠上、靠下、靠右、靠左

範例程式 **grid.py** ▶ 利用 **grid** 方法加入視窗

```
01  import tkinter as tk
02  win = tk.Tk()
03  win.geometry("400x100")
04  win.title("pack 版面佈局 ")
05
06  taipei=tk.Button(win, width=30, text=" 台北景點 ")
07  taipei.grid(column=0,row=0)
08  kaohsiung=tk.Button(win, width=30, text=" 高雄景點 ")
09  kaohsiung.grid(column=0,row=1)
10  ilan=tk.Button(win, width=30, text=" 宜蘭景點 ")
11  ilan.grid(column=1,row=0)
12  tainan=tk.Button(win, width=30, text=" 台南景點 ")
13  tainan.grid(column=1,row=1)
14
15  win.mainloop()
```

執行結果

🪶 pack版面佈局	— ☐ ✕
台北景點	宜蘭景點
高雄景點	台南景點

程式解析

◆ 第 1 行:匯入 tkinter 模組,並為套件名稱取一個別名。

◆ 第 2 行:建立主視窗語法。

◆ 第 3 行:表示設定視窗的寬度 400 像素,高度 100 像素。

+ 第 4 行：設定為主視窗標題列文字。

+ 第 6 ～ 13 行：在視窗中加入按鈕元件，按鈕上的文字為「台北景點」，
  第 9 行以 grid() 方法安排版面佈局方式，欄列位置的索引為 column=0,
  row=0。依序加入其他三個按鈕元件，欄列位置的索引分別為 column=0,
  row=1、column=1, row=0、column=1, row=1。

+ 第 15 行：使用 mainloop() 方法讓程式進入循環監聽模式，來偵測使用者
  觸發的「事件（Event）」。

使用 grid 版面配置的位置就如底下的示意圖，儲存格內的數字分別代表
（column, row）：

	第 0 欄	第 1 欄	第 2 欄
第 0 列	column=0,row=0	column=1,row=0	column=2,row=0
第 1 列	column=0,row=1	column=1,row=1	column=2,row=1
第 2 列	column=0,row=2	column=1,row=2	column=2,row=2

9-2-2　按鈕元件

按鈕元件（Button）的外觀常被設計的較具立體感，使用者直覺反應它是
個可以「按下」的控制物件，建立按鈕元件的語法如下：

```
元件名稱 = tk.Button ( 容器名稱 , [ 參數 1= 值 1, 參數 2= 值 2,…. 參數 n= 值 n])
```

按鈕元件僅能顯示一種文字，但是文字可以跨行，除了保有許多 Label 元
件的參數外，Button 元件多了一個 command 參數，較常用的參數如下表：

參數	說明
textvariable	將按鈕上的文字指定給字串的變數，例如：textvariable=btnvar，之後就可以使用 btnvar.get() 方法取得按鈕上的文字，或使用 btnvar.set() 方法來設定按鈕上的文字
command	事件處理函數
underline	幫按鈕上的字元加上底線，如果不加底線請設定為 -1，0 表示第 1 個字元加底線，1 表示第 2 個字元加底線 ... 以此類推

範例程式 **button.py** ▶ 設置 Button 元件

```
01   import tkinter as tk
02   win = tk.Tk()
03   win.title("Button 按鈕 ")
04   win.geometry('300x200')
05   button = tk.Button(win, text = "Press", underline=0)
06   button.pack()
07   win.mainloop()
```

執行結果

程式解析

◆ 第 05 行：Button 按鈕的第一個參數為主視窗名稱，表示 Button 為其子元件。

第二個參數為按鈕上的文字，第三個參數則要求在第一個字元加上底線。

視窗程式設計的贏家工作術

ChatGPT 幫幫忙

請設計一 Python 程式,設置 Button 元件。

範例程式:buttonGPT.py

當然,您可以設置Button元件而不需要使用額外的函數。以下是一個示例Python程式,其中設置了一個Button元件,當按下按鈕時,它執行一個匿名函數,而不是使用單獨的函數:

```python
import tkinter as tk

# 創建主視窗
root = tk.Tk()
root.title("Button元件示例")

# 創建一個Button元件,並在command參數中使用lambda匿名函數指定要執行的操作
button = tk.Button(root, text="點我", command=lambda: print("按鈕被點擊了!"))
button.pack()

# 啟動主視窗的事件迴圈
root.mainloop()
```

9-2-3 文字方塊元件

文字方塊元件(Entry)可以讓使用者在單行中輸入文字,如果想要輸入多行就要使用 Text 元件。建立 Entry 元件的語法如下:

```
元件名稱 = tk.Entry(容器名稱, 參數)
```

常用的參數如下:

參數	說明
width	寬度
bg	背景色,也可以使用 background 參數

參數	說明
fg	前景色，也可以使用 foreground 參數
state	為輸入狀態，預設值 NORMAL 為可輸入的狀態，如果設定為 DISABLED 則表示無法輸入
show	顯示的字元，通常在建立密碼資料時，可以指定顯示的字元，例如 show='*'，如此一來輸入的資料會以星號來顯示，而不會出現輸入的資料，以達到保密的效果
textvariable	將文字方塊的文字指定給字串的變數，就可以用來取得或設定文字方塊的資料

ChatGPT 幫幫忙

 在文字方塊元件中，如果要建立一個接受密碼輸入的區域，你可以使用哪個參數來指定顯示的字元？

 在文字方塊元件 (Entry) 中，如果要建立一個接受密碼輸入的區域，可以使用 `show` 參數來指定顯示的字元。通常，您可以將 `show` 參數設定為 " 或其他符號，以代表輸入的字元應該以指定的符號來顯示，而不會顯示輸入的實際內容，從而達到保密密碼的效果。例如，`show='*'` 將會以星號 () 來代替輸入的字元，使密碼輸入不可見。

下例將示範在視窗中加入 Entry 單行文字。

範例程式 **entry.py ▶ Entry 單行文字**

```
01   import tkinter as tk
02   win = tk.Tk()
03   win.title(" 密碼資料 ")
04   win.geometry('300x200')
05
06   label = tk.Label(win, text = " 請輸入密碼：")
07   label.pack()
08   entry = tk.Entry(win,bg='yellow',fg='red',show='*')
09   entry.pack()
10
11   win.mainloop()
```

視窗程式設計的贏家工作術

執行結果

程式解析

◆ 第 08 行：Entry 的第一個參數為主視窗名稱；第二個參數之後所呼叫的參數為元件的一些設置，其實 Entry 元件有點像 HTML 單行文字。

9-2-4　文字區塊元件

文字區塊元件（Text）用來儲存或顯示多行文字，屬性和 Entry 元件大多雷同。包括純文字或格式文件，Text 元件也可以被用作文字編輯器。建立 Text 元件的語法如下：

```
元件名稱 =tk.Text( 容器名稱 , 參數 1, 參數 2,…..)
```

Text 元件和 Entry 元件的屬性有許多相同，較特別的參數有：

參數	說明
borderwidth	設定邊框寬度
state	設定元件內容是否允許編輯，預設值為「tk.NORMAL」表示文字元件內容可以編輯；如果參數值為「tk.DISABLED」，表示文字元件內容不可以修改
highlightbackground	將背景色反白
highlightcolor	反白色彩
wrap	換行，預設值 wrap=CHAR，表示當文字長度大於文字方塊寬度時會切段單字換行，如果 wrap=WORD 則不會切斷字。另一個設定值為 NONE，表示不會換行

如果想在已建立的文字方塊設定文字內容，必須呼叫 insert() 方法，語法如下：

```
insert(index, text)
```

■ **index**：依索引值插入字串，有三個常數值：INSERT、CURRENT（目前位置）和 END（將字串加入文字方塊，並結束文字方塊內容）。

■ **text**：欲插入的字串。

 ChatGPT 幫幫忙

 Text 元件是否支援格式文檔的顯示和編輯？

> Text元件通常是用於顯示和編輯純文本的，而不是用於顯示或編輯格式化文檔，例如RTF（Rich Text Format）或HTML。它主要用於處理純文本內容。
>
> 如果您希望在應用程序中顯示或編輯格式文檔，例如RTF或HTML，您通常需要使用特定的文本編輯元件或文本處理庫，這些元件或庫可以處理格式化文檔的解析、顯示和編輯。例如，對於HTML文檔，您可以使用HTML文本編輯器或HTML渲染庫，例如`tkinter`中的`tkhtml`，來實現顯示和編輯HTML內容。
>
> 總結來說，Text元件通常不支援格式文檔的顯示和編輯，但可以使用其他工具和庫來實現這種功能，具體取決於您的需求。

接著示範如何在視窗程式中加入 Text 多行文字。

📄 **範例程式** **text.py** ▶ Text 多行文字

```
01   from tkinter import *
02   sentences=" 玉階生白露，夜久侵羅襪。\n 卻下水晶簾，玲瓏望秋月。"
03   win = Tk()
04   win.title("Text 多行文字 ")
05   win.geometry('300x200')
06   text = Text(win, width = 30, height = 14, bg = "yellow", wrap=WORD)
07   text.insert(END,sentences)
08   text.pack()
09   win.mainloop()
```

視窗程式設計的贏家工作術

執行結果

9-2-5　捲軸元件

捲軸元件（Scrollbar）是用來操控當內容超出視窗大小時，為了幫使用者瀏覽資料，所產生滑動頁面的事件。經常被使用在文字區域（Text）、清單方塊（Listbox）或是畫布（Canvas）等元件，語法如下：

```
Scrollbar ( 父物件 , 參數 1= 設定值 1, 參數 2= 設定值 2, …)
```

這些參數都是選擇性參數，下表較常用的參數：

屬性	說明
background	設背景色，可以「bg」取代
borderwidth	設定框線粗細，可以「bd」取代
width	元件寬度
command	移動捲軸時，會呼叫此參數所指定函數來作為事件處理程式
highlightbackground	反白背景色彩
highlightcolor	反白色彩
activebackground	當使用滑鼠移動捲軸時，捲軸與箭頭的色彩
orient	預設值 =VERTICAL，代表垂直捲軸，orient=HORIZONTAL，代表水平捲軸

ChatGPT 幫幫忙

💬 在使用滑鼠移動捲軸時，activebackground 屬性如何影響捲軸的外觀？

🖥 `activebackground` 屬性是用來指定當使用者將滑鼠游標移至捲軸上方時的背景色彩。這個屬性用於提供視覺反饋，以指示使用者捲軸上的可互動區域。

當使用者將滑鼠游標移至捲軸的可互動部分（例如滾動條或箭頭）時，`activebackground` 屬性指定的顏色將替代正常的背景色彩，從而讓使用者知道他們可以與捲軸進行互動。這有助於提供視覺指引，讓使用者了解捲軸的互動區域。

例如，您可以設定 `activebackground` 屬性為一種顏色，當滑鼠游標移至捲軸上時，捲軸的背景色彩將變為這個顏色，以顯示它是可互動的。當滑鼠離開捲軸區域時，背景色彩將恢復為正常的背景色。

這有助於提高使用者體驗，因為它清晰地指示哪些部分是可以互動的，並引導使用者對捲軸執行相應的操作。

📎 **範例程式** **scrollbar.py** ▶ **ScrollBar（捲軸）**

```
01   import tkinter as tk
02   win = tk.Tk()
03   win.title("ScrollBar 捲軸 ")
04   win.geometry('300x200')
05   text = tk.Text(win, width = "30", height = "5")
06   text.grid(row = 0, column = 0)
07   scrollbar = tk.Scrollbar(command = text.yview, orient = tk.VERTICAL)
08   scrollbar.grid(row = 0, column = 1, sticky = "ns")
09   text.configure(yscrollcommand = scrollbar.set)
10   win.mainloop()
```

視窗程式設計的贏家工作術

執行結果

剛開始畫面上不會出現滾輪軸，當輸入的內容超過 Text 視窗設定的範圍，就會出現滾輪軸可進行滑動的動作。

程式解析

◆ 第 06 行：透過 grid() 以行列的放置位置將 Text 元件置左。

◆ 第 07 行：透過事件綁定，使得 Scrollbar 得以在 Text 元件的 y 軸進行滑動事件以及設定滾輪位置。

◆ 第 08 行：將 scrollbar 對齊 Text 元件並使用 sticky 指定對齊方式。

◆ 第 09 行：最後，Text 元件則再將該位置反饋給 Scrollbar。

9-2-6　訊息方塊元件

訊息方塊元件（Messagebox）是一種有提示訊息的對話方塊，是一種以簡便的訊息來作為使用者與程式間互動的介面，通常用於顯示讓使用者注意的文字，除非使用者看到，否則程式會停在訊息框裡面，就是平時看到的彈出視窗。基本結構如下：

❶　messagebox 的標題列，以參數「title」表示。

❷　代表 messagebox 的小圖示，以參數「icon」表示。

❸　顯示 messagebox 的相關訊息，以參數「message」代表。

❹　顯示 messagebox 的對應按鈕，以參數「type」表示。

訊息方塊元件概分兩大類：「詢問」類和「顯示」類。「詢問」類是以「ask」為開頭，伴隨 2 ～ 3 個按鈕來產生互動行為。而「顯示」類是以「show」開頭，只會顯示一個「確定」鈕。下表為 messagebox 訊息方塊元件常見的方法。

種類	messagebox 方法
詢問	askokcancel（標題 , 訊息 , 選擇性參數）
	askquestion（標題 , 訊息 , 選擇性參數）
	askretrycancel（標題 , 訊息 , 選擇性參數）
	askyesno（標題 , 訊息 , 選擇性參數）
	askyesnocancel（標題 , 訊息 , 選擇性參數）
顯示	showerror（標題 , 訊息 , 選擇性參數）
	showinfo（標題 , 訊息 , 選擇性參數）
	showwarning（標題 , 訊息 , 選擇性參數）

下例將示範訊息類及顯示類兩種訊息方塊。

範例程式 **messagebox.py ▶ GUI 介面 - 訊息方塊**

```
01   from tkinter import *
02   from tkinter import messagebox
03   wnd = Tk()
04   wnd.title(' 訊息方塊元件 (messagebox)')
05   wnd.geometry('180x120+20+50')
06
07   def first():
08       messagebox.showinfo(' 顯示類對話方塊 ',
09               '「顯示」類是以「show」開頭,只會顯示一個「確定」鈕。')
10
11   def second():
12       messagebox.askretrycancel(' 詢問類對話方塊 ',
13               '「詢問」類是以「ask」為開頭,伴隨 2 ～ 3 個按鈕來產生互動。')
14
15   Button(wnd, text=' 顯示類對話方塊 ', command =
16           first).pack(side = 'left', padx = 10)
17   Button(wnd, text=' 詢問類對話方塊 ', command =
18           second).pack(side = 'left')
19   mainloop()
```

執行結果

程式解析

◆ 第 8 ～ 9 行：顯示類訊息方塊的語法實例。

◆ 第 12 ～ 13 行：詢問類訊息方塊的語法實例。

9-2-7 核取按鈕元件

核取按鈕元件（Checkbutton）可以讓使用者多重勾選或全部不選，只要點選 Checkbutton 元件，就會出現打勾的符號，再點選一次，打勾符號就會消失。建立核取按鈕元件的語法如下：

```
元件名稱 =tk.Checkbutton（容器名稱, 參數 1, 參數 2, ….）
```

Checkbutton 常用的參數如下：

屬性	說明
background（或 bg）	設背景色
height	元件高度
width	元件寬度
text	元件中的文字
variable	元件所連結的變數，可取得或設定核取按鈕元件的狀態
command	當選項按鈕被點選後，會呼叫這個參數所設定的函式
textvariable	存取核取按鈕元件的文字

核取方塊有勾選和未勾選兩種狀態。

■ **勾選**：以預設值「1」表示；使用屬性 onvalue 來改變其值。

■ **未勾選**：設定值「0」表示；使用屬性 offvalue 變更設定值。

下例設計可供選修的科目清單，讓使用者勾選想選修的課程。

範例程式 **Checkbutton.py** ▶ **GUI 介面 -Checkbutton**

```
01   from tkinter import *
02   wnd = Tk()
03   wnd.title('Checkbutton 核取方塊 ')
```

視窗程式設計的贏家工作術

```
04
05    def check():  # 回應核取方塊變數狀態
06        print(' 這學期預定選修的科目包括 :', var1.get(), var2.get()
07            ,var3.get())
08
09    ft1 =(' 新細明體 ', 14)
10    ft2 = (' 標楷體 ', 18)
11    lb1=Label(wnd, text = ' 選修的科目：', font = ft1).pack()
12    item1 = ' 人工智慧 '
13    var1 = StringVar()
14    chk1 = Checkbutton(wnd, text = item1, font = ft1,
15        variable = var1, onvalue = item1, offvalue = '')
16    chk1.pack()
17    item2 = ' 程式語言 '
18    var2 = StringVar()
19    chk2 = Checkbutton(wnd, text = item2, font = ft1,
20        variable = var2, onvalue = item2, offvalue = '')
21    chk2.pack()
22    item3 = ' 數位行銷 '
23    var3 = StringVar()
24    chk3 = Checkbutton(wnd, text = item3, font = ft1,
25        variable = var3, onvalue = item3, offvalue = '')
26    chk3.pack()
27    btnShow = Button(wnd, text = ' 列出選修結果 ', font = ft2,
28        command = check)
29    btnShow.pack()
30    mainloop()
```

執行結果

```
Python 3.7.3 (v3.7.3:ef4ec6ed12, Mar 25 2019, 21:26:53) [MSC v.1916 32
bit (Intel)] on win32
Type "help", "copyright", "credits" or "license()" for more informatio
n.
>>>
===================== RESTART: D:/進行中書籍/博碩_Python/範例檔/ch09/Chec
kbutton.py =====================
>>>
===================== RESTART: D:/進行中書籍/博碩_Python/範例檔/ch09/Chec
kbutton.py =====================
這學期預定選修的科目包括：人工智慧 程式語言
```

Checkbutton 核取...

選修的科目：

☑ 人工智慧

☑ 程式語言

☐ 數位行銷

列出選修結果

程式解析

- 第 5 ～ 7 行：定義 check() 函數回應核取方塊變數狀態。

- 第 12 行：設定變數 item1 來作為核取方塊的屬性 text、onvalue 的屬性值。

- 第 13 行：將變數 var1 轉為字串，並指定給屬性 variable 使用，藉以回傳核取方塊「已核取」或「未核取」的回傳值。

- 第 14 ～ 15 行：產生核取方塊，並設定 onvalue、offvalue 屬性值。

- 第 27 ～ 28 行：呼叫 check() 方法做回應。

ChatGPT 幫幫忙

💬 請設計一 Python 程式，供選修的科目清單並讓使用者勾選想選修的課程。

💲 範例程式：CheckbuttonGPT.py

以下是一個示例Python程式，使用 `tkinter` 來創建一個可供使用者選擇的科目清單，並讓使用者勾選他們想選修的課程：

```python
import tkinter as tk

# 創建主視窗
root = tk.Tk()
root.title("選修課程清單")

# 創建一個空的列表，用於存儲選修的課程
selected_courses = []

# 定義一個函數，用於處理勾選課程的操作
def select_course(course_name):
    if course_name not in selected_courses:
        selected_courses.append(course_name)
    else:
        selected_courses.remove(course_name)

# 創建多個勾選框，每個代表一門課程
course_checkboxes = []
courses = ["數學", "科學", "歷史", "藝術"]
```

9-2-8　單選按鈕元件

單選按鈕元件（Radiobutton）所提供的選項列表只能選其中一個，無法多選。例如詢問一個人的國籍、性別、膚色…等。要建立 Radiobutton 的語法如下：

```
元件名稱 =tk.Radiobutton ( 容器名稱 , 參數 1, 參數 2,…)
```

Radiobutton（單選按鈕）常用的參數如下：

屬性	說明
font	設定字型
height	元件高度
width	元件寬度
text	元件中的文字
variable	元件所連結的變數，可以取得或設定目前的選取按鈕
value	設定使用者點選後的選項按鈕的值，利用這個值來區分不同的選項按鈕
command	當選項按鈕被點選後，會呼叫這個參數所設定的函式
textvariable	用來存取按鈕上的文字

範例程式　Radiobutton.py ▶ GUI 介面 - Radiobutton

```python
01   from tkinter import *
02   wnd = Tk()
03   wnd.title('Radiobutton 元件 ')
04   def select():
05       print(' 你的選項是 :', var.get())
06
07   ft = (' 標楷體 ', 14)
08   Label(wnd,
09       text = " 請問您的最高學歷 : ", font = ft,
10       justify = LEFT, padx = 20).pack()
11   place = [(' 博士 ', 1), (' 碩士 ', 2),(' 大學 ', 3),
12           (' 高中 ', 4),(' 國中 ', 5),(' 國小 ', 6)]
13   var = IntVar()
14   var.set(2)
15   for item, val in place:
```

```
16          Radiobutton(wnd, text = item, value = val,
17              font = ft, variable = var, padx = 20,
18              command = select).pack(anchor = W)
19  mainloop()
```

執行結果

程式解析

- 第 4 ～ 5 行：定義 select() 函數。

- 第 13、14 行：將被選的單選按鈕以 IntVar() 方法來轉為數值，再以 set() 方法指定第三個單選按鈕為預設值。

- 第 15 ～ 18 行：以 for 迴圈來產生單選按鈕並讀取 place 串列的元素，並利用屬性 variable 來取得變數值後，再透過 command 來呼叫函數，來顯示目前是哪一個單選按鈕被選取。

9-2-9 功能表元件

功能表元件（Menu）通常位於視窗標題列下方，它是一種將相關指令集中在一起的下拉的彈出式選單，只要使用者去按某個指令，就會彈出的選項列表，再從其中選擇要執行的工作。不過 Menu 元件只能產生功能表的骨架，還必須配合 Menu 元件的相關方法。下表列出與 Menu 元件有關的方法：

方法	說明
activate(index)	動態方法
add(type, **options)	增加功能表項目
add_cascade(**options)	新增主功能表項目
add_checkbutton(**options)	加入 checkbutton（核取方塊）
add_command(**options)	以按鈕形式新增子功能表項目
add_radiobutton(**options)	以單選按鈕形式新增子功能表項目
add_separator(**options)	加入分隔線，用於子功能表的項目之間

接著將以實例說明建立功能表的過程。

範例程式 **menu1.py** ▶ 功能表

```
01  import tkinter as tk
02  win = tk.Tk()
03  win.title("")
04  win.geometry('300x200')
05  menubar = tk.Menu(win)
06  win.config(menu = menubar)
07  file_menu = tk.Menu(menubar)
08  menubar.add_cascade(label = "檔案", menu = file_menu)
09  edit_menu = tk.Menu(menubar)
10  menubar.add_cascade(label = "編輯", menu = edit_menu)
11  run_menu = tk.Menu(menubar)
12  menubar.add_cascade(label = "執行", menu =run_menu)
13  window_menu = tk.Menu(menubar)
14  menubar.add_cascade(label = "視窗", menu = window_menu)
15  online_menu = tk.Menu(menubar)
16  menubar.add_cascade(label = "線上說明", menu = online_menu)
17  win.mainloop()
```

在建立功能表之前需要先有個功能表列，如上述程式碼中 05 行將先行建立一個功能表列，緊接著第 06 行 win.config(menu = menubar) 則是將功能表列 menubar 指向給 win 的 menu，這道指令表示 menubar 只用在添加子功能，之後加入的功能則會顯示在 menubar 中。

視窗程式設計的贏家工作術

而第 07 ～ 16 行則是示範如何在視窗中建立主功能表，執行結果如下：

目前所建立的每項主功能都還沒有子功能，如果各位想要在主功能中新增子功能，則必須透過 add_command 指令。接著請各位分別在第 8、10、12 行插入以下程式碼：

第 8 行

```
file_menu.add_command(label = " 開啟舊檔 ")
```

第 10 行

```
edit_menu.add_command(label = " 復原 ")
```

第 12 行

```
run_menu.add_command(label = " 編譯及執行本程式 ")
```

加入上述四行程式碼後，完整的程式碼如下：

範例程式 **menu2.py** ▶ 功能表

```
01  import tkinter as tk
02  win = tk.Tk()
03  win.title("")
04  win.geometry('300x200')
05  menubar = tk.Menu(win,tearoff=0)
```

```
06   win.config(menu = menubar)
07   file_menu = tk.Menu(menubar,tearoff=0)
08   menubar.add_cascade(label = " 檔案 ", menu = file_menu)
09   file_menu.add_command(label = " 開啟舊檔 ")
10   edit_menu = tk.Menu(menubar)
11   menubar.add_cascade(label = " 編輯 ", menu = edit_menu)
12   edit_menu.add_command(label = " 復原 ")
13   run_menu = tk.Menu(menubar)
14   menubar.add_cascade(label = " 執行 ", menu =run_menu)
15   run_menu.add_command(label = " 編譯及執行本程式 ")
16   window_menu = tk.Menu(menubar)
17   menubar.add_cascade(label = " 視窗 ", menu = window_menu)
18   online_menu = tk.Menu(menubar)
19   menubar.add_cascade(label = " 線上說明 ", menu = online_menu)
20   win.mainloop()
```

執行結果

在上圖畫面中，各位應該有注意到所新增的子功能上方有條分隔線，如果使用者點擊分隔線，則會脫離目前的功能列表產生新的視窗，如下圖所示：

如果要將分隔線移除，只要在建立檔案功能表中將 tearoff 參數設定為 0 即可，例如：

```
file_menu = tk.Menu(menubar,tearoff=0)
```

　　重新執行之後，就會發現當開啟「檔案」功能表時，只會出現「開啟舊檔」選項的子功能，在新增的子功能上方的分隔線已消失不見了。

課後習題

一、選擇題

( ) 1. 下列哪一個不是視窗元件佈局方法？

    (A) pack   (B) grid   (C) place   (D) table

( ) 2. 下列關於視窗程式設計的描述何者不正確？

    (A) GUI 介面的最外層是一個視窗物件，稱為主視窗

    (B) 當主視窗設定後，還要使用 mainloop() 方法讓程式進入循環監聽模式

    (C) tkinter 套件內的方法可以直接使用無需事先匯入

    (D) 主視窗建立後才能在上面放置各種元件

( ) 3. 下列關於視窗程式設計元件的描述何者不正確？

    (A) Label 標籤就是顯示一些唯讀的文字

    (B) 按鈕元件僅能顯示一行文字

    (C) 要輸入多行就要使用 Text 元件

    (D) Checkbutton 元件可以讓使用者多重選擇

( ) 4. 下列哪一個套件無法協助開發視窗程式設計？

    (A) wxPython   (B) PyGtk   (C) tkinter   (D) numpy

( ) 5. 利用表格的形式定位的佈局方式為何？

    (A) grid   (B) table   (C) place   (D) pack

( ) 6. 當主視窗設定完成之後必須讓哪一道指令程式進入循環監聽模式，來偵測使用者觸發的「事件（Event）」，這個迴圈會一直執行，直到將視窗關閉？

    (A) main()   (B) init()   (C) super()   (D) mainloop()

( ) 7. 哪一種版面佈局方式是以元件在視窗中的絕對位置與相對位置來告知系統元件的擺放方式？

    (A) pack   (B) cell   (C) grid   (D) place

二、填充題

1. _____ 方法是最基本的版面佈局方式，就是由上到下依序放置。

2. _____ 元件可以讓使用者做多重選擇或全部不選。

3. _____ 元件主要功能是用來顯示唯讀的文字敘述。

4. 當使用者按下按鈕時會觸發 _____ 事件，並呼叫對應的事件處理方法進行後續的處理工作。

5. Button 元件的 _____ 參數必須設定一個函數名稱，當使用者按下按鈕時，就必須呼叫這個函數。

6. _____ 元件是一種有提示訊息的對話方塊。

7. 在視窗模式下，使用者的操作是經由 _____ 的觸發與視窗程式溝通。

8. 視窗元件的佈局方法有三：_____ 、 _____ 以及 _____ 。

9. _____ 元件可以用來繪圖，包括線條、幾何圖形或文字等。

10. _____ 元件用來顯示或編輯多行文字，包括純文字或具有格式的文件，也可以被用作文字編輯器。

三、問答與實作題

1. 請簡單說明 grid 版面配置的位置的示意圖。

2. 請簡述建立視窗程式的基本流程。

3. 請寫出下列表格中所陳述功能的 Label 標籤元件常用參數的名稱？

參數	說明
	設定高度
	設定標籤的文字
	設定標籤的背景顏色
	設定文字與容器的垂直間距
	設定標籤有多行文字的對齊方式

4. 請配對下列各元件的功能說明。

(A) Scroolbar   ❶ 是一種有提示訊息的對話方塊

(B) messagebox)   ❷ 在單行的文字方塊中輸入簡單的資料

(C) Entry   ❸ 用來儲存或顯示多行文字

(D) Text   ❹ 當內容超出視窗大小時，為了幫使用者瀏覽資料，所產生滑動頁面的事件。

5. place() 視窗佈局方式的參數 anchor，其參數值有哪 9 個？

6. 請簡述訊息方塊元件的類別。

7. 請簡述使用者如何與圖形使用者介面的程式進行溝通？

8. Python 提供了哪幾種常見的套件，協助程式人員開發圖形化的視窗應用程式。

9. 請說明 pack 版面佈局的元件擺放規則。

10. 請寫出下列程式碼第 7 行建立視窗應用程式，讓程式進入循環監聽模式。

```
01  # -*- coding: utf-8 -*-
02
03  import tkinter as tk
04  win = tk.Tk()
05  win.geometry("400x400")
06  win.title(" 視窗程式 ")
07
```

11. 請以 grid 方法設計如下的執行外觀。

January	Februry	March
April	May	June
July	August	September
October	November	December

12. 請設計如下的視窗執行外觀。

13. 視窗操作模式與文字模式最大的不同點？

14. 試簡述事件處理的運作機制。

10
CHAPTER

檔案輸入與輸出的
速學技巧

當 Python 的程式執行完畢之後，所有儲存在記憶體的資料都會消失，這時如果需要將執行結果儲存在不會揮發的儲存媒體上（如硬碟等），必須透過檔案模式來加以保存。簡單來說，所謂「檔案」是一種儲存資料的單位，它能將資料存放在非揮發性（Non-volatile）的儲存媒介中，例如硬碟、光碟…等等。檔案還包含了日期、唯讀、隱藏等等存取資訊。Python 也提供了許多相關的功能讓開發人員可以容易地進行檔案的操作。

10-1 檔案功能簡介

事實上，所有程式所產生的資料都可以存成檔案，如此資料才能累積再利用。每個檔案都必須有一個代表它的檔案名稱（File Name），檔名可區分成「主檔名」與「副檔名」，中間以點（.）做分隔，透過這樣的命名方式可以清楚分辨其名稱與類型。如下所示：

主檔名 . 副檔名

「副檔名」的功能在於記錄檔案的類型，下表列出一些常用的副檔名：

副檔名	檔案類型
.py	Python 原始程式檔
.gif	Gif 格式的影像檔
.zip	Zip 格式的壓縮檔
.txt	純文字檔
.html .htm	網頁檔

首先須先了解關於檔案操作等等功能的模組，如：os、pathlib…等等，在前面章節有稍微提到關於 os 功能，相信大家對於這部分應是不太陌生。

ChatGPT 幫幫忙

在 Python 中，os 和 pathlib 模組之間有什麼主要的不同，以及在什麼情況下應該使用哪一個模組？

`os` 和 `pathlib` 都是 Python 中用於處理檔案和目錄路徑的模組，但它們有一些重要的不同之處：

1. `os` 模組：
   - `os` 模組是較早的模組，提供了許多用於操作檔案系統的功能，如建立、刪除、重命名、列出目錄內容、取得檔案屬性等。
   - `os` 使用字串路徑表示，這意味著您需要手動處理路徑的連接和正確性檢查。
   - `os` 的程式碼通常需要使用不同的路徑分隔符號（例如，Windows 使用反斜線 `\`，Unix-like 系統使用正斜線 `/`），這可能會導致可移植性問題。
   - 建議在舊的 Python 程式或需要與舊程式碼相容的情況下使用 `os` 模組。
2. `pathlib` 模組：
   - `pathlib` 模組是 Python 3.4 版本引入的，它提供了一個面向物件的 API，使檔案路徑操作更容易和更具可讀性。
   - `pathlib` 使用 `Path` 物件來表示路徑，並提供了一個豐富的方法和屬性，用於路徑操作，例如 `Path.resolve()`、`Path.parent`、`Path.joinpath()` 等。
   - `pathlib` 可以處理不同作業系統的路徑分隔符號，因此在跨平台開發中更具可移植性。
   - 建議在新的 Python 程式中使用 `pathlib`，因為它提供了更清晰、更強大和更可讀的 API。

10-1-1　檔案分類

檔案儲存的種類可以分文字檔（Text File）與二進位檔（Binary File）兩種。分別說明如下：

📃 文字檔

文字檔是以字元編碼的方式進行儲存，在 Windows 作業系統的記事本（NotePad）程式中，則預設以 ASCII 編碼來儲存文字檔，每個字元佔有 1 位元組。例如在文字檔中存入 10 位數整數 1234567890，由於是以字元格式循序存入，所以總共需要 10 位元組來儲存。

二進位檔

所謂二進位檔，就是以二進位格式儲存，將記憶體中資料原封不動儲存至檔案之中，適用於非字元為主的資料。如果以記事本程式開啟，各位只會看到一堆亂碼喔！

其實除了字元為主的文字檔外，所有的資料都可以說是二進位檔，例如編譯過後的程式檔案、圖片或影片檔案等。二進位檔的最大優點在於存取速度快、占用空間小以及可隨機存取資料，在資料庫應用上較文字檔案來得適合。

10-1-2 循序式與隨機式檔案

對於檔案存取方式，通常可分為以下兩種，循序式存取（Sequential Access）與隨機式存取（Random Access）。說明如下：

循序式存取（Sequential Access）

也就是由上往下，一筆一筆讀取檔案的內容。如果要儲存資料時，則將資料附加在檔案的尾端，這種存取方式常用於文字檔案，而被存取的檔案則稱為循序檔。

隨機式存取（Random Access）

可以指定檔案讀取指標的位置，從檔案中的任一位置讀出或寫入資料，此時稱此被存取的檔案為隨機存取檔。而所謂的「隨機存取檔」多半是以二進位檔案為主，會以一個完整單位來進行資料的寫入。

10-1-3 檔案功能模組

除了前面針對檔案稍提到的一些基礎功能操作之外，一些和檔案功能相關的模組如下：

功能模組	用途
os.path	取得檔案的屬性
pathlib	類似於 os 功能，屬於更高階且完整的檔案系統功能，並適用於不同操作系統
shutil	用於檔案移動、複製以及權限管理
fileinput	可針對一個或多個檔案的內容操作
tempfile	用於建立臨時檔案以及目錄，關閉後會自動刪除
glob	查詢符合關鍵字的文件路徑名
fnmatch	查詢符合關鍵字的文件路徑名，與 glob 很相似，但該函式還需搭配使用 os.listdir 取得文件列表
linecache	返回文件中所指定行數的內容

對於檔案處理的功能也算是提供相當多樣的方法，接著將介紹些常用的方法。

shutil

os 提供檔案搜尋、建立等等，唯獨少了複製、移動的功能性。shutil 則可以補足其缺點。

函式	參數	用途
shutil.copyfile(src, dst)	src、dst- 檔名或路徑	src 複製檔案至 dst • 若 src 同於 dst 會顯示 SameFileError • dst 已含有檔案則直接覆蓋
shutil.copy2(src, dst)		複製相關檔案資訊至 dst
shutil.move(src, dst)		移動檔案

下例將以 shutil 模組示範如何進行檔案的複製與移動。

範例程式 **ExShutil.py** ▶ 複製並移動檔案

```
01    import shutil, pathlib
02
03    file = str(input(" 請輸入欲要複製的檔名 ( 可含副檔名 )："))
04    copyFile = str(input(" 請輸入複製檔案的名稱 ( 可含副檔名 ):"))
05
06    path = pathlib.Path.cwd() / copyFile
07
08    if path.exists() == True:
09        print("\n 該檔名已存在 ")
10    else:
11        is_Success = shutil.copyfile(file, copyFile)
12        print(" 已複製完成檔案 {}：".format(is_Success))
13
14        is_Move = shutil.move(copyFile, "D:\\")
15        print(" 並移動至該路徑：{}".format(is_Move))
```

執行結果

```
請輸入欲要複製的檔名 ( 可含副檔名 )：test.py
請輸入複製檔案的名稱 ( 可含副檔名 )：test1.py
已複製完成檔案test1.py：
並移動至該路徑：D:\test1.py
```

程式解析

+ 第 06 行：取得複製檔完整路徑。

+ 第 08 ～ 09 行：判斷該檔名是否存在。

+ 第 11 ～ 12 行：若檔名未存在則複製檔案。

+ 第 14 ～ 15 行：複製後並移動檔案。

檔案輸入與輸出的速學技巧

ChatGPT 幫幫忙

💬 請設計一 Python 程式，能讓使用者複製並移動檔案。

⑤ 範例程式：ExShutilGPT.py

以下是一個Python程式，它允許使用者複製和移動檔案，而不需要建立函數：

```python
import shutil

source_path = input("請輸入要複製或移動的檔案的完整路徑：")
destination_path = input("請輸入目標路徑：")

operation = input("請選擇操作（複製-1 / 移動-2）：")

if operation == "1":
    try:
        # 使用shutil.copy()函式複製檔案
        shutil.copy(source_path, destination_path)
        print(f"已成功複製檔案從 {source_path} 到 {destination_path}")
    except Exception as e:
        print(f"複製檔案時發生錯誤：{e}")
elif operation == "2":
    try:
        # 使用shutil.move()函式移動檔案
        shutil.move(source_path, destination_path)
        print(f"已成功移動檔案從 {source_path} 到 {destination_path}")
    except Exception as e:
        print(f"移動檔案時發生錯誤：{e}")
```

💬 linecache

linecache 可從檔案中取得任何行中的內容，取得後則會存在快取區。

函式	參數	用途
linecache.getlines(filename)	filename – 檔名	返回檔案中全部內容，每行以序列為結構
linecache.getline(filename, lineno)	filename – 檔名 lineno– 行數	返回檔案第 N 行內容

函式	參數	用途
linecache.clearcache()		清除快取
linecache.checkcache([filename])	filename – 檔名	檔案若有異動則檢查快取區數據並更新
linecache.updatecache(filename)	filename – 檔名	檔案若有異動則更新快取區數據

下例將取得 test.txt 檔案中內容並打亂順序後隨機抽取其中一項內容。

範例程式 **ExLinecache.py** ▶ linecache 的應用實例

```
01   import linecache, random
02
03   fileName = str(input("請輸入欲要取得內容檔名 (txt 檔)："))
04   times = int(input("請輸入需要打亂次數："))
05
06   if ".txt" not in fileName:
07       fileName = fileName + ".txt"
08
09   getLines = linecache.getlines(fileName)
10   print("取得 {} 檔案原內容：\n{}".format(fileName.replace(".txt", ""),
     getLines))
11
12   for i in range(times):
13       random.shuffle(getLines)
14
15   print("\n 隨機抽取：", random.choice(getLines))
```

執行結果

```
請輸入欲要取得內容檔名(txt檔)：test
請輸入需要打亂次數：5
取得test檔案原內容：
['Hello Python!!\n', 'My name is John.\n', 'I love programming.\n',
 'Time create heroes.\n', 'Happy new year.\n']

隨機抽取： My name is John.
```

程式解析

- ➡ 第 03 ～ 04 行：提供使用者輸入。

- ➡ 第 06 ～ 07 行：若檔名未有副檔名存在則加上。

- ➡ 第 09 ～ 10 行：getlines() 取得檔案全內容。

- 第 12 ～ 13 行：依照使用者輸入次數打亂序列中排序。

- 第 15 行：之後隨機抽取序列中的資料。

ChatGPT 幫幫忙

📨 請設計一 Python 程式，使用 linecache 將取得 test.txt 檔案中內容，並打亂順序後隨機抽取其中一項內容並輸出 test.txt 內容。

💬 範例程式：ExLinecacheGPT.py

你可以使用 `linecache` 模組來實現這個功能，以下是一個Python程式，它使用 `linecache` 從 `test.txt` 檔案中讀取內容，將內容打亂順序，隨機抽取其中一項內容，並同時輸出整個 `test.txt` 的內容：

```python
python                                          Copy code

import linecache
import random

# 檔案路徑
file_path = 'test.txt'

# 讀取檔案的行數
num_lines = sum(1 for line in open(file_path))

# 隨機選擇一個行號
random_line_number = random.randint(1, num_lines)

# 使用 linecache 讀取隨機選擇的行
random_line = linecache.getline(file_path, random_line_number)

# 打印隨機抽取的內容
print("隨機抽取的內容是:")
```

10-2 認識檔案與開啟

Python 標準庫也提供簡單開啟檔案的方法：

```
open()
```

10-2-1 檔案開啟 –open() 函式

open() 為 Python 內建的函式，可用於針對檔案進行 I/O 的動作，若無法開啟檔案，則會拋出例外（OSError），較簡便語法格式如下：

```
open(file, mode='r')
```

較為完整的語法格式為：

```
open(file[, mode='r', buffering=-1, errors=None, encoding=None, newline=
None, closefd=True, opener=None])
```

其參數說明：

■ **file**：檔案路徑（相對 / 絕對路徑），必填。

■ **mode**：指定打開檔案的模式，預設為 r，相關模式種類：

字元	說明
r	僅讀取檔案，其為預設模式
t	文本模式，為預設值，同義詞 'rt'
w	僅用於寫入 1. 檔案已存在則清空其內容，並重新寫入新內容 2. 檔案不存在將會建立新檔案
x	僅用於寫入 1. 檔案已存在則會出現錯誤
a	僅用於寫入，用於追加其內容 1. 檔案已存在，指標會放在該檔案內容的結尾處。簡單來說，新寫入的內容將會在已有內容之後 2. 檔案不存在將會建立新檔案
b	二進位制模式
+	打開檔案進行更新（可讀寫）

■ **buffering**：由於寫入的資料最後皆會需要寫入硬碟中，這部份可理解為其寫入硬碟時的快取區（又或者可稱為暫存區）。可取值規範為三個：-1、0、1、>1。

• -1 代表系統預設 buffer 大小（io.DEFAULT_BUFFER_SIZE）

- 0 代表不使用 buffer（Unbuffered），且僅適用於二進位制模式

- 1 代表行緩衝（Line Buffering）

- >1 代表指定緩衝區大小且僅適用於二進位制模式

■ **errors**：用於指定處理編碼和解碼錯誤，不可用於二進位制模式。較為常見有：

- strict：若編碼錯誤則會顯示錯誤

- ignore：編碼如果問題，程式將會忽略並往下進行程式執行

■ **encoding**：返回的資料為哪種編碼，一般採用 uft8。

■ **newline**：區分換行符號，僅適用於文本模式。其取的值包含：None、''、\n、\r、'\r\n'。

一般如果沒有特殊需求，open() 方法較常會使用 file 以及 mode 兩個參數。其餘參數則可填可不填。

ChatGPT 幫幫忙

在二進位制模式下（使用 'b' 模式），為什麼不使用行緩衝（Line Buffering）？

在二進位制模式下（使用'b'模式），通常不使用行緩衝（line buffering）的原因是因為這種緩衝模式主要針對文本模式（使用't'或預設值）而設計，而不適用於二進位制模式。

以下是為什麼不使用行緩衝的一些原因：

1. **行緩衝與文本模式相關**：行緩衝是針對文本檔案中的文本行（以換行符號分隔的文本）設計的。當在文本模式下進行讀寫操作時，行緩衝可以確保每次寫入的文本行都被完整寫入，而不會混合不同行的內容。在二進位制模式下，檔案可能包含各種二進位數據，而不僅僅是文本，因此行緩衝並不適用。

2. **二進位制模式通常不需要緩衝**：在二進位制模式下，通常不需要像文本模式那樣的行緩衝，因為你可能會對檔案進行特定位元組或二進位數據的讀寫，而不關心文本行。因此，在這種情況下，緩衝區的行為不僅不必要，而且可能會導致不必要的緩衝操作，使操作更複雜。

總之，行緩衝在文本模式下有其用處，但在二進位制模式下通常不需要，因為這兩種模式的特性和需求不同。因此，當使用'b'模式打開檔案時，通常會選擇不使用緩衝（unbuffered），以確保直接進行位元組或二進位數據的讀寫，而不會受到行緩衝的限制。

10-2-2　設定正確的檔案編碼

　　檔案處理時，如果檔案設定的編碼和檔案讀取指定的編碼不同，會造成檔案判讀上的錯誤，以繁體中文 Windows 為例，其檔案開啟 open() 函數預設的編碼是 cp950，即 Big-5 編碼。前面提到開啟檔案的方式是以 Windows 預設的編碼方式（cp950 的 Big-5 碼的編碼方式）來讀取檔案，如果想在開啟檔案時明確指定編碼方式，作法如下：

```
file1=open('introduct.txt', 'r', encoding='cp950')
```

　　萬一在讀取檔案時，指定的檔案編碼方式和實際該檔案的編碼方式不同，就會造成檔案開啟的錯誤。例如檔案在 Windows「記事本」是以 UTF-8 的編碼格式存檔，如果我們在使用 open() 函數開啟檔案時，如果指定了 cp950 的編碼，就會造成錯誤。下圖秀出 test_encode.txt 在存檔時以 UTF-8 編碼格式存檔。

　　如果各位在開啟檔案時，以指定 cp950 編碼的方式去開啟 test_encode.txt（編碼格式為 UTF-8），就會出現錯誤訊息，例如底下指令：

```
obj=open('test_encode.txt',r, encoding='cp950')
```

為了修正這項錯誤，就必須將 encoding='cp950' 修正成 encoding='UTF-8'，就可以正常顯示檔案內容。指令修改如下：

```
obj=open('test_encode.txt',r, encoding=' UTF-8')
```

10-2-3 建立 / 讀取檔案

上一小節已取得其模式定義，緊接著就可以開啟檔案進行讀寫。

```
file = open("test.txt", mode='w')
```

由於在當前目錄底下沒有該檔案存在，則該模式會自動新增一個檔案。此時我們也將獲得 open() 函式返回該檔案相關訊息並指向給 file 變數。但是如果失敗，就會發生錯誤，提醒各位，在執行完檔案操作後，記得一定要利用 close() 函數做關閉檔案的動作，雖然程式在完全結束前會自動關閉所有開啟的檔案。但仍有兩種情況需要手動關閉檔案，第一種是開啟過多的檔案導致系統運行緩慢，第二種是開啟檔案數目超過作業系統同一時間所能開啟的檔案數目，如此便要手動釋放不再使用的檔案來提高系統整體執行效率。語法如下：

```
file.close()
```

當 file 變數取得相關檔案訊息時，含有以下屬性：

屬性	說明
file.closed	若檔案已關閉為 True；反之為 False
file.mode	返回開啟檔案的定義模式
file.name	返回檔案名稱

若要為檔案內增加內容需要透過該函式：

函式	參數	用途
file.write(str)	str – 字串	將字串寫入檔案並返回字串長度
file.writelines(sequence)	sequence – 序列	將序列中的字串寫入檔案，如需換行則可制定換行符號

由以下函式進行讀取：

函式	參數	用途
file.read([size])	size – 指定讀取的位元組，為 int 型態	用於從檔案讀取指定位元組範圍的字串 ● 若未指定或負則讀取所有
file.readline([size])	size – 指定讀取的位元組，為 int 型態	用於讀取檔案整行字串，包含 "\n" 換行符 ● 若未指定，讀取整行 ● 如指定非負數，則返回指定位元組範圍的字串
file.readlines([size])	size – 指定讀取的位元組，為 int 型態	用於讀取所有行並以序列結構返回 ● 如指定非負數，則返回指定位元組範圍中的序列結構

底下我們再摘要說明這三種檔案讀取函數三者間的特點：

■ 我們可以在 read() 方法中傳入一個參數來告知要讀取幾個字元。

■ read() 方法是一次讀取一個字元，但是 readline() 方法可以整行讀取，並將整行的資料內容以字串的方式回傳，如果所傳回的是空字串，就表示已讀取到檔案的結尾。

■ readlines() 方法會一次讀取檔案所有行，再以串列（List）的型式傳回所有行底下的例子，將示範這三種檔案讀取方式的語法實作。

範例程式 **ExReadAndWrite.py** ▶ 建立並讀取檔案

```
01  file_a = open("book.txt", "a")
02  file_a.write("Python 程式設計 ")
03  file_a.writelines(["\n 資料結構與演算法 ", "\n 網路行銷與電子商務 "])
04  file_a.close()
05
06  file_r = open("book.txt", "r")
07  print(" 讀取檔案 (read)：", file_r.read())
08  file_r.seek(0)
09  print(" 讀取檔案 (readline)：", file_r.readline())
```

```
10  file_r.seek(0)
11  print(" 讀取檔案 (readlines)：", file_r.readlines())
12  file_r.close()
```

執行結果

```
讀取檔案(read)： Python程式設計
資料結構與演算法
網路行銷與電子商務
讀取檔案(readline)： Python程式設計

讀取檔案(readlines)： ['Python程式設計\n', '資料結構與演算法\n', '網路行銷與
電子商務']
```

程式解析

- ◆ 第 01 行：指定開啟檔案模式以及檔名，並將返回檔案相關訊息指向給變數。

- ◆ 第 02 ～ 03 行：分別透過 write()、writelines() 函式寫入資料。

- ◆ 第 06 ～ 11 行：三種皆為讀取檔案，差別在於取得資料的作用不同。

- ◆ 第 08、10 行：將檔案游標指定到開頭，於後續將會在介紹。

- ◆ 第 04、12 行：關閉檔案。

為了讀取以及寫入的操作，各自分別指定其模式定義，不但增加了程式的行數也容易造成過多的重複動作，那這該如何解決呢？於下節中將會介紹如何以組合模式來解決這類問題。

而稍前有提起過檔案在寫入硬碟之前會有個快取區存放，而當透過 write() 或 writelines() 函式寫入資料時，並非立即從快取區當中將資料寫入硬碟中，畢竟電腦在運作時不止只做當前畫面的動作，內部還會有一些功能系統正在運作，此時電腦會自動依照分配的資源進行一些系統運轉，這才會有快取區的存在。

file.close() 其實就是為了確保資料有正常寫入並釋放資源，當然不使用該函式也是可以正常執行程式，但無法確保寫入的資料完整性。

10-2-4　開啟檔案組合模式

為了能夠快速理解開啟模式，前面僅提到 r、w、x、…等等單開啟模式，其中 r、w 最為常使用。當每次僅指定單開啟模式，例如：r。因 r 模式為讀取，這時只能使用 file.read() 函式，無法同時操作寫入以及讀取。因為單模式無法同時兼顧讀寫，便促使組合模式的發展，組合種類如下：

字元	說明
r+	可寫入檔案至任何位置，預設游標為檔案開頭
w+	可讀寫，且 1. 檔案已存在則清空其內容，並重新寫入新內容 2. 檔案不存在將會建立新檔案
a+	可讀寫並用於追加其內容 1. 檔案已存在，指標會放在該檔案內容的結尾處。簡單來說，新寫入的內容將會以已有內容之後 2. 檔案不存在將會建立新檔案
rb(+)	二進位制並以讀取（讀寫）模式開啟檔案
wb(+)	二進位制並以寫入（讀寫）模式開啟檔案 1. 檔案已存在則清空其內容，並重新寫入新內容 2. 檔案不存在將會建立新檔案
ab(+)	二進位制並以寫入（讀寫）模式開啟檔案，用於追加其內容 1. 檔案已存在，指標會放在該檔案內容的結尾處。簡單來說，新寫入的內容將會以已有內容之後 2. 檔案不存在將會建立新檔案

接著來幫大家稍微釐清一下該如何理解。例如：w 為寫入模式，加上 + 為可讀寫模式變成 w+ 則這模式就為可讀寫模式。只是要注意其兩點，一是 w 在檔案存在時則會清空其內容並寫入新的內容；二是檔案不存在，則會建立新檔案。

10-2-5　常見檔案處理方法

相關檔案處理方法除了讀寫方法以及關閉檔案方法之外，還有提供其他方法：

函式	參數	用途
file.flush()		將緩衝區中的資料立即寫入檔案並同時釋放資源，非被動等待系統分配資源後執行寫入。相較於 close()，屬於主動
file.seek(offset[, whence])	offset – 指定的位元組，為 int 型態 whence – 表示由哪個位置開始算起。 • 0 代表檔案開頭算起 • 1 代表當前位置算起 • 2 代表檔案末尾算起	用於移動游標到指定位置開始算起，並取得指定的位元組之後的字串
file.tell()		返回當前游標位置
file.truncate([size])	size – 指定讀取的位元組，為 int 型態	若指定位元組則截斷其指定範圍的字串；反之，未指定則截斷至當前位置。其截斷之後的字串將被刪除

在讀寫檔案過程中有可能因為讀寫時游標的位置，導致當前讀寫的地方跟預想的不一樣。如果要取得游標位置，分別可以使用 seek() 或者 tell()。下例將示範上述幾個方法的綜合應用。

範例程式 ExRelatedFunctions.py ▶ 截斷其當前游標位元組的字串

```
01  file = open("RelatedFunctions", "w+")
02  file.write("HIHI!!! I like Program, Do you like this?")
03
04  file.flush()
05
06  print("寫入之後的游標位置：", file.tell())
07
08  file.seek(8, 0)
09  file.truncate(22)
10
11  print(file.read())
```

Python 程式入門與 ChatGPT 實用技巧

執行結果

```
寫入之後的游標位置： 41
I like Program
```

程式解析

- 第 01 ～ 02 行：以讀寫模式開啟檔案並寫入資料。

- 第 04 行：主動將緩衝區的資料寫入硬碟中。

- 第 06 行：因無法確定檔案游標位置，將取得當前的游標位置。因寫入的動作，故其游標位置為檔案尾端。

- 第 08、09 行：指定游標位置在指定位置的第 8 個位元組，再搭配 truncate() 截斷字串。因此從開頭算起至 Program 其長度為 22，因讀取將以游標算起，故讀取出其字串 I like Program。

 ChatGPT 幫幫忙

 什麼是 flush()，並描述他的主要作用？

 `flush()` 方法是用於強制將緩衝區中的數據寫入文件的方法。它的主要作用是確保將數據即時寫入文件，而不必等待緩衝區被自動刷新或文件被關閉。這是為了確保資料的完整性和持久性。

當你對文件進行寫入操作時，數據通常首先被寫入到緩衝區，以提高I/O性能。然後，當緩衝區已滿、文件被關閉或顯式調用`flush()`方法時，緩衝區中的數據才被寫入文件。這種機制可以提高效能，但有時候你可能需要確保數據立即寫入文件，以防止數據遺失。

主要作用包括：

1. **確保資料完整性**：通過使用`flush()`方法，你可以確保已經寫入緩衝區的數據被即時寫入文件，這有助於防止數據遺失或損壞。

2. **即時更新檔案**：如果需要在多個操作之間即時更新文件，而不必等到文件被關閉，你可以使用`flush()`方法確保變更被立即寫入文件，這在協同開發專案中特別有用。

10-2-6　使用 with…as 指令

一般在理想的讀取檔案其語法格式為：

```
file = open("test.txt", mode='w')
file.write(" 正在寫入 ing….")
file.close()
```

但在開發中萬一不小心打錯了字，又或者可能讀寫檔案有編解碼上的問題等等，一旦發生異常問題將不會執行之後的程式，所以需要撰寫攔截例外的方法。而 try…finally 為無論是否有發生異常問題，執行 try 之後都會執行 finally 裡的程式。

```
try:
    file = open("test.txt", mode='w+')
    file.write("write…")
finally:
    file.close()
```

Python 2.5 之後的版本，不需要每次都要撰寫 finally 忽略異常問題，可使用新的語法：

```
with expression [as var]:
    do something code
```

當 with…as 區域中發生錯誤將會跳出該區域，在該區域所指向的變數最後會自動關閉其參考來源，以至於不需經常使用到 finally。有了上述語法的認識之後，底下的語法範例就是示範如何結合 python 的 os 及 sys 模組來進行檔案的複製，完整的程式碼如下：

```
import os.path # 匯入 os.path
import sys # 匯入 sys
if os.path.isfile('copyfile.txt'):
    print(' 此檔案已存在 ')
    sys.exit()
else:
    file1=open('file.txt','r') # 讀取模式
    file2=open('copyfile.txt','w')# 寫入模式
```

檔案輸入與輸出的速學技巧

```
text=file1.read() # 讀取檔案
text=file2.write(text) # 寫入檔案
file1.close()
file2.close()
```

首先必須先將 os.path 及 sys 模組匯入。其中 os.path.isfile() 是用來判斷檔案是否存在，如果存在回傳 True，如果不存在回傳 False。另外一個方法是 sys.exit() 方法，其主要功能是終止程式。

10-3 例外處理

當程式發生拋出例外（或稱異常）（Exception）都會影響其正常執行，所謂例外是指程式執行時，產生了「不可預期」的特殊情形，這種情況通常發生在對於程式撰寫的指令誤用、語法不熟悉或是程式的設計邏輯有錯誤，這時 Python 直譯器會接手管理，發出錯誤訊息，並將程式終止。

而程式拋出的例外訊息如果沒有攔截並自行定義拋出的訊息，大多使用者無法清楚了解當前的錯誤訊息來源為何？又是什麼問題造成程式不能正常執行？

該錯誤訊息為 Python 語法錯誤。若為開發者，可快速了解其錯誤訊息為何？而使用者往往都是沒有接觸程式，難以立即了解其錯誤為何？

也就是說，在程式執行當中，往往無法完全保證每一支程式都可順利往下繼續其操作，所以基本上程式撰寫的時候，都會加上攔截例外方法。但 Python 允許我們捕捉例外的錯誤類型，並允許自行撰寫例外處理程式，當例外被捕捉時就會去執行例外處理程式，接著程式仍可正常繼續執行。也就是說，一支好的程式必須考慮到可能發生的例外，並攔截下來加以適當的處理。

例如進行兩數相乘時，因為在取得輸入的數值時是一種字串型態的資料，但因為程式設計人員的疏忽，造成忘了將輸入的字串資料型態轉換成整數資料型態，就會發生如下圖資料型態不符的錯誤訊息，並造成程式的中斷，這當然不是一種好的處理方式。下面就先從這個例子開始談起：

📎 **範例程式** **inputerror.py**

```
01  num1=input('請輸入第一個整數:')
02  num2=input('請輸入第二個整數:')
03  print('兩數相乘的結果值 = ', num1*num2)
```

發生例外的執行結果：

```
請輸入第一個整數:5
請輸入第二個整數:6
Traceback (most recent call last):
  File "C:\Users\USER\Desktop\博碩_Python(大專版)\範例檔\ch10\inputerror.py", li
ne 3, in <module>
    print('兩數相乘的結果值= ', num1*num2)
TypeError: can't multiply sequence by non-int of type 'str'
```

從上面的例子可以看出，當程式發生例外時，程式就會出現紅色字體的錯誤訊息，並強迫程式終止執行。為了能將這個程式正常執行，必須將所輸入數值以 int() 函數轉換成整數資料型態，如此才可以得到正確的程式執行結果，其正確的程式碼及執行結果修正如下：

📎 **範例程式** **inputrevise.py**

```
04  num1=int(input('請輸入第一個整數:'))
05  num2=int(input('請輸入第二個整數:'))
06  print('兩數相乘的結果值 = ', num1*num2)
```

正確執行結果

```
請輸入第一個整數:5
請輸入第二個整數:6
兩數相乘的結果值=   30
```

10-3-1　try...except...finally 用法

如果要攔截拋出例外時的類型，以及自行定義出使用者使用系統能夠理解的訊息，則可以透過該方法：

```
try:
    #do something code...
except Except_Type:
    #do something exception code...
else:
    #do not anything exception code...
finally:
#do something common code...
```

try、except、finally 在功能上有所不同，說明如下：

■ **try**：可將欲要攔截例外的程式放置 try 區域。

■ **except**：可為多個。當拋出例外時會透過 except 判斷為哪一種類型的異常問題，並要做怎樣的處理。

- 若無其相對應的 Except_type 則直接結束程式並拋出訊息

■ **else**：在無任何異常發生，才會觸發（可選用）。

■ **finally**：無論有無異常發生，皆會觸發（可選用）。

範例程式 **ExException.py** ▶ 發生異常則拋出例外訊息

```
01  try:
02      "1" + 2
03  except SyntaxError:
04      print("SyntaxError - 語法錯誤 ")
05  except TypeError:
06      print("TypeError - 型態錯誤 ")
07  except NameError:
08      print("NameError - 該變數未宣告 ")
09  except IndexError:
10      print("IndexError - 指定索引位置錯誤 ")
11  else:
12      print(" 無發生任何異常 ")
13  finally:
14      print("finally - 不管有沒發生異常都會執行 ")
```

執行結果

```
TypeError - 型態錯誤
finally - 不管有沒發生異常都會執行
```

10-3-2　常見錯誤類型

錯誤類型總共可分為二種：Errors、Warning，兩者之間的差別在於 Warning 屬於警告，並非會導致程式無法正常執行。常見的類別為：

例外類別	說明
Exception	常規錯誤類別
SyntaxError	Python 語法錯誤
NameError	未宣告變數的錯誤
TypeError	類型錯誤
ZeroDivisionError	除零錯誤
IndexError	指定索引錯誤
NotImplementError	尚未實作的方法
ValueError	無效的參數
SyntaxWarning	可疑語法錯誤
DeprecationWarning	已棄用的特徵警告

一開始接觸程式的時候，多少會遇到一些例外錯誤的情形，通常剛接觸程式語言都會害怕遇到錯誤訊息，深怕看不懂回傳在畫面上的問題到底在哪裡，還好很多錯誤訊息的名稱都可一目瞭然得知其作用為何，這一點各位則不需要過於擔心。

一、選擇題

( ) 1. 下列哪一個功能模組可以返回檔案中所指定行數的內容？

    (A) linecache   (B) glob   (C) shutil   (D) pathlib

( ) 2. 當使用 open() 函數開啟檔案時必須使用哪一個跳脫字元來表示 \ ？

    (A) /   (B) \   (C) \\   (D) //

( ) 3. 下列哪一個功能模組可以針對一個或多個檔案的內容操作？

    (A) linecache   (B) glob   (C) shutil   (D) fileinput

( ) 4. 以繁體中文 windows 為例，open() 函數預設的編碼模式？

    (A) UTF-16   (B) UTF-8   (C) cp950   (D) unicode

( ) 5. 下列哪一個函式能將緩衝區中的資料立即寫入檔案並同時釋放資源？

    (A) file.flush()   (B) file.seek()   (C) file.tell()   (D) file.truncate()

( ) 6. 下列哪一個 open() 函數開啟檔案的模式會建立新檔？

    (A) "r"   (B) "w"   (C) "a"   (D) "t"

二、填充題

1. 我們可以在 _____ 方法中傳入一個參數來告知要讀取幾個字元。

2. _____ 方法會一次讀取檔案所有行，再以串列型式傳回所有行。

3. _____ 是指程式執行時，產生了「不可預期」的特殊情形，這時 Python 直譯器會接手管理，發出錯誤訊息，並將程式終止。

4. Python 語言的 sys 模組中的 _____ 方法，其主要功能是終止程式。

5. Python 在處理檔案的讀取與寫入都是透過 _____ 。

6. 所謂 _____ 是記錄目前檔案寫入或讀取到哪一個位置。

7. 在 Python 中要開啟檔案必須藉助 _____ 函數。

8. 檔案處理結束後要記得以 _____ 函數關閉檔案。

9. 以 _____ 模式開啟檔案，第一次開啟檔案，該檔案不會存在，此時系統就會自動建立新檔。

10. try...finally 為無論是否有發生異常問題，執行 try 之後都會執行 _____ 裡的程式。

三、問答與實作題

1. 試簡述底下幾個功能模組的用途。

   ● pathlib

   ● shutil

   ● glob

2. 簡述 linecache 功能模組的主要用途。

3. 請簡述 file.flush() 函式的功能。

4. 何謂例外？試簡述之。

5. 請寫出下表的例外類型名稱？

例外類型	說明
	未宣告變數的錯誤
	類型錯誤
	除零錯誤

6. 請填入下表中 open() 函數的檔案開啟模式。

mode	說明
	讀取模式（預設值）
	寫入模式，建立新檔或覆蓋舊檔（覆蓋舊有資料）
	附加（寫入）模式，建立新檔或附加於舊檔尾端

7. 試舉例說明如何在 open() 函數以絕對路徑的方式開啟檔案？

8. 如果開啟很多檔案，有何機制可以讓系統自動關閉檔案，而不需要一一用 close() 關閉檔案。

9. 在使用 open() 函數開啟檔案時，其中有一個參數是設計檔案編碼，請問如果檔案設定的編碼與 open() 函數檔案讀取指定的編碼不同時，會發生什麼問題嗎？

10. 錯誤類型可分為哪二種？二者間有何差別？

11. 簡述檔案儲存的類別。

12. 試簡述檔案存取方式。

演算法的
實戰特訓教材

隨著電腦科技與 AI 發展的威力，身為一個即將跨進 AI 世代的現代人，寫程式不再是資訊相關科系的專業，已經是全民的基本能力，唯有將「創意」經由「設計過程」與電腦結合，才能算是國力的展現。電腦運算與程式設計的技巧，並不是只有電腦科學家的專利，而是每個人都應該具備的能力及素養。

要會寫程式，學好運算思維是最快的途徑

簡單來說，具備運算思維（Computational Thinking, CT）能將抽象的問題化為簡潔的步驟，包括從解決問題到整合運用，是一種所有人都可以鍛鍊的能力。甚至我們可以這樣形容：「程式設計的運作過程，就是一種運算思維的充分表現，更重要的透過撰寫程式來訓練運算思維的能力。」

 ChatGPT 幫幫忙

> Jeannette M. Wing 教授於 2006 年首次提出了什麼概念，並將其視為現代人的一項基本技能？

> Jeannette M. Wing教授於2006年首次提出了"Computational Thinking"（計算思維）這一概念，並將其視為現代人的一項基本技能。計算思維是一種問題解決和抽象思考的方法，它強調了計算機科學原理的應用，如演算法、資料結構和自動化過程，以解決各種問題和挑戰，而不僅僅是在計算機科學領域。這一概念旨在培養人們具備分析問題、設計解決方案以及有效利用計算機和計算機工具來解決各種問題的能力。計算思維已成為21世紀的一種基本技能，適用於多個領域，包括科學、工程、數學和社會科學等。

運算思維的概念其實早被應用於日常生活中，每個人每天所面對的大小事，其實都可以看成是一種解決問題，任何只要牽涉到「解決問題」的議題，都可以套用運算思維的邏輯模式來解決。目前許多歐美國家從幼稚園就開始訓練學生的運算思維，讓學生們能更有創意地展現出自己的想法與嘗試自行解決問題。

11-1 演算法簡介

如果過去造成工業革命發生的主因是蒸汽機的發明，但是未來 20 年中人工智慧革命要能成功，關鍵就在演算法，演算法對於人類科技與智慧生活絕對會帶來重要的改變。演算法常常被使用為設計電腦程式的第一步。世上沒有精確答案的問題多如牛毛，演算法能讓看起來困難的問題逼近答案，每一個分解的步驟都是經過計畫，這也是運算思維的訓練。

AI革命要能成功，關鍵就在演算法

11-1-1 演算法的定義

在韋氏辭典中將演算法定義為：「在有限步驟內解決數學問題的程式。」如果運用在計算機領域中，我們也可以把演算法定義成：「為了解決某一個工作或問題，所需要有限數目的機械性或重複性指令與計算步驟。」演算法是程式設計領域中最重要的關鍵，常常被使用為設計電腦程式的第一步，演算法就是一種計畫，就是一種問題的解決方法，這個方法裡面包含解決問題的每一個步驟跟指示。

沒有運算思維，電鍋也煮不出好吃的米飯，有了演算法，電腦也能煮出香噴噴的咖哩雞肉飯！

在演算法中，必須以適當的資料結構來描述問題中抽象或具體的事物，有時還得定義資料結構本身有哪些操作。不過對於任何一種演算法而言，首先必須滿足以下 5 種條件：

演算法的實戰特訓教材

■ **輸入（Input）**：在演算法的處理過程中，通常所輸入資料可有可無，零或一個以上都可以。

■ **有效性（Effectiveness）**：每個步驟都可正確執行，即使交給不同的人用手動來計算，也能達成相同效果。

■ **明確性（Definiteness）**：每一個步驟或指令必須要敘述的十分明確清楚，不可以模糊不清來造成混淆。

■ **有限性（Finiteness）**：演算法一定在有限步驟後會結束，不會產生無窮迴路，這是相當重要的基本原則。

■ **輸出（Output）**：至少會有一個輸出結果，不可以沒有輸出結果。

 ChatGPT 幫幫忙

 演算法和程序（Procedure）有何不同？與流程圖又有什麼關係？

演算法是一組有序的操作步驟，用於解決特定問題或執行特定任務的計算方法。它是一種抽象的計算思維方式，通常用自然語言、偽代碼或編程語言來描述。演算法不依賴於特定編程語言或硬件，而是關注問題的解決方法。

程序是演算法的具體實現，是由一系列的計算機指令組成，以解決特定問題或執行任務。程序是演算法的具體編碼，通常使用特定編程語言來實現。

流程圖是一種圖形化工具，用於描述演算法或程序的執行流程。它使用不同形狀的圖形（如矩形、菱形、橢圓等）來表示不同類型的操作，以及箭頭來表示操作之間的流程。流程圖可以幫助人們更容易地理解和可視化演算法或程序的邏輯流程。

關係：

• 演算法是解決問題的計算思維方式，通常以自然語言或偽代碼描述。
• 程序是演算法的具體實現，以編程語言編寫。
• 流程圖是用於可視化演算法或程序的執行流程，有助於理解和溝通。

11-1-2　演算法的描述工具

日常生活中也有許多工作都可以利用演算法來描述，例如員工的工作報告、寵物的飼養過程、廚師準備美食的食譜、學生的功課表等，甚至於連我們平時經常使用的搜尋引擎都必須藉由不斷更新演算法來運作。

接下來各位還要思考該用什麼方法來表達演算法最為適當呢？其實演算法的主要目的是在提供人們瞭解所執行的工作流程與步驟，學習如何解決事情的辦法，只要能夠清楚表現演

大企業面試也必須測驗演算法程度

算法的五項特性即可。常用的演算法有一般文字敘述如中文、英文、數字等，特色是使用文字或語言敘述來說明演算步驟，以下就是一個學生小華早上上學並買早餐的簡單文字演算法：

流程圖

流程圖（Flow Diagram）則是一種程式設計領域中最通用的演算法表示法，必須使用某些特定圖形符號。為了流程圖之可讀性及一致性，目前通用美國國家標準協會 ANSI 制定的統一圖形符號。以下說明一些常見的符號：

名稱	說明	符號
起止符號	表示程式的開始或結束	
輸入 / 輸出符號	表示資料的輸入或輸出的結果	
處理符號	流程中的一般步驟，流程中最常用的圖形	
決策判斷符號	條件判斷的圖形	
檔案符號	導向某份檔案	
流向符號	符號之間的連接線，箭頭方向表示工作流向	
連結符號	上下流程圖的連接點	

例如請各位畫出輸入一個數值，並判別是奇數或偶數的流程圖。

🔹 圖形

圖形也可以作為演算法的描述工具，如樹狀圖、矩陣圖等，以下是井字遊戲的某個決策區域，下一步是 X 方下棋，很明顯的 X 方絕對不能選擇第二層的第二個下法，因為 X 方必敗無疑，我們利用決策樹圖形來表示其演算法：

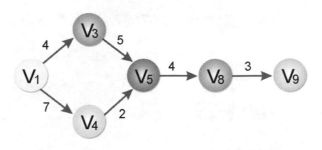

虛擬語言（Pseudo-Language）

　　接近高階程式語言的寫法，也是一種不能直接放進電腦中執行的語言。一般都需要一種特定的前置處理器（Preprocessor），或者用手寫轉換成真正的電腦語言，經常使用的有 SPARKS、PASCAL-LIKE 等語言。以下是用 SPARKS 寫成的鏈結串列反轉的演算法：

```
Procedure Invert(x)
    P x; Q Nil;
    WHILE P ≠ NIL do
        r q; q p;
        p LINK(p);
        LINK(q) r;
    END
    x q;
END
```

程式語言

　　目前演算法也能夠直接以可讀性高的高階程式語言來表示，例如 Visual Basic 語言、C 語言、C++ 語言、Java、Python 語言。以下演算法是以 Python 語言來計算所輸入兩數 x、y 的 x^y 值函數 Pow()：

```
def Pow(x,y):
    p=1
    for i in range(1,y+1):
        p *=x
```

11-1-3 演算法效能分析

對一個程式（或演算法）效能的評估，經常是從時間與空間兩種因素來做考量。時間方面是指程式的執行時間，稱為「時間複雜度」（Time Complexity）。空間方面則是此程式在電腦記憶體所佔的空間大小，稱為「空間複雜度」（Space Complexity）。

💬 空間複雜度

「空間複雜度」是一種以概量精神來衡量所需要的記憶體空間。而這些所需要的記憶體空間，通常可以區分為「固定空間記憶體」（包括基本程式碼、常數、變數等）與「變動空間記憶體」（隨程式或進行時而改變大小的使用空間，例如參考型態變數）。由於電腦硬體進展的日新月異及牽涉到所使用電腦的不同，所以純粹從程式（或演算法）的效能角度來看，應該以演算法的執行時間為主要評估與分析的依據。

💬 時間複雜度

例如程式設計師可以就某個演算法的執行步驟計數來衡量執行時間的標準，但是同樣是兩行指令：

```
a=a+1 與 a=a+0.3/0.7*10005
```

由於涉及到變數儲存型態與運算式的複雜度，所以真正絕對精確的執行時間一定不相同。不過話又說回來，如此大費周章的去考慮程式的執行時間往往窒礙難行，而且毫無意義。這時可以利用一種「概量」的觀念來做為衡量執行時間，我們就稱為「時間複雜度」。詳細定義如下：

> 在一個完全理想狀態下的計算機中，我們定義一個 T(n) 來表示程式執行所要花費的時間，其中 n 代表資料輸入量。當然程式的執行時間或最大執行時間（Worse Case Executing Time）作為時間複雜度的衡量標準，一般以 Big-oh 表示。

由於分析演算法的時間複雜度必須考慮它的成長比率（Rate of Growth）往往是一種函數，而時間複雜度本身也是一種「漸近表示」（Asymptotic Notation）。

O(f(n)) 可視為某演算法在電腦中所需執行時間不會超過某一常數倍的 f(n)，也就是說當某演算法的執行時間 T(n) 的時間複雜度為 O(f(n))（讀成 Big-oh of f(n) 或 Order is f(n)）。

意謂存在兩個常數 c 與 n_0，則若 n ≥ n_0，則 T(n)≤cf(n)，f(n) 又稱之為執行時間的成長率（Rate of Growth）。請各位多看以下範例題，可以更了解時間複雜度的意義。

題目 假如執行時間 $T(n)=3n^3+2n^2+5n$，求時間複雜度為何？

解答 首先得找出常數 c 與 n_0，我們可以找到當 n_0=0，c=10 時，則當 n≥n_0 時，$3n^3+2n^2+5n≤10n^3$，因此得知時間複雜度為 $O(n^3)$。

11-2 常見經典演算法

我們可以這樣形容，演算法就是用電腦來算數學的學問，能夠了解這些演算法如何運作，以及他們是怎麼樣在各層面影響我們的生活。懂得善用演算法，當然是培養程式設計邏輯的重要步驟，許多實際的問題都有多個可行的演算法來解決，但是要從中找出最佳的解決演算法卻是一個挑戰。本節中將為各位介紹一些近年來相當知名的演算法，能幫助您更加瞭解不同演算法的觀念與技巧，以便日後更有能力分析各種演算法的優劣。

11-2-1 分治演算法與遞迴

分治法（Divide and Conquer）是一種很重要的演算法，其核心精神在將一個難以直接解決的大問題依照不同的概念，分割成兩個或更多的子問題，以便各個擊破，分而治之。例如遞迴就是種很特殊的演算法，分治法和遞迴很像一對孿生兄弟，都是將一個複雜的演算法問題，讓規模越來越小，最終使子問題容易求解。以一個實際例子來說明，以下如果有 8 張很難畫的圖，我們可以分成 2 組各 4 幅畫來完成，如果還是覺得太複雜，繼續再分成 4 組，每組各 2 幅畫來完成，利用相同模式反覆分割問題，這就是最簡單的分治法核心精神。如下圖所示：

遞迴的原理就是分治法的精神。遞迴在早期人工智慧所用的語言。如 Lisp、Prolog 幾乎都是整個語言運作的核心，現在許多程式語言，包括 C、C++、Java、Python 等，都具備遞迴功能。簡單來說，對程式設計師的實作而言，「函數」（或稱副程式）不單純只是能夠被其他函數呼叫（或引用）的程式單元，在某些語言還提供了自身引用的功能，這種功用就是所謂的「遞迴」。

從程式語言的角度來說，談到遞迴的正式定義，我們可以正式這樣形容，假如一個函數或副程式，是由自身所定義或呼叫的，就稱為遞迴（Recursion），它至少要定義 2 種條件，包括一個可以反覆執行的遞迴過程，與一個跳出執行過程的出口。

演算法的實戰特訓教材

「遞迴」在程式設計上是相當好用而且重要的概念。使用遞迴函數可使得程式變得相當簡潔，但是設計時必須非常小心而且概念要非常清楚，因為一不小心就會造成無窮迴圈或導致記憶體的浪費。此外遞迴因為呼叫對象的不同，可以區分為以下兩種：

💬 直接遞迴

　　指遞迴函數中，允許直接呼叫該函數本身，稱為直接遞迴（Direct Recursion）。

💬 間接遞迴

　　指遞迴函數中，如果呼叫其他遞迴函數，再從其他遞迴函數呼叫回原來的遞迴函數，我們就稱做間接遞迴（Indirect Recursion）。

　　事實上，任何可以用 if-else、for、while 迴圈指令編寫的函數，都可以用遞迴來表示和編寫。例如我們知道階乘函數是數學上很有名的函數，對遞迴式而言，也可以看成是很典型的範例。3 階乘等於 3×2×1=6，而 0 階乘則定義為 1。我們一般以符號 " ！" 來代表階乘。如 4 階乘可寫為 4!。

　　任何問題想以遞迴式來表示，一般需要符合兩個條件：一個反覆的過程，以及一個跳出執行的缺口。秉持這兩個原則，n! 可以寫成：

```
n!=n×(n-1)*(n-2)……*1
```

　　各位可以進一步分解它的運算過程，觀察出一定的規律性：

```
5! = (5 * 4!)
   = 5 * (4 * 3!)
   = 5 * 4 * (3 * 2!)
   = 5 * 4 * 3 * (2 * 1)
   = 5 * 4 * (3 * 2)
   = 5 * (4 * 6)
   = (5 * 24)
   = 120
```

範例程式 **fac.py** ▶ 請設計一個計算 **n!** 的遞迴程式

```
01  def factorial(i):
02      if i==0:
03          return 1
04      else:
05          ans=i * factorial(i-1)    #反覆執行的遞迴過程
06          return ans
07
08  n=int(input('請輸入要計算的階乘數值：'))
09  print('%d!=%d' % (n,factorial(n)))
```

執行結果

```
請輸入要計算的階乘數值：5
5!=120
```

11-2-2 動態規劃演算法

動態規劃法（Dynamic Programming Algorithm, DPA）類似分治法，由 20 世紀 50 年代初美國數學家 R.E.Bellman 所發明，動態規劃法主要的做法是如果一個問題答案與子問題相關的話，就能將大問題拆解成各個小問題，其中與分治法最大不同的地方是可以讓每一個子問題的答案被儲存起來，以供下次求解時直接取用。這樣的作法不但能減少再次需要計算的時間，並將這些解組合成大問題的解答，故使用動態規劃則可以解決重複計算的缺點。

例如前面費伯那數列是用類似分治法的遞迴法，首先看看費伯那數列的基本定義：

$$F_n= \begin{cases} 0 & n=0 \\ 1 & n=1 \\ F_{n-1}+F_{n-2} & n=2,3,4,5,6\cdots\cdots（n 為正整數） \end{cases}$$

從費伯那數列的定義，也可以嘗試把它設計轉成遞迴形式：

```
def fib(n):  # 定義函數 fib()
    if n==0 :
        return 0 # 如果 n=0 則傳回 0
    elif n==1 or n==2:
        return 1
    else:   # 否則傳回 fib(n-1)+fib(n-2)
        return (fib(n-1)+fib(n-2))
```

範例程式 **fib.py** ▶ 請設計一個計算第 **n** 項費伯那數列的遞迴程式

```
01   def fib(n):  # 定義函數 fib()
02       if n==0 :
03           return 0 # 如果 n=0 則傳回 0
04       elif n==1 or n==2:
05           return 1
06       else:   # 否則傳回 fib(n-1)+fib(n-2)
07           return (fib(n-1)+fib(n-2))
08
09   n=int(input(' 請輸入所要計算第幾個費氏數列 :'))
10   for i in range(n+1):# 計算前 n 個費氏數列
11       print('fib(%d)=%d' %(i,fib(i)))
```

執行結果

```
請輸入所要計算第幾個費式數列:10
fib(0)=0
fib(1)=1
fib(2)=1
fib(3)=2
fib(4)=3
fib(5)=5
fib(6)=8
fib(7)=13
fib(8)=21
fib(9)=34
fib(10)=55
```

ChatGPT 幫幫忙

請設計一 Python 程式，計算第 n 項費伯那序列的遞迴程式。

範例程式：fibGPT.py

以下是一個計算第n項費波那契序列的遞迴程式的Python範例，同時列出從第0項到第n項的所有費波那契數：

```python
def fibonacci(n):
    if n <= 0:
        return 0
    elif n == 1:
        return 1
    else:
        return fibonacci(n - 1) + fibonacci(n - 2)

# 輸入要計算的n
n = int(input("請輸入一個非負整數 n: "))

if n < 0:
    print("請輸入一個非負整數。")
else:
    print(f"前 {n} 項費波那契數列：")
    for i in range(n + 1):
        result = fibonacci(i)
        print(f"第 {i} 項：{result}")
```

　　如果改用動態規劃寫法，已計算過資料而不必計算，也不會往下遞迴，會達到增進效能的目的，例如我們想求取第 4 個費伯那數 Fib(4)，它的遞迴過程可以利用以下圖形表示：

從路徑圖中可以得知遞迴呼叫 9 次，而執行加法運算 4 次，Fib(1) 與 Fib(0) 共執行了 3 次，浪費了執行效能，我們依據動態規劃法的精神，演算法可以修改如下：

```
output=[0]*100

def fib(n):
    if n==0:
        return 0
    if n==1:
        return 1
    else:
        output[0]=0
        output[1]=1
        for i in range(2,n+1):
            output[i]=output[i-1]+output[i-2]
    return output[n]
```

範例程式　dynamic.py ▶ 請以動態規劃法設計計算第 **n** 項費伯那數列的遞迴程式

```
01  #[示範]:費伯那數列的動態規劃法
02
03  output=[0]*100
04
05  def fib(n):
06      if n==0:
07          return 0
08      if n==1:
09          return 1
10      else:
11          output[0]=0
12          output[1]=1
13          for i in range(2,n+1):
14              output[i]=output[i-1]+output[i-2]
15      return output[n]
16
17  n=int(input("請輸入所要計算第幾個費氏數列:"))
18  print(fib(n))
```

演算法的實戰特訓教材

執行結果

```
請輸入所要計算第幾個費式數列:10
Fibonacci(0)=0
Fibonacci(1)=1
Fibonacci(2)=1
Fibonacci(3)=2
Fibonacci(4)=3
Fibonacci(5)=5
Fibonacci(6)=8
Fibonacci(7)=13
Fibonacci(8)=21
Fibonacci(9)=34
Fibonacci(10)=55
```

11-2-3　疊代演算法

疊代法（Iterative Method）是指無法使用公式一次求解，而須反覆運算，例如用迴圈去循環重複程式碼的某些部分來得到答案。

```python
# 以 for 迴圈計算 n!
def cal(n):
    product = 1
    for i in range(n,0,-1):
        product *= i # product=product*i
    return product
```

範例程式 fac_for.py ▶ 請利用 for 迴圈設計一個計算 0! ～ n! 的遞迴程式

```python
01  # 以 for 迴圈計算 n!
02  product = 1
03  n=int(input(' 請輸入 n='))
04  for i in range(0,n+1):
05      for j in range(i,0,-1):
06          product *= j
07      print('%d!=%3d' %(i,product))
08      product=1
```

執行結果

```
請輸入n=10
0!=   1
1!=   1
2!=   2
3!=   6
4!=  24
5!=120
6!=720
7!=5040
8!=40320
9!=362880
10!=3628800
```

ChatGPT 幫幫忙

💬 請設計一 Python 程式，請利用 for 迴圈設計一個計算 0! ～ n! 的遞迴
程式。

⬡ 範例程式：fac_forGPT.py

這是一個不使用函數，使用for迴圈計算0!到n!的Python程式：

```python
n = int(input("請輸入 n 的值: "))
result = 1

for i in range(n + 1):
    if i > 0:
        result *= i

    print(f"{i}! = {result}")
```

11-2-4 排序演算法

排序（Sorting）演算法幾乎可以形容是最常使用到的一種演算法，所謂
「排序」，就是將一群資料按照某一個特定規則重新排列，使其具有遞增或遞
減的次序關係。按照特定規則，用以排序的依據，我們稱為鍵（Key），它所含
的值就稱為「鍵值」。基本上，資料在經過排序後，會有下列三點好處：

1. 資料較容易閱讀。

2. 資料較利於統計及整理。

3. 可大幅減少資料搜尋的時間。

　　每一種排序方法都有其適用的情況與資料種類，接下來我們要介紹的是相當知名的氣泡排序法。氣泡排序法又稱為交換排序法，是由觀察水中氣泡變化構思而成，原理是由第一個元素開始，比較相鄰元素大小，若大小順序有誤，則對調後再進行下一個元素的比較，就彷彿氣泡逐漸由水底逐漸冒升到水面上一樣。如此掃瞄過一次之後就可確保最後一個元素是位於正確的順序。接著再逐步進行第二次掃瞄，直到完成所有元素的排序關係為止。

　　以下排序我們利用 55、23、87、62、16 的排序過程，您可以清楚知道氣泡排序法的演算流程：

　　由小到大排序：

原始值：55　23　87　62　16

　　第一次掃瞄會先拿第一個元素 55 和第二個元素 23 作比較，如果第二個元素小於第一個元素，則作交換的動作。接著拿 55 和 87 作比較，就這樣一直比較並交換，到第 4 次比較完後即可確定最大值在陣列的最後面。

第二次掃瞄亦從頭比較起，但因最後一個元素在第一次掃瞄就已確定是陣列最大值，故只需比較 3 次即可把剩餘陣列元素的最大值排到剩餘陣列的最後面。

第三次掃瞄完，完成三個值的排序。

第四次掃瞄完，即可完成所有排序。

由此可知 5 個元素的氣泡排序法必須執行 (5-1) 次掃瞄，第一次掃瞄需比較 (5-1) 次，共比較 4+3+2+1=10 次。

範例程式 **bubble.py** ▶ 請設計一 Python 程式，並使用氣泡排序法來將以下的數列排序：

```
16,25,39,27,12,8,45,63
```

```
01   data=[16,25,39,27,12,8,45,63] # 原始資料
02   print('氣泡排序法：原始資料為：')
03   for i in range(len(data)):
04       print('%3d' %data[i],end='')
05   print()
06
07   for i in range(len(data)-1,0,-1): # 掃描次數
08       for j in range(i):
09           if data[j]>data[j+1]:# 比較, 交換的次數
10               data[j],data[j+1]=data[j+1],data[j]# 比較相鄰兩數, 如果第一
     數較大則交換
11       print('第 %d 次排序後的結果是：' %(len(data)-i),end='') # 把各次掃描
     後的結果印出
12       for j in range(len(data)):
13           print('%3d' %data[j],end='')
14       print()
15
16   print('排序後結果為：')
17   for j in range(len(data)):
18       print('%3d' %data[j],end='')
19   print()
```

執行結果

```
氣泡排序法：原始資料為：
 16 25 39 27 12  8 45 63
第 1 次排序後的結果是： 16 25 27 12  8 39 45 63
第 2 次排序後的結果是： 16 25 12  8 27 39 45 63
第 3 次排序後的結果是： 16 12  8 25 27 39 45 63
第 4 次排序後的結果是： 12  8 16 25 27 39 45 63
第 5 次排序後的結果是：  8 12 16 25 27 39 45 63
第 6 次排序後的結果是：  8 12 16 25 27 39 45 63
第 7 次排序後的結果是：  8 12 16 25 27 39 45 63
排序後結果為：
  8 12 16 25 27 39 45 63
```

11-2-5　搜尋演算法

所謂搜尋（Search）指的是從資料檔案中找出滿足某些條件的記錄之動作，用以搜尋的條件稱為「鍵值」（Key），我們平常在電話簿中找某人的電話，那麼這個人的姓名就成為在電話簿中搜尋電話資料的鍵值。例如大家常使用的 Google 搜尋引擎所設計的 Spider 程式會主動經由網站上的超連結爬行到另一個網站，並收集每個網站上的資訊，並收錄到資料庫中，這就必須仰賴不同的搜尋演算法來進行。

在 Google 中搜尋資料就是一種動態搜尋

如果是以搜尋過程中被搜尋的表格或資料是否異動來分類，搜尋法可以區分為靜態搜尋（Static Search）及動態搜尋（Dynamic Search）。靜態搜尋是指資料在搜尋過程中，該搜尋資料不會有增加、刪除、或更新等行為。而動態搜尋則是指所搜尋的資料，在搜尋過程中會經常性地增加、刪除、或更新，我們下面將簡介兩種常見的搜尋法。

循序搜尋法

循序搜尋法又稱線性搜尋法，是一種最簡單的搜尋法。它的方法是將資料一筆一筆的循序逐次搜尋。所以不管資料順序為何，都是得從頭到尾走訪過一次。此法的優點是檔案在搜尋前不需要作任何的處理與排序，缺點為搜尋速度較慢。如果資料沒有重複，找到資料就可中止搜尋的話，在最差狀況是未找到資料，需作 n 次比較，最好狀況則是一次就找到，只需 1 次比較。

二分搜尋法

我們就以一個例子來說明，例如要搜尋的資料已經事先排序好，則可使用二分搜尋法來進行搜尋。二分搜尋法是將資料分割成兩等份，再比較鍵值與中間值的大小，如果鍵值小於中間值，可確定要找的資料在前半段的元素，否則在後半部。如此分割數次直到找到或確定不存在為止。例如以下已排序數列 2、3、5、8、9、11、12、16、18，而所要搜尋值為 11 時：

首先跟第五個數值 9 比較：

數列內容

因為 11 > 9，所以和後半部的中間值 12 比較：

數列內容

因為 11 < 12，所以和前半部的中間值 11 比較：

數列內容

因為 11＝11，表示搜尋完成，如果不相等則表示找不到。

範例程式 **bin.py** ▶ 請設計一 Python 程式，以亂數產生 1 ～ 150 間的
50 個整數，並實作二分搜尋法的過程與步驟

```
01   import random
02
03   def bin_search(data,val):
04       low=0
05       high=49
06       while low <= high and val !=-1:
07           mid=int((low+high)/2)
08           if val<data[mid]:
09               print('%d 介於位置 %d[%3d] 及中間值 %d[%3d]，找左半邊' \
10                     %(val,low+1,data[low],mid+1,data[mid]))
11               high=mid-1
12           elif val>data[mid]:
13               print('%d 介於中間值位置 %d[%3d] 及 %d[%3d]，找右半邊' \
14                     %(val,mid+1,data[mid],high+1,data[high]))
15               low=mid+1
16           else:
17               return mid
```

```
18          return -1
19
20   val=1
21   data=[0]*50
22   for i in range(50):
23        data[i]=val
24        val=val+random.randint(1,5)
25
26   while True:
27        num=0
28        val=int(input('請輸入搜尋鍵值(1-150)，輸入 -1 結束:'))
29        if val ==-1:
30            break
31        num=bin_search(data,val)
32        if num==-1:
33            print('##### 沒有找到 [%3d] #####' %val)
34        else:
35            print('在第 %2d 個位置找到 [%3d]' %(num+1,data[num]))
36
37   print('資料內容:')
38   for i in range(5):
39        for j in range(10):
40            print('%3d-%-3d' %(i*10+j+1,data[i*10+j]), end='')
41        print()
```

執行結果

```
請輸入搜尋鍵值(1-150)，輸入-1結束：58
58 介於位置 1[  1]及中間值 25[ 71]，找左半邊
58 介於中間值位置 12[ 29] 及 24[ 68]，找右半邊
58 介於中間值位置 18[ 44] 及 24[ 68]，找右半邊
58 介於中間值位置 21[ 55] 及 24[ 68]，找右半邊
58 介於位置 22[ 58]及中間值 23[ 63]，找左半邊
在第 22個位置找到 [ 58]
請輸入搜尋鍵值(1-150)，輸入-1結束：69
69 介於位置 1[  1]及中間值 25[ 71]，找左半邊
69 介於中間值位置 12[ 29] 及 24[ 68]，找右半邊
69 介於中間值位置 18[ 44] 及 24[ 68]，找右半邊
69 介於中間值位置 21[ 55] 及 24[ 68]，找右半邊
69 介於中間值位置 23[ 63] 及 24[ 68]，找右半邊
69 介於中間值位置 24[ 68] 及 24[ 68]，找右半邊
##### 沒有找到[ 69] #####
請輸入搜尋鍵值(1-150)，輸入-1結束：-1
資料內容：
  1-1    2-5    3-8    4-10   5-14   6-15   7-17   8-21   9-23  10-25
 11-28  12-29  13-33  14-35  15-36  16-40  17-43  18-44  19-45  20-50
 21-55  22-58  23-63  24-68  25-71  26-72  27-73  28-74  29-75  30-77
 31-78  32-82  33-83  34-86  35-89  36-91  37-92  38-95  39-96  40-98
 41-102 42-106 43-111 44-112 45-116 46-119 47-121 48-122 49-125 50-130
```

11-2-6 回溯演算法

回溯法（Backtracking）也算是枚舉法中的一種，對於某些問題而言，回溯法是一種可以找出所有（或一部分）解的一般性演算法，是隨時避免枚舉不正確的數值，一旦發現不正確的數值，就不遞迴至下一層，而是回溯至上一層來節省時間，這種走不通就退回再走的方式。主要是在搜尋過程中尋找問題的解，當發現已不滿足求解條件時，就回溯返回，嘗試別的路徑，避免無效搜索。

例如老鼠走迷宮就是一種回溯法的應用，老鼠走迷宮問題的陳述是假設把一隻大老鼠被放在一個沒有蓋子的大迷宮盒的入口處，盒中有許多牆使得大部份的路徑都被擋住而無法前進。老鼠可以依照嘗試錯誤的方法找到出口。不過這老鼠必須具備走錯路時就會重來一次並把走過的路記起來，避免重複走同樣的路，就這樣直到找到出口為止。簡單說來，老鼠行進時，必須遵守以下三個原則：

1. 一次只能走一格。
2. 遇到牆無法往前走時，則退回一步找找看是否有其他的路可以走。
3. 走過的路不會再走第二次。

我們之所以對這個問題感興趣，就是它可以提供一種典型堆疊應用的思考方向，國內許多大學曾舉辦所謂「電腦鼠」走迷宮的比賽，就是要設計這種利用堆疊技巧走迷宮的程式。在建立走迷宮程式前，我們先來了解如何在電腦中表現一個模擬迷宮的方式。這時可以利用二維陣列 MAZE[row][col]，並符合以下規則：

```
MAZE[i][j]=1     表示 [i][j] 處有牆，無法通過
          =0     表示 [i][j] 處無牆，可通行
MAZE[1][1] 是入口，MAZE[m][n] 是出口
```

💬 什麼是堆疊（Stack）以及它的特性是什麼？是否可以提供一個日常生活中的比喻來解釋後進先出（LIFO）的概念？

堆疊（Stack）是一種抽象的資料結構，具有後進先出（Last In, First Out: LIFO）的特性。這表示當你將資料放入堆疊中，最後放入的資料會成為第一個被取出的，就像一疊盤子，你總是從最上面的盤子開始取用。

舉個日常生活中的例子，想像你在自助餐中取盤子。盤子是堆疊中的資料，你總是從最上面的盤子拿取，而不是底下的。當你放置一個新的盤子時，它會被放在其他盤子的頂部。當你需要一個盤子時，你會取最上面的盤子。這就是堆疊的後進先出特性，最後放入的盤子（資料）首先被取用。

在程式設計中，堆疊通常用於追蹤函數呼叫、處理遞迴、記錄狀態變更等等，因為它提供了一個有效的方式來管理資料的存取順序。

下圖就是一個使用 10x12 二維陣列的模擬迷宮地圖表示圖：

【迷宮原始路徑】

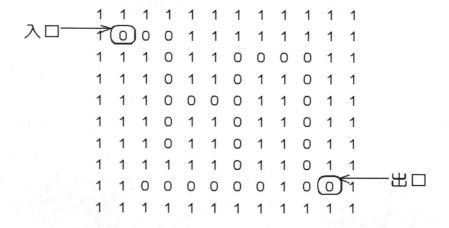

假設老鼠由左上角的 MAZE[1][1] 進入，由右下角的 MAZE[8][10] 出來，老鼠目前位置以 MAZE[x][y] 表示，那麼我們可以將老鼠可能移動的方向表示如下：

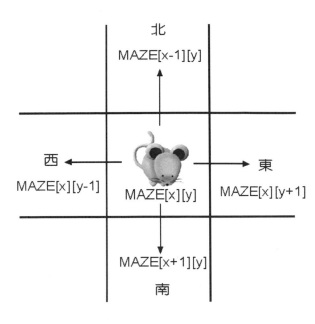

　　如上圖所示，老鼠可以選擇的方向共有四個，分別為東、西、南、北。但並非每個位置都有四個方向可以選擇，必須視情況來決定，例如 T 字型的路口，就只有東、西、南三個方向可以選擇。

　　我們可以利用鏈結串列來記錄走過的位置，並且將走過的位置的陣列元素內容標示為 2，然後將這個位置放入堆疊再進行下一次的選擇。如果走到死巷子並且還沒有抵達終點，那麼就必退出上一個位置，並退回去直到回到上一個叉路後再選擇其他的路。由於每次新加入的位置必定會在堆疊的最末端，因此堆疊末端指標所指的方格編號，便是目前搜尋迷宮出口的老鼠所在的位置。如此一直重複這些動作直到走到出口為止。如下圖是以小球來代表迷宮中的老鼠：

在迷宮中搜尋出口

終於找到迷宮出口

上面這樣的一個迷宮搜尋的概念,底下利用 Python 演算法來加以描述:

```
if 上一格可走:
    加入方格編號到堆疊
    往上走
    判斷是否為出口
elif 下一格可走:
    加入方格編號到堆疊
    往下走
    判斷是否為出口
elif 左一格可走:
    加入方格編號到堆疊
    往左走
    判斷是否為出口
elif 右一格可走:
    加入方格編號到堆疊
    往右走
    判斷是否為出口
else:
    從堆疊刪除一方格編號
    從堆疊中取出一方格編號
    往回走
```

上面的演算法是每次進行移動時所執行的內容,其主要是判斷目前所在位置的上、下、左、右是否有可以前進的方格,若找到可移動的方格,便將該方格的編號加入到記錄移動路徑的堆疊中,並往該方格移動,而當四周沒有可走的方格時,也就是目前所在的方格無法走出迷宮,必須退回前一格重新再來檢查是否有其他可走的路徑。

範例程式 mouse.py ▶ 請設計迷宮問題的 Python 程式實作

```
01  #=============== Program Description ===============
02  # 程式目的:老鼠走迷宮
03
04  class Node:
05      def __init__(self,x,y):
06          self.x=x
07          self.y=y
08          self.next=None
09
10  class TraceRecord:
```

```
11        def __init__(self):
12            self.first=None
13            self.last=None
14
15        def isEmpty(self):
16            return self.first==None
17
18        def insert(self,x,y):
19            newNode=Node(x,y)
20            if self.first==None:
21                self.first=newNode
22                self.last=newNode
23            else:
24                self.last.next=newNode
25                self.last=newNode
26
27        def delete(self):
28            if self.first==None:
29                print('[佇列已經空了]')
30                return
31            newNode=self.first
32            while newNode.next!=self.last:
33                newNode=newNode.next
34            newNode.next=self.last.next
35            self.last=newNode
36
37  ExitX= 8    # 定義出口的 X 座標在第八列
38  ExitY= 10   # 定義出口的 Y 座標在第十行
39  # 宣告迷宮陣列
40  MAZE= [[1,1,1,1,1,1,1,1,1,1,1,1], \
41         [1,0,0,0,1,1,1,1,1,1,1,1], \
42         [1,1,1,0,1,1,0,0,0,0,1,1], \
43         [1,1,1,0,1,1,0,1,1,0,1,1], \
44         [1,1,1,0,0,0,0,1,1,0,1,1], \
45         [1,1,1,0,1,1,0,1,1,0,1,1], \
46         [1,1,1,0,1,1,0,1,1,0,1,1], \
47         [1,1,1,1,1,1,0,1,1,0,1,1], \
48         [1,1,0,0,0,0,0,0,1,0,0,1], \
49         [1,1,1,1,1,1,1,1,1,1,1,1]]
50
51  def chkExit(x,y,ex,ey):
52      if x==ex and y==ey:
53          if(MAZE[x-1][y]==1 or MAZE[x+1][y]==1 or MAZE[x][y-1] ==1
   or MAZE[x][y+1]==2):
54              return 1
55          if(MAZE[x-1][y]==1 or MAZE[x+1][y]==1 or MAZE[x][y-1] ==2
   or MAZE[x][y+1]==1):
```

```
56            return 1
57        if(MAZE[x-1][y]==1 or MAZE[x+1][y]==2 or MAZE[x][y-1] ==1
   or MAZE[x][y+1]==1):
58            return 1
59        if(MAZE[x-1][y]==2 or MAZE[x+1][y]==1 or MAZE[x][y-1] ==1
   or MAZE[x][y+1]==1):
60            return 1
61    return 0
62
63 # 主程式
64
65
66 path=TraceRecord()
67 x=1
68 y=1
69
70 print('[迷宮的路徑(0的部分)]')
71 for i in range(10):
72     for j in range(12):
73         print(MAZE[i][j],end='')
74     print()
75 while x<=ExitX and y<=ExitY:
76     MAZE[x][y]=2
77     if MAZE[x-1][y]==0:
78         x -= 1
79         path.insert(x,y)
80     elif MAZE[x+1][y]==0:
81         x+=1
82         path.insert(x,y)
83     elif MAZE[x][y-1]==0:
84         y-=1
85         path.insert(x,y)
86     elif MAZE[x][y+1]==0:
87         y+=1
88         path.insert(x,y)
89     elif chkExit(x,y,ExitX,ExitY)==1:
90         break
91     else:
92         MAZE[x][y]=2
93         path.delete()
94         x=path.last.x
95         y=path.last.y
96 print('[老鼠走過的路徑(2的部分)]')
97 for i in range(10):
98     for j in range(12):
99         print(MAZE[i][j],end='')
100    print()
```

執行結果

```
[迷宮的路徑(0的部分)]
111111111111
100011111111
111011000011
111011011011
111000011011
111011011011
111011011011
111111011011
110000001001
111111111111
[老鼠走過的路徑(2的部分)]
111111111111
122211111111
111211222211
111211211211
111222211211
111211011211
111211011211
111111011211
110000001221
111111111111
```

11-2-7 八皇后演算法

八皇后問題也是一種常見的堆疊應用實例。在西洋棋中的皇后可以在沒有限定一步走幾格的前提下,對棋盤中的其他棋子直吃、橫吃及對角斜吃(左斜吃或右斜吃皆可),只要後放入的新皇后,放入前必須考慮所放位置直線方向、橫線方向或對角線方向是否已被放置舊皇后,否則就會被先放入的舊皇后吃掉。

利用這種觀念,我們可以將其應用在 4*4 的棋盤,就稱為 4-皇后問題;應用在 8*8 的棋盤,就稱為 8-皇后問題。應用在 N*N 的棋盤,就稱為 N-皇后問題。要解決 N-皇后問題(在此我們以 8-皇后為例),首先當於棋盤中置入一個新皇后,且這個位置不會被先前放置的皇后吃掉,就將這個新皇后的位置存入堆疊。

但是如果當您放置新皇后的該行(或該列)的 8 個位置,都沒有辦法放置新皇后(亦即一放入任何一個位置,就會被先前放置的舊皇后給吃掉)。此時，就必須由堆疊中取出前一個皇后的位置，並於該行（或該列）中重新尋找另一個新的位置放置，再將該位置存入堆疊中，而這種方式就是一種回溯演算法的衍生應用概念。

N-皇后問題的解答，就是配合堆疊及回溯兩種資料結構的概念，以逐行（或逐列）找新皇后位置（如果找不到，則回溯到前一行找尋前一個皇后另一個新的位置，以此類推）的方式，來尋找 N-皇后問題的其中一組解答。

底下分別是 4-皇后及 8-皇后在堆疊存放的內容及對應棋盤的其中一組解。

4-皇后堆疊內容　　　　　　4-皇后的其中一組解

8-皇后堆疊內容　　　　　　8-皇后的其中一組解

範例程式 **queen.py** ▶ 請設計一 Python 程式，來求取八皇后問題的解決方法

```
01   global queen
02   global number
03   EIGHT=8  # 定義最大堆疊容量
04   queen=[None]*8  # 存放 8 個皇后之列位置
05
06   number=0# 計算總共有幾組解的總數
07   # 決定皇后存放的位置
08   # 輸出所需要的結果
09   def print_table():
10       global number
11       x=y=0
12       number+=1
13       print('')
14       print(' 八皇后問題的第 %d 組解 \t' %number)
15       for x in range(EIGHT):
16           for y in range(EIGHT):
17               if x==queen[y]:
18                   print('<q>',end='')
19               else:
20                   print('<->',end='')
21           print('\t')
22       input('\n.. 按下任意鍵繼續 ..\n')
23
24   # 測試在 (row,col) 上的皇后是否遭受攻擊
25   # 若遭受攻擊則傳回值為 1, 否則傳回 0
26   def attack(row,col):
27       global queen
28       i=0
29       atk=0
30       offset_row=offset_col=0
31       while (atk!=1)and i<col:
32           offset_col=abs(i-col)
33           offset_row=abs(queen[i]-row)
34           # 判斷兩皇后是否在同一列在同一對角線上
35           if queen[i]==row or offset_row==offset_col:
36               atk=1
37           i=i+1
38       return atk
39
40   def decide_position(value):
41       global queen
```

```
42        i=0
43        while i<EIGHT:
44            if attack(i,value)!=1:
45                queen[value]=i
46                if value==7:
47                    print_table()
48                else:
49                    decide_position(value+1)
50            i=i+1
51
52    # 主程式
53    decide_position(0)
```

執行結果

```
八皇后問題的第1組解
<q><-><-><-><-><-><-><->
<-><-><-><-><-><q><->
<-><-><-><q><-><-><->
<-><-><-><-><-><-><q>
<-><q><-><-><-><-><-><->
<-><-><-><q><-><-><-><->
<-><-><-><-><-><q><-><->
<-><-><q><-><-><-><-><->

..按下任意鍵繼續..

八皇后問題的第2組解
<q><-><-><-><-><-><-><->
<-><-><-><-><-><-><q><->
<-><-><-><q><-><-><-><->
<-><-><-><-><-><q><-><->
<-><-><-><-><-><-><-><q>
<-><q><-><-><-><-><-><->
<-><-><-><-><q><-><-><->
<-><-><q><-><-><-><-><->

..按下任意鍵繼續..
```

課後習題

1. 演算法必須符合的哪五個條件？

2. 資料在經過排序後，會有什麼好處？

3. 請寫出下列程式的執行結果：

```
def func(a,b,c):
    x = a +b +c
    print(x)
print(func(1,2,3))
```

4. 試簡述分治法的核心精神。

5. 遞迴至少要定義哪兩種條件？

6. 簡述動態規劃法與分治法的差異。

7. 什麼是疊代法，請簡述之。

8. 回溯法的核心概念是什麼？試簡述之。

MEMO

12
CHAPTER

活學活用 2D 視覺化
必學統計圖表

Python 在資料分析的領域表現優秀，可以輕鬆將資料以各種視覺化圖表的形式展現給管理者做決策之用，為了讓數據可以結合圖表來加以呈現，幫助使用者更容易解讀資料背後的意義，因此 Python 也提供 Matplotlib 模組，它是一個強大的資料視覺化 2D 繪圖程式庫，只需要幾行程式碼就能輕鬆產生各式圖表，例如直條圖、折線圖、圓餅圖、散點圖等應有盡有，本章將示範如何將資料透過幾行簡短的程式就可以輕鬆轉換圖表。

12-1 認識 Matplotlib 模組

Matplotlib 套件是 Python 相當受歡迎的繪圖程式庫（Plotting Library），包含大量的模組，利用這些模組就能建立各種統計圖表。Matplotlib 套件能製作的圖表非常多種，本章將針對常用圖表做介紹，如果各位有興趣查看更多的圖表範例，可以連上官網的範例程式頁面，參考所有圖表範例的外觀。（網址：https://matplotlib.org/gallery/index.html）頁面根據圖形種類清楚分類，而且每個分類有圖表縮圖。

點擊能查看程式碼

想要製作哪一種圖表，只要點擊圖形就可以看到該圖表的簡介及程式碼。

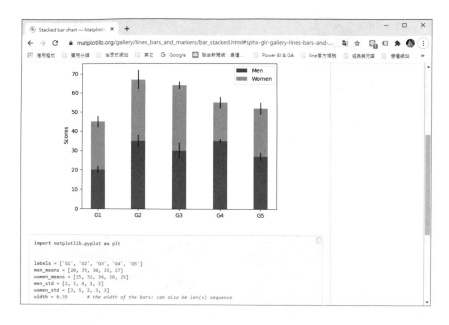

例如上圖的圖表範例的程式碼，在下方會完整列出，只要如下簡單幾行程式碼就可輕易繪製出如上的圖表外觀：

```
01    import matplotlib.pyplot as plt
02
03
04    labels = ['G1', 'G2', 'G3', 'G4', 'G5']
05    men_means = [20, 35, 30, 35, 27]
06    women_means = [25, 32, 34, 20, 25]
07    men_std = [2, 3, 4, 1, 2]
08    women_std = [3, 5, 2, 3, 3]
09    width = 0.35    # the width of the bars: can also be len(x) sequence
10
11    fig, ax = plt.subplots()
12
13    ax.bar(labels, men_means, width, yerr=men_std, label='Men')
14    ax.bar(labels, women_means, width, yerr=women_std, bottom=men_means,
15          label='Women')
16
17    ax.set_ylabel('Scores')
18    ax.set_title('Scores by group and gender')
19    ax.legend()
20
21    plt.show()
```

活學活用 2D 視覺化必學統計圖表

底下列出幾個 Gallery 分類中精美且多樣化的統計圖表，想要查看更多精彩的圖表範例，可以參考官方網站：

- **Lines, bars and markers**

- **Images, contours and fields**

■ Statistics

■ Shapes and collections

活學活用 2D 視覺化必學統計圖表

12-1-1　Matplotlib 安裝

　　Matplotlib 可以繪製各式的圖表，首先我們以最常用的折線圖來說明 Matplotlib 基本繪圖的方法。Matplotlib 模組常與 NumPy 套件一起使用，安裝這兩個套件最簡單的方式就是安裝 Anaconda 套件包，通常安裝好 Anaconda 之後常用的套件會一併安裝，也包含 Matplotlib 以及 NumPy 套件，您可以使用 pip list 或 conda list 指令查詢安裝的版本。以 pip list 為例，會得到類似如下的畫面，可以看到各種模組的版本訊息：

```
Package           Version
---------------   -------
colorama          0.4.4
cycler            0.10.0
kiwisolver        1.3.1
numpy             1.19.4
Pillow            8.0.1
pip               20.3.1
pyparsing         2.4.7
python-dateutil   2.8.1
qrcode            6.1
setuptools        49.2.1
six               1.15.0
```

　　如果要安裝 NumPy 套件可以直接下達底下指令。

```
pip install numpy
```

　　如果列表裡沒有 Matplotlib 套件，根據官網的安裝說明，請執行下列指令完成安裝。

```
python -m pip install -U pip
python -m pip install -U matplotlib
```

12-2 長條圖

所有統計圖表中，長條圖（Bar Chart）算是較常使用的圖表，長條圖一種以視覺化長方形的長度為變量的統計圖表。而長條圖容易看出數據的大小，經常拿來比較數據之間的差異，這一節就來看看長條圖的繪製方法。長條圖亦可橫向排列，或用多維方式表達。除了折線圖外，長條圖也是一種較常被使用統計圖表，因此長條圖常用來表示不連續資料，例如成績、人數或業績的比較，或是各地區降雨量的比較都非常適合用長條圖的方式來呈現。

ChatGPT 幫幫忙

 什麼是堆疊長條圖？跟長條圖有什麼區別？

堆疊長條圖（Stacked bar chart）是一種長條圖的變體，用於同時比較多個類別的數據，同時顯示每個類別的組成部分。與傳統的長條圖（bar chart）相比，它的主要區別在於：

1. **堆疊效應：**堆疊長條圖中，每個長條被分成多個不同的部分，每個部分代表該類別的一個子類別或屬性。這些部分堆疊在一起，形成整個長條的高度。

2. **總體數據：**每個長條的高度代表該類別的總體數據，即所有不同部分的總和。這使得你可以看到每個類別的整體趨勢。

3. **組成部分：**同時，每個長條的不同部分表示該類別的不同子類別或屬性的貢獻。這使你可以比較不同類別的內部結構。

應用上的區別是，堆疊長條圖通常用於呈現多個類別的整體趨勢和它們的內部結構。這對於展示數據的組成成分以及不同類別對總體的貢獻非常有用。傳統的長條圖則主要用於比較不同類別之間的絕對值，而不強調內部結構。

12-2-1 垂直長條圖

長條圖又稱為條狀圖、柱狀圖，繪製方式與折線圖大同小異，只要將 plot() 改為 bar()，底下我們用下表來練習。

第 1 學期	第 2 學期	第 3 學期	第 4 學期	第 5 學期	第 6 學期	第 7 學期	第 8 學期
95.3	94.2	91.4	96.2	92.3	93.6	89.4	91.2

大學四年各學期的平均分數

範例程式 **barChart.py** ▶ 大學四年各學期的平均分數直條圖

```
01   # -*- coding: utf-8 -*-
02
03   import matplotlib.pyplot as plt
04
05   plt.rcParams['font.sans-serif'] ='Microsoft JhengHei'
06
07   x = ['第 1 學期', '第 2 學期', '第 3 學期', '第 4 學期','第 5 學期', '第 6
     學期', '第 7 學期', '第 8 學期']
08   s = [95.3, 94.2,91.4,96.2,92.3, 93.6,89.4,91.2]
09   plt.bar(x, s)
10   plt.ylabel('平均分數')
11   plt.title('大學四年各學期的平均分數')
12   plt.show()
```

執行結果

Matplotlib 的 bar 語法如下：

```
plt.bar(x, height[, width][, bottom][, align][,**kwargs])
```

參數說明如下：

■ **x**：x 軸的數列資料。

- **height**：y 軸的數列資料。

- **width**：長條的寬度（預設值：0.8）。

- **bottom**：y 座標底部起始值（預設值：0）。

- **align**：長條的對應位置，可選擇 center 與 edge 兩種。

  - 'center'：將長條的中心置於 x 軸位置的中心位置

  - 'edge'：長條的左邊緣與 x 軸位置對齊

- ****kwargs**：設定屬性，常用屬性如下表。

屬性	縮寫	說明
color		長條顏色
edgecolor	ec	長條邊框顏色
linewidth	lw	長條邊框寬度

例如下式執行之後會得到下方長條圖：

```
plt.bar(x, s,width=0.5, align='edge', color='y', ec='b',lw=2)
```

執行結果

ChatGPT 幫幫忙

請設一 Python 程式，繪製一個大學四年各學期的平均分數直條圖。

範例程式：barChartGPT.py

要繪製大學四年各學期的平均分數直條圖，你可以使用Matplotlib和NumPy來創建一個簡單的Python程式。首先，確保你已經安裝了Matplotlib和NumPy。然後，你可以使用以下程式碼繪製直條圖：

```python
import matplotlib.pyplot as plt
import numpy as np

# 學期數據
semesters = ['第一學期', '第二學期', '第三學期', '第四學期',
             '第五學期', '第六學期', '第七學期', '第八學期']

average_scores = [85, 88, 90, 87, 89, 91, 92, 93]  # 更換為你的實際數據

# 創建一個直條圖
plt.bar(semesters, average_scores, color='skyblue')

# 添加標題和標籤
plt.title('大學四年各學期平均分數')
plt.xlabel('學期')
plt.ylabel('平均分數')

# 顯示圖表
plt.xticks(rotation=45)  # 旋轉 x 軸標籤以避免重疊
```

12-2-2 橫條圖

橫條圖是水平方向的長條圖，語法與 bar() 大致，差別在於 width 是定義數值，而 height 是設定橫條圖的粗細，圖表的起始值從底部（Bottom）改為左邊改為（Left），語法如下所示：

```
plt.barh(y, width[, height][, left][, align='center'][, **kwargs])
```

前一小節的垂直長條圖範例 barChart.py 改為橫條圖，只要將 bar() 改為 barh()。

📝 **範例程式 barhChart.py** ▶ 大學四年各學期的平均分數橫條圖

```
01  # -*- coding: utf-8 -*-
02
03  import matplotlib.pyplot as plt
04
05  plt.rcParams['font.sans-serif'] ='Microsoft JhengHei'
06
07  x = ['第 1 學期 ', '第 2 學期 ', '第 3 學期 ', '第 4 學期 ','第 5 學期 ', '第 6 學期 ', '第 7 學期 ', '第 8 學期 ']
08  s = [95.3, 94.2,91.4,96.2,92.3, 93.6,89.4,91.2]
09  plt.barh(x, s)
10  plt.ylabel(' 平均分數 ')
11  plt.title(' 大學四年各學期的平均分數 ')
12  plt.show()
```

(執行結果)

如果使用中文，資料數列有負值時，必須加上將 axes.unicode_minus 屬性設為 False，請參考底下範例。

範例程式 **barhCharMinus.py** ▶ 今年度營業獲利的概況

```
01   # -*- coding: utf-8 -*-
02
03   import matplotlib.pyplot as plt
04
05   plt.rcParams['font.sans-serif'] ='Microsoft JhengHei'
06   plt.rcParams['axes.unicode_minus']=False
07
08   x = ['第一季', '第二季', '第三季', '第四季']
09   s = [20000,15000,17000, -8000]
10   plt.barh(x, s,color='red')
11   plt.ylabel('季別')
12   plt.xlabel('損益金額')
13   plt.title('今年度營業獲利的概況')
14   plt.show()
```

執行結果

12-2-3 以長條圖並排比較數據

前面繪製折線圖時可以將兩條折線繪製在同一個圖表，長條圖也可以把兩個數據放在一起比較，我們來看看如何操作。

範例程式 **barCharDouble.py** ▶ 大學四年各學期平均成績比較表

```
01  # -*- coding: utf-8 -*-
02
03  import matplotlib.pyplot as plt
04  import numpy as np
05  plt.rcParams['font.sans-serif'] ='Microsoft JhengHei'
06
07  x=[' 上學期 ', ' 下學期 ']
08  s1,s2,s3,s4 = [13.2, 20.1], [11.9, 14.2], [15.1, 22.5], [15, 10]
09
10  index = np.arange(len(x))
11  width=0.15
12  plt.bar(index - 1.5*width, s1, width, color='b')
13  plt.bar(index - 0.5*width, s2, width, color='r')
14  plt.bar(index + 0.5*width, s3, width, color='y')
15  plt.bar(index + 1.5*width, s4, width, color='g')
16
17  plt.xticks(index, x)
18  plt.legend(['2017年 ','2018年 ','2019年 ','2020年 '])
19
20  plt.ylabel(' 平均分數，取到小數點第一位 ')
21  plt.title(' 大學四年各學期平均成績比較表 ')
22  plt.show()
```

活學活用 2D 視覺化必學統計圖表

執行結果

範例中指令的兩組數列,分別是 s1 與 s2,利用 numpy 的 arange() 方法取得 x 軸位置,arange() 就類似 Python 的 range(),只是 arange() 回傳的是 array;range() 返回的是 list。arange() 語法如下:

```
np.arange([start,]stop[,step][,dtype])
```

參數說明如下:

- **start**:數列的起始值,省略表示從 0 開始。
- **stop**:數列的結束值。
- **step**:間距,省略則 step=1。
- **dtype**:輸出的數列類型,例如 int、float、object,不指定會自動由輸入的值判斷類型。

arange() 返回的是 ndarray,值是半開區間,包括起始值,但不包括結束值,底下舉 4 種用法以及其回傳的 array。

```
index = np.arange(3.0)   # index =[0. 1. 2.]
index = np.arange(5)   #index =[0 1 2 3 4]
index = np.arange(1,10,2)   #index =[1 3 5 7 9]
index = np.arange(1,9,2)    #index =[1 3 5 7]
```

範例 np.arange(len(x)) 中的 len(x) 是取得 x 的個數,也就相當於 np.arange(4),因此會得到陣列 [0 1 2 3],這 4 個值就是 x 軸座標位置,變數 width 定義長條的寬度為 0.15,s1 往左移長條寬一半的距離(width/2),s2 往右移長條寬度一半的距離就能將 s1 與 s2 數列同時呈現在一個圖表內。

12-3 直方圖

在上一節學會了如何繪製長條圖,展現不同類別數據的比較,在統計學中,直方圖是一種對數據分布情況的圖形表示,這一節我們就來學習如何繪製直方圖(Histogram)。

12-3-1 直方圖與長條圖差異

　　底下兩張圖表，左邊是長條圖（Bar Chart），右邊是直方圖（Histogram），看起來很類似，實際上是不相同的圖表，先來看看兩者的差異。

長條圖

直方圖

長條圖（Bar Chart）

　　x 軸是放置「類別變量」，用來比較不同類別資料的差異，因為數據彼此沒有關係，因此長條之間通常會保留空隙不會相連在一起。例如下列資料適合使用長條圖：

- 好感度調查：以調查對象為類別。
- 各學期的平均成績：以學期為類別。
- 每季的下雨量：以季為類別。

直方圖（Histogram）

　　x 軸是放置「連續變量」，用來呈現連續資料的分佈狀況，因為數據有連續關係，通常長條之間會相連在一起。例如：

- 人口分布：以成績區間為類別（0～9、10～19、20～29...、90～100）。
- 年齡分布：以年齡區間為類別（0～9、10～19、20～29...、90～100）。

　　接下來，我們就實際來繪製直方圖。

活學活用 2D 視覺化必學統計圖表

12-3-2 繪製直方圖

繪製直方圖的函數是 hist()，語法如下：

```
n, bins, patches = plt.hist(x, bins, range, density, weights, **kwargs)
```

hist() 的參數很多，除了 x 之外，其他都可以省略，底下僅列出常用的參數來說明，詳細參數請參考 Matplotlib API（網址：https://matplotlib.org/api/）。

- **x**：要計算直方圖的變量。

- **bins**：組距，預設值為 10。

- **range**：設定分組的最大值與最小值範圍，格式為 tuple，用來忽略較低和較高的異常值，預設為 (x.min(), x.max())。

- **density**：呈現概率密度，直方圖的面積總和為 1，值為布林（True/False）。

- **weights**：設定每一個數據的權重。

- ****kwargs**：顏色及線條等樣式屬性。

plt.hist() 的回傳值有 3 個：

- **n**：直方圖的值。

- **bins**：組距。

- **patches**：每個 bin 裡面包含的數據列表（List）。

譬如底下數列是班上 25 位同學的英文成績，我們可以透過直方圖看出成績分布狀況。

```
grade = [90,72,45,18,13,81,65,68,73,84,75,79,58,78,96,100,98,64,43,2,63
,71,27,35,45,65]
```

📎 **範例程式** **hist.py** ▶ 直方圖實作

```
01  # -*- coding: utf-8 -*-
02
03  import matplotlib.pyplot as plt
```

```
04
05   plt.rcParams['font.sans-serif'] ='Microsoft JhengHei'
06   plt.rcParams['font.size']=18
07
08   grade = [90,72,45,18,13,81,65,68,73,84,75,79,58,78,96,100,98,64,43,
         2,63,71,27,35,45,65]
09
10   plt.hist(grade, bins = [0,10,20,30,40,50,60,70,80,90,100],edgecolor
         = 'b')
11   plt.title(' 全班成績直方圖分布圖 ')
12   plt.xlabel(' 考試分數 ')
13   plt.ylabel(' 人數統計 ')
14   plt.show()
```

執行結果

如果想要在圖上顯示數值，可以善用這兩個回傳值，請看底下範例。

範例程式 **hist01.py** ▶ 英文成績分布直方圖顯示數值

```
01   # -*- coding: utf-8 -*-
02
03   import matplotlib.pyplot as plt
04
05   plt.rcParams['font.sans-serif'] ='Microsoft JhengHei'
06   plt.rcParams['axes.unicode_minus']=False
```

```
07   plt.rcParams['font.size']=15
08
09   grade = [90,72,45,18,13,81,65,68,73,84,75,79,58,78,96,100,98,64,43,
     2,63,71,27,35,45,65]
10
11   n, b, p=plt.hist(grade, bins = [0,10,20,30,40,50,60,70,80,90,100],
     edgecolor = 'r')
12
13   for i in range(len(n)):
14   plt.text(b[i]+10, n[i], int(n[i]), ha='center', va='bottom',
     fontsize=12)
15
16   plt.title(' 全班成績直方圖分布圖 ')
17   plt.xlabel(' 考試分數 ')
18   plt.ylabel(' 人數統計 ')
19   plt.show()
```

執行結果

plt.text() 方法可以在圖上加上文字，用法如下：

```
plt.text(x, y, s[, fontdict][, withdash][, **kwargs])
```

參數說明如下：

- **x, y**：文字放置的座標位置。

- **s**：顯示的文字。

- **fontdict**：修改文字屬性，例如：

```
bbox=dict(facecolor='red', alpha=0.5)    #設定文字邊框
horizontalalignment='center'   #設定水平對齊方式，可簡寫 ha，值有 'center'、
'right'、'left'
verticalalignment='top'     #設定垂直對齊方式，可簡寫 va，值有 'center'、'top'、
'bottom'、'baseline'
```

- **withdash**：建立的是 TextWithDash 實體而不是 Text 實體，值是布林
  （True/False），預設為 False。

12-4 折線圖繪製

折線圖（Line Chart）是使用 Matplotlib 的 pyplot 模組，使用前必須先匯
入，由於 pyplot 物件經常會使用到，我們可以建立別名方便取用。例如底下
指令：

```
import matplotlib.pyplot as plt
```

pyplot 模組繪製基本的圖形非常快速而且簡單，使用步驟與語法如下：

1. 設定 x 軸與 y 軸要放置的資料串列：plt.plot(x,y)。

2. 設定圖表參數：例如 x 軸標籤名稱 plt.xlabel()、y 軸標籤名稱 plt.ylabel()、
    圖表標題 plt.title()。

3. 輸出圖表：plt.show()。

ChatGPT 幫幫忙

 plt.fill_between() 是什麼？

> `plt.fill_between()` 是Matplotlib中的一個函數，用於在折線圖或曲線圖中填充兩個垂直的折線之間的區域。這可以用於強調數據區域、突出趨勢或視覺化不同區域之間的關係。
>
> 函數的基本語法如下：

```python
plt.fill_between(x, y1, y2, where=None, interpolate=False, alpha=1.0, color=
```

其中各個參數的解釋如下：

- `x`：x軸的數據，通常是一個數字序列。
- `y1`：上限折線的y軸數據。
- `y2`：下限折線的y軸數據。
- `where`：指定一個條件（一個布爾值的數組），用於指示在哪些位置應用填充。可以用來限制填充的區域。
- `interpolate`：如果為True，則在兩個折線之間進行線性插值以填充區域。
- `alpha`：設定填充的透明度（0.0表示完全透明，1.0表示完全不透明）。
- `color`：設定填充的顏色。

📎 **範例程式** **line01.py** ▶ 繪製各月的兼職工作的收入資料折線圖

```python
01  # -*- coding: utf-8 -*-
02
03  import matplotlib.pyplot as plt
04
05  x=[1,2,3,4,5,6,7,8,9,10,11,12]
06  y=[16800,20000,21600,25400,12800,20000,25000,14600,32800,25400,1800
    0,10600]
07  plt.plot(x, y, marker='.')
08  plt.xlabel('month')
09  plt.ylabel('salary income')
10  plt.title('the income for each month')
11  plt.show()
```

執行結果

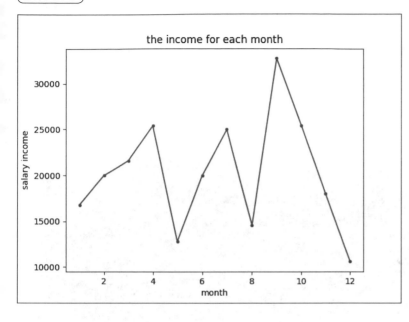

程式使用了 plt 的 plot 方法來繪圖，語法如下：

```
plt.plot([x], y, [fmt])
```

參數 x 與 y 是座標串列，x 與 y 的元素個數要相同才能夠繪製圖形，x 可省略，如果省略的話，Python 會自己加入從 0 開始的串列來對應 ([0, 1, 2, …, n1])。

參數 fmt 是用來定義格式，例如標記樣式、線條樣式等等，可省略（預設是藍色實線）。範例中 x 軸為月份，y 軸為溫度，xlabel()、ylabel() 是用來設定標籤名稱，title() 則是圖表標題，最後呼叫 show 方法繪出圖表。

瞭解 Matplotlib 基本的用法之後，底下章節會再進一步介紹 Matplotlib 常用的幾種圖表，在這之前，先來介紹如何改變圖表的線條寬度、顏色以及為樣本加上標記圖示。

ChatGPT 幫幫忙

請設一 Python 程式,繪製各月的兼職工作的收入資料折線圖。

範例程式:line01GPT.py

要繪製各月份的兼職工作收入資料折線圖,你可以使用Matplotlib。以下是一個示例Python程式,以創建這樣的折線圖:

```python
import matplotlib.pyplot as plt

# 月份數據
months = ['一月', '二月', '三月', '四月', '五月', '六月', '七月', '八月', '九月',

# 兼職工作收入數據,假設這是你的實際收入數據
income_data = [1000, 1200, 1400, 1100, 1300, 1500, 1600, 1800, 1900, 1700,

# 創建折線圖
plt.plot(months, income_data, marker='o', linestyle='-', color='b')

# 添加標題和標籤
plt.title('各月份兼職工作收入資料')
plt.xlabel('月份')
plt.ylabel('收入 (美元)')
```

12-5 Matplotlib 重要的屬性功能

　　使用 Matplotlib 模組圖表繪製的過程中經常會需要設定 color（顏色）、linestyle（線條）與 marker（標記圖示）這三種屬性,Matplotlib 貼心地提供幾種快速設定的方式可以使用,底下就來介紹這些屬性的設定方式。

12-5-1　色彩指定的方式

　　Matplotlib 指定色彩的方法有好幾種,不管是使用色彩的英文全名、HEX（十六進位碼）、RGB 或 RGBA 都可以,Matplotlib 也針對 8 種常用顏色提供單字縮寫方便快速取用,下表整理 8 種常用顏色的各種表示法,供讀者參考。

顏色	英文全名	顏色縮寫	RGB	RGBA	HEX
黑色	black	k	(0,0,0)	(0,0,0,1)	#000000
白色	white	w	(1,1,1)	(1,1,1,1)	#FFFFFF
藍色	blue	b	(0,0,1)	(0,0,1,1)	#0000FF
綠色	green	g	(0,1,0)	(0,1,0,1)	#00FF00
紅色	red	r	(1,0,0)	(1,0,0,1)	#FF0000
藍綠色	cyan	c	(0,1,1)	(0,1,1,1)	#00FFFF
洋紅色	magenta	m	(1,0,1)	(1,0,1,1)	#FF00FF
黃色	yellow	y	(1,1,0)	(1,1,0,1)	#FFFF00

舉例來說，前面的範例 lineChart.py 想把圖形的線條顏色改為紅色，可以如下表示：

```
plt.plot(x,y,color='r')    # 顏色縮寫
plt.plot(x,y,color=(1,0,0))    #RGB
plt.plot(x,y,color='#FF0000')    #HEX
plt.plot(x,y,color='red')    # 英文全名
```

color 屬性也可以直接使用 0 ～ 1 的浮點數指定灰度級別，例如：

```
plt.plot(x,y,color='0.5')
```

12-5-2　設定線條寬度與樣式

linewidth 屬性是用來設定線條寬度，可縮寫為 lw，值為浮點數，預設值為 1，舉例來說，想要將線條寬度設為 5，可以如下表示：

```
plt.plot(x, y,lw=5)
```

linestyle 屬性是用來設定線條的樣式，可以簡寫為 ls，預設為實線，可以指定符號或是書寫樣式全名，常用的樣式請參考下表。

線條樣式	符號	全名	圖形
實線	-	solid	————————————
虛線	--	dashed	- - - - - - - - - - - - -
虛點線	-.	dashdot	—-—-—-—-—-—
點線	:	dotted	··················

舉例來說，想要將線條樣式設為虛線，可以如下表示：

```
plt.plot(x, y,ls='--')
```

12-5-3　設定標記樣式

marker 屬性是用來設定標記樣式，常用的圖示請參考下表。

符號	標記圖示	說明
.	●	小圓
o	●	圓形（小寫英文字母 o）
v	▼	倒三角
^	▲	三角形
<	◀	左三角
>	▶	右三角
8	●	八角形
s	■	方形
*	★	星形
x	✕	X 字
X	✖	填色 X
D	◆	菱形
d	◆	菱形
|	|	垂直線
0	─	左刻度
1	─	右刻度
2	╵	上刻度
3	╷	下刻度

舉例來說，想要設定樣本標記圖樣為圓形，可以如下表示：

```
plt.plot(x, y, marker='o')
```

標記的顏色及尺寸可以由下列屬性設定：

屬性	縮寫	說明
markerfacecolor	mfc	標記顏色
markersize	ms	標記尺寸，值為浮點數
markeredgecolor	mec	標記框線顏色
markeredgewidth	mew	標記框線寬度

例如想要將標記設為圓形，尺寸為 10 點，顏色設定為紅色、框線為藍色，可以如下設定：

```
plt.plot(x, y, marker='d',ms=10, mfc='r', mec='b')
```

執行之後結果會如下圖。

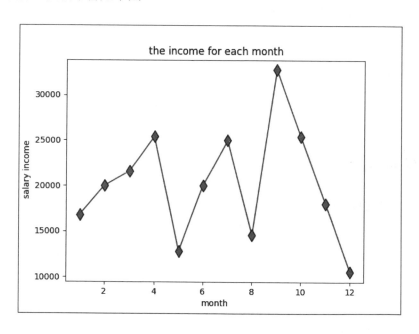

12-6 繪製數學函數圖形

我們知道數學函數的變數之間會有對應關係，譬如函數 y=f(x)，每指定一個 x 值都有一個 y 值與其對應，如果將 x,y 當成座標，在平面上標出對應的點就能畫出函數圖形,直接觀察到圖形的變化,這種二維圖形很適合使用 Matplotlib 套件來繪製。本節就來介紹幾種數學函數圖形的應用。

12-6-1 繪製一元一次方程式

進入繪製函數圖形之前,我們要先來介紹一個好用的 NumPy 模組。

NumPy 模組是 Python 很重要的模組,具備平行處理的能力,能處理龐大的多維度矩陣資料(N-dimensional Array, ndarray),提供高效能運算並提供更有效率的儲存資料方式。

Matplotlib 套件常常會搭配 NumPy 模組做資料的處理,不少重量級套件(例如 Pandas、SciPy 等)也會搭配 NumPy 模組來做應用。

NumPy 模組使用之前同樣必須先匯入,下行是匯入 NumPy 模組並指定別名為 np 的語法。

```
import numpy as np
```

現在我們就從基本的一元一次方程式的圖形來實作。

ChatGPT 幫幫忙

 什麼是 LaTeX 語法?在繪製一元一次方程式有什麼幫助?

LaTeX是一種專業的排版系統和標記語言,用於創建高品質的文檔,特別在學術、科學和技術領域中廣泛使用。LaTeX語法使用一組特定的命令和符號,用於描述文檔的結構、格式、排版和數學公式。

在繪製一元一次方程式的圖形中,LaTeX語法有以下幫助:

1. **數學公式排版**:LaTeX提供了豐富的數學排版功能,包括特殊符號、公式編寫和排版風格。這對於在圖表上添加數學公式非常有幫助,特別是一元一次方程式。
2. **專業排版**:LaTeX可以生成高品質的排版結果,使圖表和文檔看起來專業且易於閱讀。這對於向他人展示或出版文檔非常有幫助。

範例程式 **math01.py** ▶ 一元一次方程式的圖形

```
01  # -*- coding: utf-8 -*-
02
03  import matplotlib.pyplot as plt
04  import numpy as np
05
06  x = np.linspace(0, 30, 20)
07  y = 3*x+2
08  plt.plot(x,y,color='red')
09  plt.xlabel('x')
10  plt.ylabel('y')
11  plt.title('Unary equation')
12  plt.grid(b=True, which='major')
13  plt.show()
```

執行結果

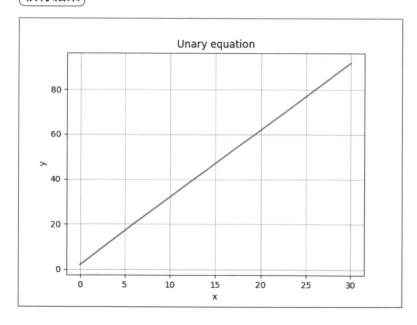

範例需要取 x 值的樣本，這裡我們利用 NumPy 套件的 linspace 方法來快速產生，語法如下：

```
np.linspace(start, stop, num[, endpoint][, retstep][, dtype])
```

np.linspace() 會傳回間隔均勻等分的陣列（Array），參數說明如下：

- **start**：數列的起始值。

- **stop**：數列的結束值。

- **num**：要產生的樣本數，必須為正整數，可省略，預設為 50。

- **endpoint**：是否要包含結束值，參數值為布林（Ture/False），預設為 True。

  ❶ True 或 1 表示樣本包含結束值，相當於閉區間 [a, b] = {x| a ≤ x ≤ b}

  ❷ False 或 0 表示樣本不包含結束值，相當於半開區間 [a, b) = {x| a ≤ x < b}

- **retstep**：回傳值是否要包含樣本間距，參數值為布林（Ture/False），預設為 False True 或 1 表示要回傳，回傳格式為：（樣本數列 , 間距）False 或 0 表示不回傳。

- **dtype**：輸出的數列類型，例如 int、float、object，不指定會自動由輸入的值判斷類型。

範例中 x 值是在閉區間 [-10, 10] 產生 30 個樣本數，如果您將 x 輸出，可以得到如下的陣列（Array）：

```
[[ 0.          1.57894737  3.15789474  4.73684211  6.31578947
7.89473684
   9.47368421 11.05263158 12.63157895 14.21052632 15.78947368
17.36842105
  18.94736842 20.52631579 22.10526316 23.68421053 25.26315789
26.84210526
  28.42105263 30.          ]
```

程式使用了 pyplot 模組的 grid() 方法，用來設定圖表是否要顯示格線，語法如下：

```
grid(b, which, axis, **kwargs)
```

參數說明如下：

- **b**：是否要顯示格線，參數值為布林（Ture/False），True 是顯示；False 是不顯示。

- **which**：設定要顯示的格線，參數值有 3 個，分別是 major（顯示主格線）、minor（顯示次要格線）、both。

- **axis**：設定顯示哪一軸的格線，參數值有 3 個，分別是 x、y、both。

- ****kwargs**：設定格線屬性，常用的屬性有 color、linestyle、linewidth。

12-6-2　繪製三角函數的圖形

NumPy 提供三角函數指令，使用方式非常簡單，下表為 NumPy 提供三角函數。

函數	說明
sin(x)	正弦
cos(x)	餘弦
tan(x)	正切
arcsin(x)	反正弦
arccos(x)	反餘弦
arctan(x)	反正切
hypot(x1, x2)	直角三角形求斜邊
degrees(x)	弧度轉換為角度
radians(x)	角度轉換為弧度
deg2rad(x)	角度轉換為弧度
rad2deg(x)	弧度轉換為角度

例如想要將角度 180 轉換為弧度，程式可以如下表示：

```
import numpy as np

r = np.deg2rad(180)
print(r)
```

執行之後會得到 3.141592653589793。

接下來，我們試著繪製正弦函數 sin(x) 與餘弦函數 cos(x) 的圖形。

範例程式 **sin_cos.py** ▶ 正弦、餘弦的基本函數圖形

```
01   # -*- coding: utf-8 -*-
02   """
03   正弦函數 s=sin(x)
04   餘弦函數 c=cos(x)
05   """
06   import matplotlib.pyplot as plt
07   import numpy as np
08
09   x = np.linspace(-2*np.pi, 2*np.pi, 100)
10   s, c=np.sin(x), np.cos(x)
11   plt.plot(x, s)
12   plt.plot(x, c)
13   plt.xticks([-2*np.pi,-np.pi,0, np.pi, 2*np.pi],['-$2\pi$', '-$\
     pi$','0', '$\pi$', '$2\pi$'])
14   plt.legend(['sin','cos'])
15   plt.show()
```

執行結果

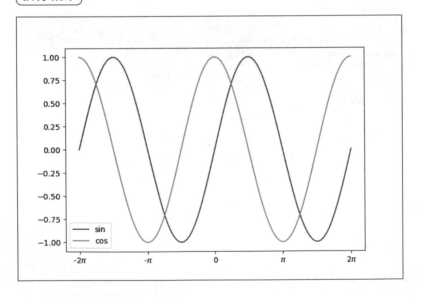

　　範例分別繪製 sin(x) 與 cos(x) 在 -2π ～ 2π 的圖形，樣本數取 100 個，圖表中有兩個圖形，為了讓人能了解哪個顏色代表哪一個圖形，可以加上圖例，語法如下：

```
plt.legend([*args][,**kwargs])
```

參數 *args 是圖例標籤內容，例如範例裡面指定圖例標籤名稱為 sin 與 cos，如下行：

```
plt.legend(['sin','cos'])
```

我們也可以直接將標籤名稱定義在 plot() 方法，例如：

```
plt.plot(x, s ,label='sin')
plt.plot(x, c ,label='cos')
```

如此一來，plt.legend() 就可以省略 *args 參數。

另一個參數 **kwargs 是設定圖例的屬性，常用的屬性有下列幾種：

屬性	說明
loc	圖例位置（設定值稍後說明）
fontsize	字體大小（預設 10.0），可以輸入整數、浮點數或者下列屬性值 xx-small、x-small、small、medium、large、x-large、xx-large
frameon	是否顯示圖例邊框，值為布林（True/False），預設為顯示（True）
edgecolor	圖例邊框顏色（frameon 必須為 True）
facecolor	圖例背景顏色（frameon 必須為 True）

屬性 loc 是設定圖例在圖表中的位置，可以輸入位置字串或代碼，如果省略會預設為自動選擇適當位置（相當於 best），設定值請參考下表。

位置字串	代碼
'best'	0
'upper right'	1
'upper left'	2
'lower left'	3
'lower right'	4
'right'	5
'center left'	6
'center right'	7
'lower center'	8
'upper center'	9
'center'	10

舉例來說，前面範例的 legend 方法如果改為下式：

```
plt.legend(['sin','cos'],loc=3,fontsize='xx-large',edgecolor='y',faceco
lor='r')
```

執行的結果將如下圖：

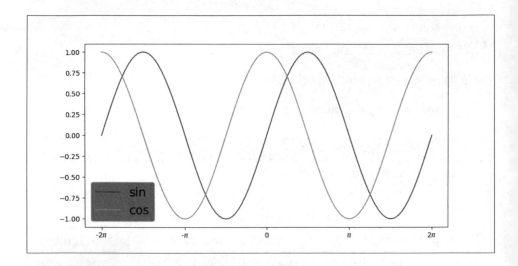

12-7 圓形圖

　　圓形圖（又稱為圓餅圖或派圖，Pie Chart）是一個劃分為幾個扇形的圓形統計圖表，能夠清楚顯示各類別數量相對於整體所佔的比重，在圓形圖中，每個扇區的弧長大小為其所表示的數量的比例，這些扇區合在一起剛好是一個完全的圓形。經常使用於商業統計圖表，譬如各業務單位的銷售額、各種選舉的實際得票數等等，稍後將介紹圓形圖的製作方式。圓形圖是以每個扇形區相對於整個圓形的大小或百分比來繪製，使用的是 Matplotlib 的 pie 函數，語法如下：

```
plt.pie(x, explode, labels, colors, autopct, pctdistance, shadow,
labeldistance,startangle, radius, counterclock, wedgeprops, textprops,
center, frame,rotatelabels)
```

　　除了 x 之外，其他參數都可省略，參數說明如下：

■ **x**：繪圖的數組。

- **explode**：設定個別扇形區偏移的距離，用意是凸顯某一塊扇形區，值是與 x 元素個數相同的數組。

- **labels**：圖例標籤。

- **colors**：指定圓餅圖的填滿顏色。

- **autopct**：顯示比率標記，標記可以是字串或函數，字串格式是 %，例如：%d（整數）、%f（浮點數），預設值是無（None）。

- **pctdistance**：設置比率標記與圓心的距離，預設值是 0.6。

- **shadow**：是否添加圓餅圖的陰影效果，值為布林（Ture/False），預設值 False。

- **labeldistance**：指定各扇形圖例與圓心的距離，值為浮點數，預設值 1.1。

- **startangle**：設置圓餅圖的起始角度。

- **radius**：指定半徑。

- **counterclock**：指定圓餅圖呈現方式逆時針或順時針，值為布林（Ture/False），預設為 True。

- **wedgeprops**：指定圓餅圖邊界的屬性。

- **textprops**：指定圓餅圖文字屬性。

- **center**：指定中心點位置，預設為 (0,0)。

- **frame**：是否要顯示圓餅圖的圖框，值為布林（Ture/False），預設為 False。

- **rotatelabels**：標籤文字是否要隨著扇形轉向，值為布林（Ture/False），預設為 False。

假設雲端科技公司做了員工旅遊地點的問券調查，調查結果如下表：

項目	人數
高雄	26
花蓮	12
台中	21
澎湖	25
宜蘭	35

我們來看看要如何將這個調查結果以圓餅圖來呈現。

範例程式 **pie.py** ▶ 滿意度調查圓餅圖

```
01  # -*- coding: utf-8 -*-
02
03  import matplotlib.pyplot as plt
04
05  plt.rcParams['font.sans-serif'] ='Microsoft JhengHei'
06  plt.rcParams['font.size']=12
07
08  x = [26,12,21,25,35]
09  labels = '高雄','花蓮','台中','澎湖','宜蘭'
10  explode = (0.2, 0, 0, 0,0)
11  plt.pie(x,labels=labels, explode=explode, autopct='%.1f%%',
12          shadow=True)
13
14  plt.show()
```

執行結果

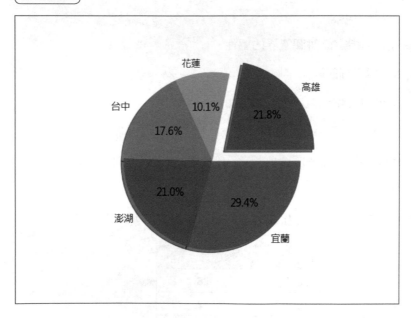

從圓餅圖就能清楚看出每個項目的相對比例關係，範例中為了凸顯「高雄」這個項目，所以加了 explode 參數，將第一個項目設為偏移 0.2 的距離。autopct 參數是設定每一個扇形顯示的文字標籤格式，這裡參數值是如下表示：

```
'%.1f%%'
```

前面的「%.1f」指定小數點 1 位的浮點數，因為 % 是關鍵字，不能直接使用，必須使用「%%」才能輸出百分比符號。

12-8 以子圖方式呈現多圖

介紹了這麼多種圖形，如果想放在一起顯示可以嗎？本單元將示範如何利用子圖功能將多種圖形組合在一起顯示。在資料呈現上，長條圖可以看出趨勢、圓形圖可以快速地看出數值佔比，老闆總是希望能夠一張圖表就看到長條圖、圓形圖，讓資料能更即時，更快掌握狀況。這時候就可以利用 Matplotlib 的 subplot（子圖）功能來製作。

subplot 可以將多個子圖顯示在一個視窗（Figure），先來看看 subplot 基本用法。

```
plt.subplot(rows,cols,n)
```

參數 rows、cols 是設定如何分割視窗，n 則是繪圖在哪一區，逗號可以不寫，參數說明如下（請參考下圖對照）：

■ **rows,cols**：將視窗分成 cols 行 rows 列，例如下圖為 plt.subplot(3,4, n)。

■ **n**：圖形放在哪一個區域

n=1	n=2	n=3	n=4
n=5	n=6	n=7	n=8
n=9	n=10	n=11	n=12

例如 rows=2，cols=3，如果圖形想放置在 n=1 區塊，可以使用下列兩種寫法。

```
plt.subplot(2, 3, 1) 或 plt.subplot(231)
```

subplot 會回傳 AxesSubplot 物件，如果想要使用程式來刪除或添加圖形，可以利用下列指令：

```
ax=plt.subplot(2,3,1)   #ax 是 AxesSubplot 物件
plt.delaxes(ax)     # 從 figure 刪除 ax
plt.subplot(ax)     # 將 ax 再次加入 figure
```

接下來，我們將前面所繪製過的圖形分別放在 4 個子圖，請跟著範例練習看看。

範例程式 **subplot.py** ▶ 建立子圖

```
01   # -*- coding: utf-8 -*-
02
03   import matplotlib.pyplot as plt
04
05   plt.rcParams['font.sans-serif'] ='Microsoft JhengHei'
06   plt.rcParams['font.size']=12
07
08   # 折線圖
09   def lineChart(s,x):
10   plt.xlabel(' 城市名稱 ')
11   plt.ylabel(' 民調原分比 ')
12   plt.title(' 各種城市喜好度比較 ')
13   plt.plot(x, s, marker='.')
14
15   # 長條圖
16   def barChart(s,x):
17   plt.xlabel(' 城市名稱 ')
18   plt.ylabel(' 民調原分比 ')
19   plt.title(' 各種城市喜好度比較 ')
20   plt.bar(x, s)
21
22   # 橫條圖
23   def barhChart(s,x):
24   plt.barh(x, s)
25
26   # 圓餅圖
27   def pieChart(s,x):
```

```
28    plt.pie(s,labels=x, autopct='%.2f%%')
29
30    # 要繪圖的數據
31    x = ['第一季', '第二季', '第三季', '第四季']
32    s = [13.2, 20.1, 11.9, 14.2]
33
34    # 定義子圖
35    plt.figure(1, figsize=(8, 6),clear=True)
36    plt.subplots_adjust(left=0.1, right=0.95)
37
38    plt.subplot(2,2,1)
39    pieChart(s,x)
40
41    x = ['程式設計概論', '多媒體概論', '計算機概論', '網路概論']
42    s = [3560, 4000, 4356, 1800]
43    plt.subplot(2,2,2)
44    barhChart(s,x)
45
46    x = ['新北市', '台北市', '高雄市', '台南市','桃園市','台中市']
47    s = [0.2, 0.3, 0.15, 0.23,0.19, 0.27]
48    plt.subplot(223)
49    lineChart(s,x)
50
51    plt.subplot(224)
52    barChart(s,x)
53
54    plt.show()
```

執行結果

程式 35 行定義了 Figure 視窗的大小，figsize 值是 tuple，定義寬跟高（width, height），預設值為（6.4, 4.8）。程式 36 行是調整子圖與 figure 視窗邊框的距離，subplots_adjust 的用法如下：

```
subplots_adjust(left, bottom, right, top, wspace, hspace)
```

參數 left、bottom、right、top 是控制子圖與 figure 視窗的距離，預設值為 left =0.125、right=0.9、bottom=0.1、top = 0.9，wspace 和 hspace 用來控制子圖之間寬度和高度的百分比，預設是 0.2。

課後習題

一、選擇題

(   ) 1. Matplotlib 可以繪製下列何種圖形？

    (A) 散點圖　　　　(B) 直方圖　　　　(C) 折線圖　　　　(D) 以上皆可

(   ) 2. 下列關於 Matplotlib 套件的說明何者不正確？

    (A) Matplotlib 是一個強大的 2D 繪圖程式庫

    (B) 在官網提供各種圖表範例的外觀與程式碼

    (C) Matplotlib 模組常與 NumPy 套件一起使用

    (D) 折線圖是以視覺化長方形的長度為變量的統計圖表

(   ) 3. 有關在 Matplotlib 套件中指定色彩的方式不包括？

    (A) 色彩的英文全名　　　　　　(B) HEX（十六進位碼）

    (C) RGB　　　　　　　　　　　(D) 以上三種方式皆可以

二、填充題

1. ＿＿＿＿＿＿＿＿ 是一個強大的 2D 繪圖程式庫，只需要幾行程式碼就能輕鬆產生各式圖表，例如直條圖、折線圖、圓餅圖。

2. ＿＿＿＿＿＿＿＿ 主要的特色是能夠清楚顯示各類別數量相對於整體所佔的比重。

3. 如果希望能夠一張圖表就看到長條圖、圓形圖，可以利用 Matplotlib 的 ＿＿＿＿＿＿＿＿ 功能來製作。

4. 折線圖是使用 Matplotlib 的 ＿＿＿＿＿＿＿＿ 模組，使用前必須先匯入。

5. Matplotlib 的所有屬性是定義在 ＿＿＿＿＿＿＿＿ 檔案。

6. linewidth 屬性是用來設定線條寬度，可縮寫為 ＿＿＿＿＿＿＿＿ ，值為浮點數，預設值為 1。

7. ＿＿＿＿＿＿＿＿ 可以推論、預測數量的變化，因此常用來表現趨勢及走勢；而 ＿＿＿＿＿＿＿＿ 容易看出數據的大小，經常拿來比較數據之間的差異。

8. 如果希望能夠一張圖表就看到多種不同類型的圖表，例如：長條圖、圓形圖，讓資料能更即時，可以利用 Matplotlib 的 _____ 功能來製作。

9. arange() 就類似 Python 的 range()，只是 arange() 回傳的是 _____ ；range() 返回的是 _____ 。

10. 使用 Matplotlib 模組圖表繪製的過程中，_____ 屬性是用來設定線條寬度。

三、簡答題

1. 請說明以 pyplot 模組繪製圖形的參考步驟。

2. 請說明 Matplotlib 指定色彩的方法。

3. 請簡述橫條圖與長條圖兩者間的異同？

4. 請簡述 NumPy 模組的基本功能及應用範圍。

13
CHAPTER

玩轉繪圖與影像處理
的私房攻略

人臉辨識系統就是人工智慧的常見應用

　　隨著人工智慧的快速發展，視覺與影像處理的應用越來越多元，舉凡人臉辨識、自駕車、醫療影像等都與影像處理技術息息相關，Python 有不少著名的影像處理模組，不僅功能強大而且簡單易用。舉例來說，Turtle 模組是很適合程式設計初學者學習電腦繪圖的工具，只要透過一些指令，就能繪製基本的圖形。

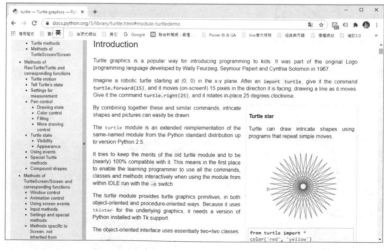

https://docs.python.org/3/library/turtle.html#module-turtledemo

另外 Pillow 是 Python 中著名的影像處理套件，可以用來轉檔、調色、濾鏡、浮水印等影像處理的初階應用。例如下列二圖分為圖像的旋轉及為圖片加入濾鏡的效果，這些影像的變化都只要透過一兩個簡易的指令就可以輕鬆達到影像處理的效果。

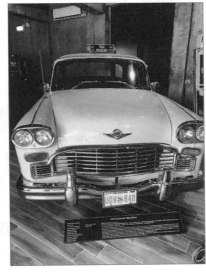

近來行動支付常使用的 QR Code 也是屬於影像的應用，本章也會教導如何利用程式來產生 QR Code。

玩轉繪圖與影像處理的私房攻略

13-1 Turtle 圖形繪製

「海龜繪圖法」（Turtle Graphics）是利用程式實作電腦繪圖相當著名的繪圖法，起源於 LOGO 程式語言，它的原理是把畫筆想像成一隻小海龜，利用前進、後退、左轉、右轉等簡單的動作來讓畫筆移動，只要導入適當的演算法，就可以幫助程式初學者繪製各式各樣的幾何圖形，例如下列各圖都是利用海龜繪圖模組 Turtle 繪製出來的圖形。

Turtle 模組語法簡單易學,其模組運作的原理是先建立一個視窗(畫布),再產生一支海龜(筆),接著只要下指令就可以讓海龜移動作畫,各位可以透過指令設定畫筆的粗細、顏色 。要快速了解 Turtle 模組繪圖的方法,將步驟整理如下:

1. 載入 Turtle 模組。

2. 建立 Turtle Screen 物件實體。

3. 建立 Turtle 物件實體,建立一個海龜。

4. 移動海龜。

5. 結束程式。

ChatGPT 幫幫忙

 Turtle 模組使用哪一種座標系統?

Turtle模組同時使用兩種坐標系統,即世界坐標系統(World Coordinate System)和畫布坐標系統(Screen Coordinate System)。

- 世界坐標系統(World Coordinate System):用於指定Turtle的移動和繪圖位置。當你使用Turtle模組的方法(例如 `forward()` 和 `goto()`)時,你在世界坐標系統中指定位置,它代表了虛擬的繪圖區域。
- 畫布坐標系統(Screen Coordinate System):用於確定實際畫布上的位置和繪圖區域。畫布坐標系統以畫布的中心為原點,決定了海龜在實際畫布上的位置。當你顯示繪圖結果時,你是在畫布坐標系統中查看。

Turtle模組允許你在這兩個坐標系統之間切換,並提供方法來設置坐標系統的轉換和控制海龜在這兩個坐標系統中的運動。這種結合使用允許你以世界坐標系統指定海龜的移動位置,同時在畫布坐標系統中查看繪製的結果。

接著就請各位參考底下範例建立自己第一個海龜繪圖的程式。

範例程式 **first_turtle.py** ▶ **第一隻海龜繪圖**

```
01  import turtle   # 載入 turtle 模組
02  wd = turtle.Screen()   # 建立名為 wd 的 screen 實體
03  pen = turtle.Turtle()      # 建立一個名為 tu 的海龜 turtle 實體
04  pen.forward(50)     #tu 往前 50pixels
05  pen.right(90)   #tu 往右轉 90 度
06  pen.forward(150)    #tu 往前 150pixels
07  wd.exitonclick()          # 在視窗任一位置按下滑鼠左鍵關閉視窗
```

執行結果

首先必須匯入 Turtle 模組，再利用 Turtle 模組裡的 Screen() 方法產生一個
螢幕物件實體，並指派給變數 wd；利用 Turtle 模組裡的 Turtle() 方法產生一個
海龜物件實體，並指派給變數 pen。程式執行時會開啟 Python Turtle Graphics
視窗來繪圖，視窗的中心點也就是座標 (0,0) 的位置，橫軸是 x、縱軸是 y，標
準模式預設一開始海龜面向右方，第 4 行往前 50pixels 距離，也就是從 0 點為
起點往 x 軸右方移動 50pixels，第 5 行右轉 90 度，此時海龜會面向 y 軸往下，
第 6 行往前 150pixels，海龜就會往前走 150pixels 了。

13-1-1　常用的 **Turtle** 及 **Screen** 控制方法（**methods**）

當我們匯入 Turtle 模組之後，就可以使用模組的 TurtleScreen 物件及 Turtle 物件，並呼叫各自提供的方法來繪圖。Turtle 模組的函數很多，下表是 TurtleScreen 物件常用的控制方法。

方法	說明
bgcolor(c) bgcolor()	設定視窗背景顏色，參數 c 可以是顏色名稱或 HEX 值，如果不填參數表示回傳目前的視窗背景色
setup(width, height, startx, starty)	設定螢幕寬高及視窗位置
screensize(width, height) screensize()	設定螢幕寬高，如果不填參數表示回傳目前的螢幕大小
clear()	清空繪圖，但是 Turtle 的位置和狀態不會改變
reset()	清空繪圖，Turtle 重新居中並回復預設值

Turtle 物件常用的控制方法：

方法	說明
color(c) color()	畫筆顏色，如果不填參數表示回傳目前的畫筆顏色
fillcolor(c) fillcolor()	圖形的填充顏色，如果不填參數表示回傳目前圖形的填充顏色
color(color1, color2)	同時指定畫筆顏色與內部填色 color1 指定畫筆的顏色 color2 指定內部填色
begin_fill()	準備開始填色
end_fill()	填色完成
pensize(width) pensize()	線條粗細，如果 width 不填表示傳回目前的線條粗細
speed(s)	設定繪製速度，參數 s 可以是數字 0～10 或速度字串，速度字串對應數字如下： "slowest": 1 "slow": 3 "normal": 6 "fast": 10 "fastest": 0

方法	說明
hideturtle()	隱藏 Turtle
showturtle()	顯示 Turtle
isvisible()	回傳 Turtle 是否可見，隱藏會回傳 false; 可見回傳 true
shape(s) shape()	指定 Turtle 樣式; 如果不填參數表示回傳目前的 Turtle 樣式。 參數 s 有下列幾種設定值: "arrow": 箭頭 (預設值) "turtle": 烏龜 "circle": 圓形 "square": 方形 "triangle": 三角形 "classic": 經典小箭頭
exitonclick()	點擊視窗時離開程式

接下來的例子將示範如可應用這些方法，包括：設定螢幕的顏色、海龜線條顏色、線條寬度、海龜繪圖速度等。

範例程式　turtle_method.py

```
01  # -*- coding: utf-8 -*-
02  import turtle
03  wd = turtle.Screen()  # 建立 turtle screen 實體
04  wd.setup(width=.3, height=200, startx=None, starty=None) # 視窗大小與
    位置
05  wd.bgcolor("green")  # 設定底色
06  pen = turtle.Turtle()    # 建立一個海龜 turtle 實體
07  pen.shape("arrow")       # 海龜樣式
08  pen.color("yellow","#ff00ff")  # 海龜線條顏色與填色顏色
09  pen.pensize(10)    # 線條寬度
10  pen.speed(3)       # 海龜繪圖速度
11  pen.forward(50)
12  pen.right(90)
13  pen.forward(50)
14  pen.right(90)
15  pen.forward(50)
16  wd.exitonclick()
17  turtle.done() # 結束 tutle 繪圖
```

玩轉繪圖與影像處理的私房攻略

執行結果

　　程式第 4 行利用 setup 函數設定視窗大小位置，寬度與高度可以輸入 pixels 或百分比，範例中寬度（Width）輸入「.3」表示寬度佔螢幕的 30%，startx 是從螢幕左邊源起算的距離；starty 是從螢幕上緣起算的距離，輸入 none，表示維持預設值也就是 50% 的位置。

13-1-2　Turtle 繪圖指令

　　前面談的是 Turtle 及 TurtleScreen 物件常用的控制方法，接著就來介紹 Turtle 的繪圖指令都是很簡單的方法，常用的方法列於下表：

方法	說明
forward(x) fd(x)	向前走 x 距離，例如 forward(100) 表示往前走 100pixels 可以簡寫為 fd(100)
backward(x) bk(x) back(x)	向後走 x 距離
right(a) rt(a)	向右（順時針）旋轉 a 角度
left(a) lt(a)	向左（逆時針）旋轉 a 角度
up() penup()	提筆
down() pendown()	下筆
goto(x,y)	移到指定座標位置

方法	說明
setx(x 座標值)	將當前座標 x 移動到指定位置
sety(y 座標值)	將當前座標 y 移動到指定位置
setpos(x,y)	移到絕對位置
setheading(角度) seth(角度)	設定面向角度
home()	將海龜移回原點，座標 (0,0) 位置，面朝東
circle(r)	畫一個指定半徑 r 的圓
dot() dot(size, color)	在目前位置加上一個圓點，加上參數可指定直徑（ Size ）與 顏色（ Color ）
write(s)	在目前位置加上文字 s
pos()	傳回目前的位置 (x,y)

Turtle 模組完整的可用方法詳列在 https://docs.python.org/3/library/turtle.html，讀者可以前往查閱。

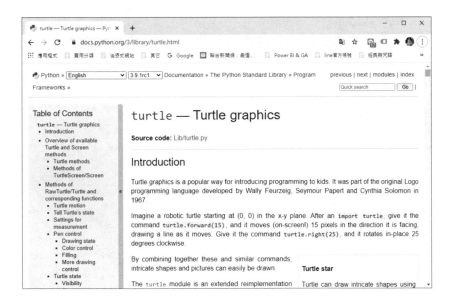

📖 **範例程式** **turtle_draw.py** ▶ Turtle 繪圖

```
01  # -*- coding: utf-8 -*-
02
03  import turtle
04  wd = turtle.Screen()  # 建立 turtle screen 實體
```

```
05  wd.setup(width=.5, height=200)  # 視窗大小與位置
06  wd.title("turtle 繪圖真有趣，簡單又易學 ")
07  tu = turtle.Turtle()      # 建立海龜 turtle 實體
08  tu.color('green')
09  tu.pensize(5)
10  tu.penup()
11  tu.setx(-100)
12  tu.pendown()
13  for x in range(10):
14      tu.circle(30)
15      tu.right(360/10)
16
17  tu2 = turtle.Turtle()      # 建立第二個海龜名為 tu2
18  tu2.color('#FF00FF', '#55CCBB')
19  tu2.penup()
20  tu2.goto(120,-120)
21  tu2.pendown()
22  tu2.begin_fill()
23  for x in range(10):
24      tu2.forward(100)
25      tu2.left(720/5)
26  tu2.end_fill()
27
28  wd.exitonclick()
29  turtle.done()
```

執行結果

程式分別建立兩個 Turtle 實體名稱為 tu 及 tu2，為了讓圖形能分別在適當的位置，tu 實體一開始先利用 penup() 方法將畫筆提起，再利用 setx() 方法定位之後再下筆，如底下程式：

```
tu.penup()
tu.setx(-100)
tu.pendown()
```

您可以試著拿掉 tu.penup() 及 tu.pendown() 這兩行程式，看看執行結果有甚麼不同。

ChatGPT 幫幫忙

請設計一 Python 程式，使用 Turtle 來繪一顆星星跟一個圓圈。

範例程式：turtle_drawGPT.py

當然！以下是一個簡單的Python程式，使用Turtle模組來繪製一顆星星和一個圓圈：

```python
Copy code
import turtle

# 創建一個Turtle物件
pen = turtle.Turtle()

# 繪製一個星星
pen.penup()
pen.goto(0, 0)
pen.pendown()
pen.color("blue")

for _ in range(5):
    pen.forward(100)
    pen.right(144)

# 繪製一個圓圈
```

13-2 Pillow 圖形處理

談到 Python 影像與圖形資料的處理最著名的套件非 Python Imaging Library（PIL）莫屬，本章就來介紹 Pillow 套件的用法。Pillow 並不是 Python 內建的套件，請執行下行指令安裝 Pillow：

```
pip install pillow
```

Pillow 常用的模組有 Image、ImageEnhance，提供了影像處理軟體許多實用的功能，例如：讀寫圖檔、圖片剪裁、旋轉以及調整影像亮度、色調與對比⋯等。Pillow 模組使用之前同樣必須先載入，例如想要將某個圖檔另存為一個新檔，會必須先行載入 Image 模組，並利用 open() 方法開啟圖片，再以 save() 方法來另存圖檔，操作結束使用 close() 方法關閉物件，其實使用 close() 方法關閉檔案的目的是為了釋放作業系統資源，雖然不關閉檔案仍可以執行無誤，不過開發大型應用程式時，有可能導致無法預期的後果，最好還是養成關檔的好習慣。程式碼如下：

```
from PIL import Image
im = Image.open("images/01.jpg")
im.save( "images/01_new.jpg" )
im.close()
```

除了上述寫法之外開啟檔案可以利用 with/as 敘述避免忘記結束物件，一旦離開 with 區塊時 im 物件會自動關閉，不需要再加上 im.close()。程式可以改寫成如下的程式碼：

```
from PIL import Image
with Image.open("images/01.jpg") as im:
    im.save( "images/01_new.jpg" )
```

Image 物件的 save() 方法有不同的選項參數，格式如下：

```
Image.save( fp, format, params )
```

- **fp**：影像的檔案名稱。

- **format**：圖檔格式。如果省略不寫，則使用的格式由圖檔的副檔名而定。

- **params**：額外選項。不同的檔案格式有各自的額外選項，例如 JPEG 格式有 quality 選項可以設定影像的品質，設定值從整數 1（最差）到 95（最佳），預設值是 75。

舉例來說想要將前面範例的 01.jpg 圖檔儲存為最佳品質的 02_new.jpg，程式可以這樣寫：

```
im.save("images/02_new.jpg", quality=500 )
```

您可以比較一下 p1_new.jpg 及 p2_new.jpg 的圖檔大小，影像品質愈高，檔案大小也愈大。關於各種影像格式的額外選項，您可以參考 Pillow 官方檔案說明，網址 https://pillow.readthedocs.io/en/stable/，查閱 Image Module 裡的 Image.save() 方法就可以找到圖檔格式文件（Image Format Documentation）。

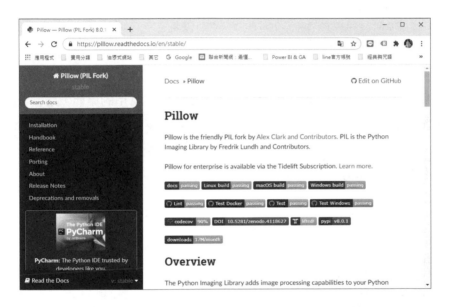

下表是 Image 物件常用的屬性，這些屬性可以協助查看圖檔的格式、色彩模式、影像大小等資訊。

屬性	說明
format	圖檔格式
mode	影像的色彩模式
width	影像的寬度，單位像素（Pixels）
height	影像的高度，單位像素（Pixels）
size	影像尺寸，傳回影像的寬度跟高度值，格式是元組（Tuple）

ChatGPT 幫幫忙

什麼是影像的色彩模式（Color Mode）？ Pillow 支援哪些常見的色彩模式，以及它們分別在什麼情況下使用？

色彩模式是指描述圖像中像素的顏色組成的方法。Pillow支援多種常見的色彩模式，包括：

1. **RGB**：紅、綠、藍色彩分量，用於彩色圖像。
2. **RGBA**：紅、綠、藍和透明度通道，用於支援透明背景的圖像。
3. 灰度：單通道表示灰度，用於黑白或灰度圖像。
4. **CMYK**：青、洋紅、黃、黑色彩分量，用於印刷。
5. 調色板：使用索引表示顏色，用於有限色彩選擇的圖像。
6. **1**位像素：僅有黑或白的二值圖像。

接下來的例子就來示範如何透過這些 Image 物件常用的屬性，來查看影像的資訊細節：

範例程式 **image_attr.py** ▶ 顯示影像資訊

```
01   from PIL import Image
02   im = Image.open("pic/1.jpg")
03   print(im.format)
04   print(im.mode)
05   print(im.width)
06   print(im.height)
07   print(im.size)
```

執行結果

```
JPEG
RGB
1108
1478
(1108, 1478)
```

從執行結果可以看出，圖檔格式是 JPEG 檔案，尺寸是寬 1108 像素、高 1478 像素，RGB 全彩模式。這些影像資訊將會對接下來要學習的影像編輯很有幫助，底下就來一步一步學習 Pillow 影像編輯的方法。

13-2-1　影像的亮度、色調、對比及銳利度

ImageEnhance 模組可以調整影像的亮度、色調、對比及銳利度等等。

方法	說明
enhance(factor)	控制調整的數值，參數 factor 是調整係數，值為浮點數，係數值 =1 表示原始影像，值小於 1 表示減弱；值大於 1 表示增強
Color(image)	調整色彩平衡，搭配 enhance() 方法調整設定值
Contrast(image)	調整對比，搭配 enhance() 方法調整設定值
Brightness(image)	調整亮度搭配 enhance() 方法調整設定值
Sharpness(image)	調整銳利度，搭配 enhance() 方法調整設定值

底下以範例檔「1.jpg」圖檔來做示範說明。

範例程式 ImageEnhance.py ▶ 調整影像對比與亮度

```
01  from PIL import Image,ImageEnhance
02  with Image.open("pic/1.jpg") as im:
03      new_im = ImageEnhance.Contrast(im).enhance(0.3)
04      new_im.save( "pic/1_Contrast.jpg")
```

執行結果

　　範例中 enhance() 的參數值為 0.3，執行後影像對比就不一樣了。其他明暗、色調、銳利度各位可以試著修改不同方法，自行體驗影像在明暗、色調、銳利度會有什麼變化，在此就不做進一步程式的示範。

13-2-2　影像的縮放 resize()

　　Image 模組提供了 resize() 方法可以進行影像的縮放處理。執行之後會傳回新的 Image 物件，原始的 Image 物件並不會有影響，resize() 用法如下：

```
Image.resize(size, [resample],[box])
```

　　參數說明如下：

- **size**：圖檔的寬度與高度，格式是元組（Tuple），例如 (150, 100) 表示寬度 150pixels，高度 100pixels。

- **resample**：新的影像檔重新取樣的濾波器（Resamplingfilters），這個參數可省略，有 6 個選項：
  - Image.NEAREST：鄰近取樣，執行速度最快，品質最差（預設值）
  - Image.BOX：方塊取樣
  - Image.BILINEAR：雙線性取樣

- Image.HAMMING：Hamming 運算模式取樣

- Image.BICUBIC：雙立方取樣

- Image.LANCZOS：雙三次取樣，執行速度最差，品質最佳

有關這 6 種濾波器的品質優劣比較由品質佳到品質差的順序如下：

```
LANCZOS> BICUBIC> HAMMING> BILINEAR> BOX> NEAREST
```

而執行速度快慢的比較由速度快到速度慢的順序如下：

```
NEAREST> BOX> BILINEAR> HAMMING> BICUBIC> LANCZOS
```

- **box**：設定縮放的範圍，可省略，為 4 個元素的元組 (x, y, x1, y1)，分別為左上角座標及右下角座標，如果省略則表示以整張影像來縮放。

底下同樣以下圖 1.jpg 來舉例說明，1.jpg 圖檔透過底下範例來看看如何將寬度縮小為 300，高度等比例。在底下的程式中撰寫的技巧可以先指定新影像的寬度 (w)，再除以原影像的寬度，就能算出縮放比例 (r)，如此就能得到新影像的高度 (h)。至於如何取得影像的寬度與高度，只要透過 Image 物件的 size 屬性會回傳寬度與高度 2 個元素的元組（Tuple），就可以快速取得，請看以下的程式示範。

範例程式 **resize.py** ▶ 變更影像尺寸

```
01   # -*- coding: utf-8 -*-
02
03   from PIL import Image
04   with Image.open("pic/2.jpg") as im:
05       print('原圖片的尺寸大小 :',im.size)
06       w=300
07       r = w/im.size[0]
08       h = int(im.size[1]*r)
09       new_im = im.resize((w, h))
10       print('圖片經縮放後的尺寸大小 :',new_im.size)
11       new_im.save( "pic/2_resize.jpg" )
```

執行結果

> 原圖片的尺寸大小：(1108，1478)
> 圖片經縮放後的尺寸大小：(300，400)

13-2-3 影像剪裁 crop()

Image 物件的 crop() 方法可以進行影像的剪裁，執行之後會傳回新的 Image 物件，原始的 Image 物件並不會有影響，crop() 用法如下：

```
Image.crop(box)
```

參數 box 是設定要裁切的邊界，為 4 個元素的元組 (x, y, x1, y1)，分別為左上角座標及右下角座標。

底下範例以 4.jpg 來做例子，如果想要裁切出照片，實際來操作試試看。

原圖

裁切後圖像

✏ 範例程式 **crop.py** ▶ 裁切影像

```
01  # -*- coding: utf-8 -*-
02
03  from PIL import Image
```

```
04   with Image.open("pic/4.jpg") as im:
05       print(im.size)
06       x = 100
07       y = 100
08       x1 = 1000
09       y1 = 1400
10       new_im = im.crop((x, y, x1, y1))
11       print(new_im.size)
12       new_im.save( "pic/4_crop.jpg")
```

執行結果

```
原圖片的尺寸大小：(1108，1478)
圖片經裁切後的尺寸大小：(900，1300)
```

ChatGPT 幫幫忙

請設計一 Python 程式，來裁剪一張照片成為 900x1300 大小。 照片檔名為：pic/4.jpg。

範例程式：cropGPT.py

以下是一個Python程式，使用Pillow套件將一張照片裁剪為中間部分，尺寸為900x1300像素：

```python
                                                    Copy code
from PIL import Image

# 開啟照片檔案
image = Image.open("pic/4.jpg")

# 獲取原始照片的寬度和高度
width, height = image.size

# 計算裁剪框的左上角和右下角坐標
left = (width - 900) // 2
top = (height - 1300) // 2
right = left + 900
bottom = top + 1300

# 裁剪中間部分
cropped_image = image.crop((left, top, right, bottom))
```

13-2-4 rotate()：旋轉影像、transpose()：旋轉或翻轉影像

　　旋轉是影像編輯常常使用到的功能，Pillow 提供兩個方法可以使用，分別是 rotate() 與 transpose()，兩者差別在於 transpose() 方法是以 90 度為單位翻轉或旋轉。先來看看 rotate 指令的用法：

```
Image.rotate(angle,[resample],[expand],[center], [translate],[fillcolor])
```

參數說明如下：

- **angle**：逆時針旋轉角度。

- **resample**：重新取樣濾波器，可省略。

- **expand**：旋轉後超出影像時，是否要擴大影像，0 是不擴大；1 是擴大，可省略，預設值為 0。

- **center**：設定旋轉中心點，值為 2 元組 (x,y)，可省略，預設值為影像的中心點。

- **translate**：設定偏移距離，值為 2 元組 (x,y)，可省略。

- **fillcolor**：旋轉後影像外圍預設會以黑色填滿，此參數可以變更填滿顏色，可省略。

底下指令可以將 3.jpg 逆時針旋轉 60 度，擴大影像，填滿顏色為 #BBCC55：

```
im.rotate(60,Image.BILINEAR,1,None,None,'#BBCC55')
```

expand 參數設為 1，表示擴大影像　expand 參數設為 0，表示不擴大影像

transpose() 是將影像以 90 度為單位翻轉或旋轉，用法如下：

```
Image.transpose(method)
```

參數 method 有下列幾種設定值：

- **Image.FLIP_LEFT_RIGHT**：水平翻轉。

- **Image.FLIP_TOP_BOTTOM**：垂直翻轉。

- **Image.ROTATE_90**：逆時針旋轉 90 度。

- **Image.ROTATE_180**：逆時針旋轉 180 度。

- **Image.ROTATE_270**：逆時針旋轉 270 度。

- **Image.TRANSPOSE**：影像逆時針旋轉 90 度並垂直鏡射。

- **Image.TRANSVERSE**：影像逆時針旋轉 90 度並水平鏡射。

Image.TRANSPOSE 與 Image.TRANSVERSE 是新加入的參數，能同時實現影像旋轉與鏡射，下圖為兩者所呈現的效果。

範例程式 **transpose.py** ▶ 影像旋轉

```
01   # -*- coding: utf-8 -*-
02
03   from PIL import Image,ImageEnhance
04   with Image.open("pic/8.jpg") as im:
05       new_im = im.transpose(Image.FLIP_LEFT_RIGHT)
06       new_im.save( "pic/8_1.jpg")
07       new_im = im.transpose(Image.FLIP_TOP_BOTTOM)
08       new_im.save( "pic/8_2.jpg")
09       new_im = im.transpose(Image.ROTATE_90)
10       new_im.save( "pic/8_3.jpg")
11       new_im = im.transpose(Image.ROTATE_180)
12       new_im.save( "pic/8_4.jpg")
13       new_im = im.transpose(Image.ROTATE_270)
14       new_im.save( "pic/8_5.jpg")
15       new_im = im.transpose(Image.TRANSPOSE)
16       new_im.save( "pic/8_6.jpg")
17       new_im = im.transpose(Image.TRANSVERSE)
18       new_im.save( "pic/8_7.jpg")
```

原圖   Image.TRANSPOSE   Image.TRANSVERSE

13-2-5　圖片濾鏡特效

　　PIL/Pillow 是 Python 強大的圖像處理庫，除了基本圖像操作、圖像存儲、圖像顯示、格式轉換、圖像繪製功能，其中的圖像濾鏡功能更可以幫助各位為圖片產生許多不同的圖片外觀，要使用 PIL 提供的濾鏡功能，必須從 Pillow 套件匯入 ImageFilter 模組，比較常見的濾鏡效果包括：ImageFilter.BLUR 模糊濾鏡、ImageFilter.CONTOUR 輪廓、ImageFilter.EDGE_ENHANCE 邊界加強、ImageFilter.EDGE_ENHANCE_MORE 邊界加強（閥值更大）、ImageFilter.EMBOSS 浮雕濾鏡、ImageFilter.FIND_EDGES 邊界濾鏡、ImageFilter.SMOOTH 平滑濾鏡、ImageFilter.SMOOTH_MORE 平滑濾鏡（閥值更大）、ImageFilter.SHARPEN 銳化濾鏡、…等，其語法如下：

```
from PIL import Image,ImageFilter
im=Image.open(" 圖檔路徑及名稱 ")
new=im.filter(ImageFilter.EMBOSS)
new.show()
```

下列各圖為未執行濾鏡前的原圖及執行各種不同濾鏡的效果外觀：

原圖

EMBOSS

原圖

BLUR

玩轉繪圖與影像處理的私房攻略

原圖　　　　　　　　　　　　　CONTOUR

13-3　產生 QR Code 碼

近年來 QR Code 應用越來越多元，它也是一種影像編碼的應用，QR Code 是 Quick Response Code 的縮寫，是二維條碼的一種，相信您曾經在宣傳活動或名片上看見如下圖黑白的小方塊圖案。這個圖案就是 QR Code。其外觀如下：

透過 QR Code 資料的快速被讀取，除了辨識快速之外，還有儲存資料量大、面積小以及容錯率高等優點。常見的 QR 碼的應用有下列 4 類：文字資訊傳輸、網頁網址連結、行動支付、電子票券，Python 提供了套件可以讓程式設計者很容易就能產生 QR Code。QR Code 具有容錯的能力，資料區內除了存放原始資料之外，還有容錯資料，容錯率愈高所需要的容錯區域就愈大，容錯率最高可到 30%。

根據國際標準規定，完整的 QR Code 每一邊至少保留 4 個模組（Module）寬的白邊，避免 QR Code 外圍的其他圖形影響了定位圖塊的辨識。QRCode 目前有 40 個不同的符號版本規格，版本編號從 1 ～ 40，版本 1 由 21*21 模組成，每增加一個版本，長寬各增加 4 個模組，版本 40 為 177*177 模組，版本愈大密度愈高，可儲存之資料量也會增加，相對地密度太高也會增加辨識的困難度，這一節我們就來認識 QR Code 並產生 QR Code。

13-3-1 產生 QR Code 碼

QR Code 並不是 Python 內建的套件，請執行下行指令安裝 QR Code：

```
pip install qrcode
```

QR Code 模組使用 PIL 模組來產生 QR Code 圖片，如果尚未安裝請安裝 Pillow 套件。QR Code 套件的使用前同樣需先 import qrcode，只要三行程式輕鬆就能產生 QR Code 圖檔，一起來看底下範例。

範例程式 qr_img01.py ▶ 快速產生 QR Code 的捷徑

```
01  # -*- coding: utf-8 -*-
02
03  import qrcode
04  im = qrcode.make("https://pmm.zct.com.tw/trial/")
05  im.save( "pic/1.jpg")
```

執行結果

上述程式先載入 QR Code 套件，再利用 make 函數產生 QR Code，make() 括號裡就是要產生 QR Code 的資料，make 函數會回傳 qrcode.image.pil. PilImage 物件，使用 save() 方法就可以將 QR Code 儲存了。

 如何確保 QR Code 的安全性？有什麼方法可以防止 QR Code 被竄改或濫用？

確保QR Code的安全性尤其重要，因為它可能包含敏感或重要的資訊。以下是一些方法，可用來防止QR Code被竄改或濫用：

1. 使用加密：將QR Code中的資訊進行加密，只有有權解密的應用程式或人才能讀取和使用該資訊。
2. 數位簽章：將QR Code數位簽章，以確保QR Code的完整性和真實性。接收端可以驗證簽章，確保QR Code未被竄改。
3. 防偽設計：使用特殊的設計和圖形元素，使QR Code難以複製或模仿。這些設計可以包括公司標誌、水印和背景圖案。
4. 限制訪問：QR Code可以包含權限控制，僅允許特定的使用者或應用程式訪問特定的資訊。這可以通過訪問控制列表或權杖來實現。
5. 定期更換：定期更換QR Code以減少被濫用的風險。這特別適用於包含敏感信息的QR Code，如行動支付碼或身份證明文件。
6. 使用可信任的生成工具：確保QR Code是由可信任的生成工具創建的，以減少潛在的風險。

課後習題

一、選擇題

( ) 1. QR Code 不同的符號版本規格，每增加一個版本，長寬各增加多少個模組？

    (A) 1 個　　　　(B) 2 個　　　　(C) 3 個　　　　(D) 4 個

( ) 2. QR Code 具有容錯的能力，請問容錯率最高可達的百分比為何？

    (A) 20%　　　　(B) 30%　　　　(C) 40%　　　　(D) 50%

( ) 3. 建立圖片的色彩模式不包括？

    (A) 灰階模式　　　　　　　　(B) 全真模式

    (C) RGB 色彩模式　　　　　　(D) CMYK 色彩模式

( ) 4. 在 Image 模組要將圖片轉換成黑白的照片的方法為何？

    (A) change()　　　　　　　　(B) convert()

    (C) blackwhite()　　　　　　(D) mode()

( ) 5. Image 物件的什麼方法可以在原圖片進行剪裁？

    (A) crop()　　　　　　　　　(B) clip()

    (C) rotate()　　　　　　　　(D) transpose()

二、填充題

1. Pillow 常用的模組有 ＿＿＿＿＿ 、 ＿＿＿＿＿ ，透過這些模組可以達到讀寫圖檔、圖片剪裁、旋轉以及調整影像亮度、色調與對比等功能。

2. Image 模組提供了 ＿＿＿＿＿ 、 ＿＿＿＿＿ 、 ＿＿＿＿＿ 方法可以進行影像的縮放、裁切及旋轉處理。

3. 一組黑白格稱為一個 ＿＿＿＿＿ ，是 QR Code 的最小單位。

4. QR Code 目前有 ＿＿＿＿＿ 個不同的符號版本規格。

5. 根據國際標準規定，完整的 QR Code 每一邊至少保留 _____ 個模組寬
的白邊。

6. 要開啟圖片必須使用 Image 模組的 _____ 方法，但如果要另存圖檔則
必須使用 _____ 方法。

7. 圖片物件的 _____ 方法將圖片轉換成黑白的照片。

三、簡答題

1. 請簡述利用 Turtle 模組進行繪圖工作的基本步驟。

2. 請簡單說明 QR Code 進行資料讀取的優點。

3. 請舉出 QR Code 常見的應用。

4. 如何才能安裝 Pillow 套件。

5. 請比較 Pillow 提供兩個方法間的差異：rotate() 與 transpose()。

6. 在開啟圖檔時，為避免忘記以 close() 方法關閉檔案，在程式碼的寫法上有
何較佳的作法。

7. 請舉出 Pillow 三個常見的模組。

14

CHAPTER

解開網路爬蟲程式的
神祕面紗

大眾想要從浩瀚的網際網路上，快速且精確的找到需要的資訊，其中「搜尋引擎」便是各位的最好幫手，常見搜尋引擎所收集的資訊來源主要有兩種，一種是使用者或網站管理員主動登錄，一種是撰寫網路爬蟲程式主動搜尋網路上的資訊，例如 Google 的 Spider 程式與爬蟲（Crawler 程式），會主動經由網站上的超連結爬行到另一個網站，並收集該網站上的資訊，並收錄到資料庫中。Google 搜尋引擎平時的最主要工作就是在 Web 上爬行並且搜尋數千萬字的網站文件、網頁、檔案、影片、視訊與各式媒體內容，以便製作搜尋引擎所需要的相關索引。

簡單來說，網路爬蟲是一種用來自動瀏覽 Web 的網路機器人，能自動化替你收集網頁上資訊的程式，你也可從自己所撰寫的程式網頁中擷取出所需要資訊並加以應用。要能達到這項目的，本章需要的內建模組和套件如下：

- **Python 內建模組**：urllib.request 和 urllib.parse。

- **Python 的第三方套件**：Requests 和 BeautifulSoup4。

其中 urllib.parse 可以協助各位進行網址分析，如果要取得 URL 內容可以內建模組 urllib.request 及第三方套件 requests 來解析 HTML 網頁，並利用 BeautifulSoup 套件來對網頁內容分析，再以 Python 語法擷取所需的資料，並加以應用。

14-1 網址解析與網頁擷取

在今天這個所有的資料都放在網路雲端上的時代，只要找到合適的網址，就可以取得許多想要的資料，不過許多的網站資料數量較大，要能夠有結構地找到不同網頁中想要的資料，首先我們需要認識網址（URL）。URL 全名是全球資源定址器（Uniform Resource Locator），主要是在 WWW 上指出存取方式與所需資源的所在位置來享用網路上各項服務。使用者只要在瀏覽器網址列上輸入正確的 URL，就可以取得需要的資料，例如「http://www.yahoo.com.tw」就是 yahoo! 奇摩網站的 URL，而正規 URL 的標準格式如下：

```
protocol://host[:Port]/path/filename
```

其中 protocol 代表通訊協定或是擷取資料的方法，常用的通訊協定如下表：

通訊協定	說明	範例
http	HyperText Transfer Protocol，超文件傳輸協定，用來存取 WWW 上的超文字文件（Hypertext Document）。	http://www.yam.com.tw（蕃薯藤 URL）
ftp	File Transfer Protocol，是一種檔案傳輸協定，用來存取伺服器的檔案。	ftp://ftp.nsysu.edu.tw/（中山大學 FTP 伺服器）
mailto	寄送 E-Mail 的服務	mailto://eileen@mail.com.tw
telnet	遠端登入服務	telnet://bbs.nsysu.edu.tw（中山大學美麗之島 BBS）
gopher	存取 gopher 伺服器資料	gopher://gopher.edu.tw/（教育部 gopher 伺服器）

Python 擁有豐富的函式庫支援網頁擷取與網址解析功能，例如內建的 urllib、HTMLParser 以及功能強大的第三方套件，如 requests、BeautifulSoup、Scrapy 等方便好用工具。例如當各位要解析網站的網址，就要藉助內建模組 urllib 套件的 urlparse() 函數，其語法如下：

```
urllib.parse.urlparse(urlstring, scheme = '',allow_fragments = True)
```

這個函數會回傳一個 ParseResult 物件，下表為 ParseResult 類別的相關屬性：

屬性	索引	回傳值	若為空值
scheme	0	scheme 通訊協定	scheme 參數
netloc	1	網站名稱	回傳空字串
path	2	路徑	回傳空字串
params	3	查詢參數 params 所設字串	回傳空字串
query	4	查詢字串，即 GET 參數	回傳空字串
fragment	5	框架名稱	回傳空字串
port	無	通訊埠	None

以下範例是介紹 urllib 套件的 urlparse() 函數，連結到博碩文化「http://www.drmaster.com.tw/Bookinfo.asp?BookID=MI22004」，並解析其網址：

ChatGPT 幫幫忙

URI（Uniform Resource Identifier）和 URL（Uniform Resource Locator）之間的區別。它們的作用是什麼，為什麼 URL 更常見？

URI（Uniform Resource Identifier）和URL（Uniform Resource Locator）是兩個網際網路上的概念：

1. URI：
   - 用於識別和定位各種資源，包括網頁、檔案、API端點等。
   - URI包括URL和URN兩種子類別。
2. URL：
   - 是URI的一種特殊形式，主要用於識別和定位網路上的資源，如網站、檔案等。
   - 常見於日常網路使用，例如瀏覽網站。

URL更常見，因為它是URI的實際應用，用於在網際網路上定位資源，並具有明確的格式和用途。

範例程式 urlParse.py ▶ 網址解析

```
01  from urllib.parse import urlparse
02
03  addr = 'http://www.drmaster.com.tw/Bookinfo.asp?BookID=MI22004'
04
05  result = urlparse(addr)
06  print(' 回傳的 ParseResult 物件:')
07  print(result)
08  print(' 通訊協定:'+result.scheme)
09  print(' 網站網址:', result.netloc)
10  print(' 路徑:', result.path)
11  print(' 查詢字串:', result.query)
```

解開網路爬蟲程式的神祕面紗

執行結果

```
Python 3.9.0 (tags/v3.9.0:9cf6752, Oct  5 2020, 15:34:40) [MS
C v.1927 64 bit (AMD64)] on win32
Type "help", "copyright", "credits" or "license()" for more i
nformation.
>>>
====== RESTART: C:\Users\USER\Desktop\博碩_Python(大專版)\範
例檔\ch14\urlParse.py ======
回傳的 ParseResult 物件:
ParseResult(scheme='http', netloc='www.drmaster.com.tw', path
='/Bookinfo.asp', params='', query='BookID=MI22004', fragment
='')
通訊協定:http
網站網址: www.drmaster.com.tw
路徑: /Bookinfo.asp
查詢字串: BookID=MI22004
>>>
```

程式解析

- 第 1 行：匯入 Python 內建模組「urllib.parse」。

- 第 3 行：將要解析的網址設定給變數 addr。

- 第 5 行：呼叫 urlparse() 方法做網址的解析動作，並設定一個 result 變數來接收回傳的 ParseResult 物件。

- 第 6 ～ 7 行：將回傳的 ParseResult 物件內容印出。

- 第 8 行：印出通訊協定。

- 第 9 行：印出網站網址。

- 第 10 行：印出網站路徑。

- 第 11 行：印出網址列「?」後方的查詢字串。

14-1-1　開始分析網頁原始碼

urllib.request.urlopen() 網頁擷取（Web Scraping）函數是指利用程式下載網頁並從中擷取資訊的技術，也就是可以開啟指定網頁的原始程式碼，並從所設定找尋的關鍵字，進一步分析網頁的內容，當呼叫 urlopen() 網頁擷取函數後，會傳回一個 urllib.response 物件，各位可以將此物件指派給一個變數，語法如下：

```
webData = urllib.request.urlopen(網址)
```

下表列出 urllib.response 物件重要的方法與屬性：

方法及屬性	說明
getcode()	取得 HTTP 的狀態碼，回傳 200 表示請求成功
getheader()	回傳 urllib.response 物件的網頁表頭
geturl()	取得解析過的 URL 以字串回傳
info()	取得 URLmeta 標記的相關訊息
read()	以 byte 的方式讀取 urllib.response 物件，如果藉助 decode() 函數可以將其轉成字串
urlopen()	取得 URL 內容

以下範例將使用 urllib.request.urlopen() 方法，連結到「博碩文化股份有限公司」首頁（http://www.drmaster.com.tw/），擷取其網頁資料：

為什麼我使用 urllib.request.urlopen() 方法對某些網站進行擷取時會出現 "urllib.error.HTTPError: HTTP Error 403: Forbidden" 錯誤？

當您使用`urllib.request.urlopen()`方法對某些網站進行擷取時出現"urllib.error.HTTPError: HTTP Error 403: Forbidden"錯誤是因為該網站已禁止或限制了您的請求。這可能是由於以下原因所致：

1. **爬蟲禁止政策**：許多網站不希望被爬蟲訪問，因此它們會設置機制來擋住爬蟲的訪問，這可能包括檢查請求的User-Agent標頭，檢查訪問頻率，或要求用戶登錄。
2. **缺少必要的憑證**：某些網站可能要求您提供特定的憑證或授權，以訪問其內容。如果您的請求未包含必要的憑證，將導致403錯誤。
3. **IP封鎖**：如果您在短時間內頻繁地訪問網站，網站可能會封鎖您的IP地址，因為這被視為不正當的行為。
4. **擁擠的伺服器**：有時網站伺服器過於擁擠，無法處理太多的請求，因此它可能會拒絕某些請求，顯示403錯誤。

範例程式　urlopen.py ▶ 取得網頁原始碼內容

```
01   import urllib.request
02   # 將想要開啟網址指定給字串變數
03   addr = 'http://www.drmaster.com.tw/'
04   # 以 with/as 敘述來取得網址，離開之後會自動釋放資源
05   with urllib.request.urlopen(addr) as response:
06       print(' 網頁網址 ',response.geturl())
07       print(' 網頁表頭 ',response.getheaders())
08       print(' 伺服器狀態碼 ',response.getcode())
09       drmaster= response.read().decode('UTF-8')
10   print(' 網頁程式碼如下：',drmaster)i
```

執行結果

```
Python 3.9.0 (tags/v3.9.0:9cf6752, Oct  5 2020, 15:34:40) [MSC v.
1927 64 bit (AMD64)] on win32
Type "help", "copyright", "credits" or "license()" for more infor
mation.
>>>
====== RESTART: C:\Users\USER\Desktop\博碩_Python(大專版)\範例檔
\ch14\urlopen.py ======
網頁網址 http://www.drmaster.com.tw/
網頁表頭 [('Cache-Control', 'private'), ('Content-Type', 'text/ht
ml'), ('Server', 'Microsoft-IIS/8.5'), ('Set-Cookie', 'ASPSESSION
IDSQSDRDBB=PMJBPOHDBACBNBICHHBPDLNK; path=/'), ('X-Powered-By', '
ASP.NET'), ('Date', 'Tue, 08 Dec 2020 13:13:30 GMT'), ('Connectio
n', 'close'), ('Content-Length', '36294')]
伺服器狀態碼 200
網頁程式碼如下：  Squeezed text (872 lines).
>>>
```

上圖中各位看不到完整程式碼，要如果看到完整內容，只要在上圖中的
「Squeezed text」用滑鼠快速點選兩下，就可以展開如下的完整程式碼：

```
網頁網址 http://www.drmaster.com.tw/
網頁表頭 [('Cache-Control', 'private'), ('Content-Type', 'text/html'), (
'Server', 'Microsoft-IIS/8.5'), ('Set-Cookie', 'ASPSESSIONIDSQSDRDBB=PMJ
BPOHDBACBNBICHHBPDLNK; path=/'), ('X-Powered-By', 'ASP.NET'), ('Date', '
Tue, 08 Dec 2020 13:13:30 GMT'), ('Connection', 'close'), ('Content-Leng
th', '36294')]
伺服器狀態碼 200
網頁程式碼如下：

<html>
<head>
<meta name="google-site-verification" content="7--vZF08cCX1-GpVHhtGrTWXJ
2A25Foa7kQK5AmyJkk" />
<title>博碩文化股份有限公司</title>
<meta http-equiv="Content-Type" content="text/html; charset=utf-8">
<!-- Global site tag (gtag.js) - Google Analytics -->
<script async src="https://www.googletagmanager.com/gtag/js?id=UA-135628
433-1"></script>
<script>
  window.dataLayer = window.dataLayer || [];
  function gtag(){dataLayer.push(arguments);}
  gtag('js', new Date());

  gtag('config', 'UA-135628433-1');
</script>

<script src="SpryAssets/SpryTabbedPanels.js" type="text/javascript"></sc
ript>
<link href="drmaster.css" rel="stylesheet" type="text/css" />
<link href="SpryAssets/SpryTabbedPanels.css" rel="stylesheet" type="text
```

程式解析

➡ 第 1 行：匯入 urllib.request 模組。

➡ 第 3 行：將要解析的網址設定給變數 addr。

◆ 第 5 行：呼叫 urllib.request.urlopen 方法開啟網頁，並設定一個 response 變數來接收回傳的 urllib.response 物件。

◆ 第 6 行：印出網頁網址。

◆ 第 7 行：印出網頁表頭。

◆ 第 8 行：印出伺服器狀態碼。

◆ 第 9 ～ 10 行：將網頁資料轉成字串格式印出。

ChatGPT 幫幫忙

請設計一 Python 程式，取得網頁原始碼內容。並使用 utf-8 回傳。網址：'http://www.drmaster.com.tw/'。

範例程式：urlopenGPT.py

你可以使用Python中的 `requests` 庫來請求網頁內容，並使用 `utf-8` 編碼解碼獲得的原始碼。如果尚未安裝 `requests` 庫，可以使用以下指令安裝：

```bash
pip install requests
```

然後，你可以使用以下的Python程式碼來取得指定網址的原始碼：

```python
import requests

url = 'http://www.drmaster.com.tw/'

# 發送GET請求取得網頁內容
response = requests.get(url)

# 確認請求是否成功
```

14-2 網頁擷取 — requests 套件

　　requests 套件是屬於第三方套件，透過 Python 做網路爬蟲時幾乎一定會上網下載網頁原始碼或其他 HTTP 請求，這種情況下就可以透過 requests 套件的實用功能，其實它的使用方法相當簡單，要確定是否已安裝過 requests 套件，可以先利用「pip list」指令來檢查：

```
pip list
```

```
C:\Users\USER>pip list
Package         Version
--------------- -------
-atplotlib      3.3.0
colorama        0.4.4
cycler          0.10.0
kiwisolver      1.3.1
matplotlib      3.3.3
numpy           1.19.4
Pillow          8.0.1
pip             20.3.1
pyparsing       2.4.7
python-dateutil 2.8.1
qrcode          6.1
setuptools      49.2.1
six             1.15.0

C:\Users\USER>
```

　　如果套件未安裝，請以底下指令進行安裝：

```
pip install requests
```

　　首先我們先來介紹 requests 套件的 get() 方法，它會向伺服器提出取得網頁內容的請求，當伺服器接收到這項請求後，會回應網頁的原始碼內容給客戶端程式。語法如下：

```
requests.get( 網址 )
```

　　當以 get() 方法來取得網頁內容時，各位可以屬性「status_code」來取得回傳值；如果回傳值的代碼為「200」表示這個網頁內容可以取得。以下程式將進入「教育部」網站，利用 requests 套件中的 get() 方法取得網頁內容。下圖為網頁內容，網址 https://www.edu.tw：

範例程式 **get.py** ▶ 取得教育部網頁原始碼內容

```
01   import requests # 匯入 requests 套件
02
03   addr = 'https://www.edu.tw/'
04   res = requests.get(addr)
05
06   # 檢查狀態碼
07   if res.status_code == 200:
08       print('status_code= ',res.status_code)
09       res.encoding='utf-8'
10       print(res.text)
11   else:
12       print(' 網頁無法開啟 , status_code= ',res.status_code)
```

執行結果

　　從上述程式的執行結果，各位可以從下圖中看到該網頁的原始程式碼內容。

```
Python 3.9.0 (tags/v3.9.0:9cf6752, Oct  5 2020, 15:34:40) [MSC v.1927 64 bit (AM
D64)] on win32
Type "help", "copyright", "credits" or "license()" for more information.
>>>
========= RESTART: C:\Users\USER\Desktop\博碩_Python(大專版)\範例檔\ch14\get.py
========
status_code= 200

<!DOCTYPE html>
<html id="FormHtml" xmlns="http://www.w3.org/1999/xhtml" lang="zh-Hant-tw">
<head id="Head1"><script>var CCMS_LanguageSN=1;</script><meta charset="utf-8" />
<meta http-equiv="X-UA-Compatible" content="IE=edge" /><meta name="viewport" con
tent="width=device-width, initial-scale=1" /><link rel="shortcut icon" href="htt
ps://www.edu.tw/favicon.ico" /><meta name="DC.Title" content="" />
<meta name="DC.Subject" content="" />
<meta name="DC.Creator" content="" />
<meta name="DC.Publisher" content="" />
<meta name="DC.Date" content="" />
<meta name="DC.Type" content="" />
<meta name="DC.Identifier" content="" />
<meta name="DC.Description" content="" />
<meta name="DC.Contributor" content="" />
<meta name="DC.Format" content="" />
<meta name="DC.Relation" content="" />
<meta name="DC.Source" content="" />
<meta name="DC.Language" content="" />
<meta name="DC.Coverage.t.min" content="" />
<meta name="DC.Coverage.t.max" content="" />
<meta name="DC.Rights" content="" />
<meta name="DC.CategoryTheme" content="" />
<meta name="DC.CategoryCake" content="" />
<meta name="DC.CategoryService" content="" />
```

程式解析

- ✦ 第 1 行：匯入 requests 套件。

- ✦ 第 3 行：將教育部的網址 'https://www.edu.tw/' 指定給變數 addr。

- ✦ 第 4 行：以 get() 方法取得網頁。

- ✦ 第 7 行：檢查狀態碼是否可以正常開啟。

- ✦ 第 8 行：請印出狀態碼 200。

- ✦ 第 9 行：設定編碼為 'utf-8'。

- ✦ 第 9 行：印出網頁內容。

- ✦ 第 12 行：如果無法正常開啟網頁則請印出回傳的狀態碼。

解開網路爬蟲程式的神祕面紗

ChatGPT 幫幫忙

請設計一 Python 程式，取得教育部網頁原始碼內容，並列出 200 狀態碼，網址：'https://www.edu.tw/'。

範例程式：getGPT.py

當然，以下是使用繁體中文的 Python 程式碼，用來取得教育部網頁的原始碼內容，同時列印出狀態碼 200：

```python
import requests

url = 'https://www.edu.tw/'

# 發送GET請求取得網頁內容
response = requests.get(url)

# 列印狀態碼
print(f"狀態碼：{response.status_code}")

# 檢查請求是否成功
if response.status_code == 200:
    # 列印網頁原始內容
    print(response.text)
else:
```

14-3 網頁解析－ BeautifulSoup 套件

在實務上，BeautifulSoup 套件第三方套件可以和 requests 套件搭配使用，比較實用的作法是先透過 requests 套件抓取網頁程式碼，再藉助 BeautifulSoup4，這種情況下必須透過 html.parser 程式來解析原始程式碼，語法如下：

```
bs=BeautifulSoup( 原始程式碼 ,'html.parser')
```

至於如何在 windows 10 安裝 BeautifulSoup 套件,步驟如下:(請注意,安裝完要記得重新開機)

❶ 先 到 https://www.crummy.com/software/BeautifulSoup/bs4/download/ 點選您要下載的版本:

❷ 下載壓縮檔案,例如筆者下載 beautifulsoup4-4.9.3.tar.gz,將解壓後的目錄放在指定位置,在「命令提示字元」切換到該目錄,接著輸入 python setup.py build,再輸入 python setup.py install,如下圖:

```
C:\>cd beautifulsoup4-4.9.3

C:\beautifulsoup4-4.9.3>python setup.py build
running build
running build_py

C:\beautifulsoup4-4.9.3>python setup.py install
```

❸ 安裝完後請重新開機,才可以確保安裝正確,否則會出現錯誤,如果安裝成功,在 Python shell 輸入 from bs4 import BeautifulSoup,就可以正常匯入。

```
Python 3.9.0 (tags/v3.9.0:9cf6752, Oct  5 2020, 15:34:40) [
MSC v.1927 64 bit (AMD64)] on win32
Type "help", "copyright", "credits" or "license()" for more
information.
>>> from bs4 import BeautifulSoup
>>> |
```

14-3-1　常見屬性與函數

BeautifulSoup 套件常用的屬性和方法，下表假設 BeautifulSoup 型別的物件名稱為 bp 所示。

BeautifulSoup 成員	說明	範例
title	取得 HTML 的標記 <title>	bp.title
text	去除 HTML 標記所回傳的網頁內容	bp.text
find() 方法	回傳第一個符合條件的 html 標籤，回傳值是一種字串資料型態，如果找不到則回傳「None」	bp.find('head')
find_all() 方法	回傳第一個符合條件的 html 標籤，回傳值是一種字串資料型態	bp.find_all() ('a')
select() 方法	回傳指定的 CSS 選擇器的 id 或 class 或標籤的內容，回傳值是一種串列（List）資料型態。在 id 名稱前要加上「#」符號，在 class 名稱前要加上「.」符號	bp.select('#id 名稱 ') bp.select('.class 名稱 ') bp.select(' 標籤名稱 ')

14-3-2　網頁解析功能

下一個例子將先以記事本編輯一個網頁，其原始程式碼如下：（school.htm）

```
<!DOCTYPE html>
<html lang="zh-TW">
<head>
<title> 網頁解析 </title>
<meta charset="utf-8">
</head>
<body>

<h1 style="color:rgb(255, 199, 125);"> 優質大學推薦 </h1>
<a href="https://www.ntu.edu.tw/"> 臺灣大學校網 </a>
<h1 style="color:rgb(126, 168, 168);"> 優質高中推薦 </h1>
<a href="http://www.kshs.kh.edu.tw/"> 高雄中學校網 </a>

<h3 style="background-color:green; color:yellow; font-family:Segoe
Script; border:3px #000000 solid;"> 勵志名句 </h1>
一分努力～～ 一分收獲～～
金誠所至～～ 金石為開～～
</body>
</html>
```

這個 HTML 語法所編寫的網頁，如果以瀏覽器開始會看到如下的網頁外觀：

接下來的範例程式將利用 BeautifulSoup 套件網頁解析,並藉助這個套件本身所提供的屬性及各種方法,並以指定的方式將上述網頁的原始程式碼內容,以事先安排好的程式碼外觀來加以呈現:

範例程式 **bs.py** ▶ **BeautifulSoup 套件網頁解析實例**

```
01  # 以 BeautifulSoup 套件進行網頁解析
02  from bs4 import BeautifulSoup
03  content="""
04  <!DOCTYPE html>
05  <html lang="zh-TW">
06  <head>
07  <title> 網頁解析 </title>
08  <meta charset="utf-8">
09  </head>
10  <body>
11
12  <h1 style="color:rgb(255, 199, 125);"> 優質大學推薦 </h1>
13  <a href="https://www.ntu.edu.tw/"> 臺灣大學校網 </a>
14  <h1 style="color:rgb(126, 168, 168);"> 優質高中推薦 </h1>
15  <a href="http://www.kshs.kh.edu.tw/"> 高雄中學校網 </a>
16
17  <h3 style="background-color:green; color:yellow; font-family:Segoe
    Script; border:3px #000000 solid;"> 勵志名句 </h1>
18  一分努力～～  一分收獲～～
19  金誠所至～～  金石為開～～
20  </body>
21  </html>
22  """
23  bs = BeautifulSoup(content,'html.parser')
24  print(' 網頁標題屬性：')
25  print(bs.title) # 網頁標題屬性
26  print('-----------------------------------------------------------')
27  print(' 網頁 html 語法區塊：')
28  print(bs.find('html')) #<html> 標籤
29  print('-----------------------------------------------------------')
30  print(' 網頁表頭範圍：')
31  print(bs.find('head')) #<head> 標籤
32  print('-----------------------------------------------------------')
33  print(' 網頁身體範圍：')
34  print(bs.find('body')) #<body> 標籤
35  print('-----------------------------------------------------------')
36  print(' 第 1 個超連結：')
```

```
37    print(bs.find("a",{"href":"https://www.ntu.edu.tw/"}))
38    print('第2個超連結：')
39    print(bs.find("a",{"href":"http://www.kshs.kh.edu.tw/"}))
40    print('-------------------------------------------------------')
```

執行結果

```
Python 3.9.0 Shell                                                      —  □  ×
File  Edit  Shell  Debug  Options  Window  Help
========= RESTART: C:\Users\USER\Desktop\博碩_Python(大專版)\範例檔\ch14\bs.py =========
網頁標題屬性：
<title>網頁解析</title>
-------------------------------------------------------
網頁html語法區塊：
<html lang="zh-TW">
<head>
<title>網頁解析</title>
<meta charset="utf-8"/>
</head>
<body>
<h1 style="color:rgb(255, 199, 125);">優質大學推薦</h1>
<a href="https://www.ntu.edu.tw/">臺灣大學校網</a>
<h1 style="color:rgb(126, 168, 168);">優質高中推薦</h1>
<a href="http://www.kshs.kh.edu.tw/">高雄中學校網</a>
<h3 style="background-color:green; color:yellow; font-family:Segoe Script; border:3px #000000 solid;">勵志名句
一分努力～ 一分收穫～
金誠所至～ 金石為開～
</h3></body>
</html>
-------------------------------------------------------
網頁表頭範圍：
<head>
<title>網頁解析</title>
<meta charset="utf-8"/>
</head>
-------------------------------------------------------
網頁身軀範圍：
<body>
<h1 style="color:rgb(255, 199, 125);">優質大學推薦</h1>
<a href="https://www.ntu.edu.tw/">臺灣大學校網</a>
<h1 style="color:rgb(126, 168, 168);">優質高中推薦</h1>
<a href="http://www.kshs.kh.edu.tw/">高雄中學校網</a>
<h3 style="background-color:green; color:yellow; font-family:Segoe Script; border:3px #000000 solid;">勵志名句
一分努力～ 一分收穫～
                                                                      Ln: 47  Col: 4
```

程式解析

- 第 2 行：匯入 BeautifulSoup 套件。

- 第 3 ～ 22 行：school.htm 的原始程式碼，並將其內容指定給 content 變數。

- 第 23 行：利用 BeautifulSoup 套件的 html.parser 作為原始程式碼的解析器，並將解析的 BeautifulSoup 型別的物件設定給變數 bs。

- 第 25 行：利用 BeautifulSoup 套件的 title 屬性取出網頁的屬性值。

- 第 28 行：利用 BeautifulSoup 套件的 find() 方法找出 html 標籤的位置，並輸出其語法內容。

- 第 31 行：利用 BeautifulSoup 套件的 find() 方法找出 head 標籤的位置，並輸出其語法內容。

- 第 34 行：利用 BeautifulSoup 套件的 find() 方法找出 body 標籤的位置，並輸出其語法內容。

解開網路爬蟲程式的神祕面紗

- ◆ 第 37 行：利用 BeautifulSoup 套件的 find() 方法找出 a 標籤的位置，且 href 內容為 https://www.ntu.edu.tw/，並輸出其語法內容。

- ◆ 第 39 行：利用 BeautifulSoup 套件的 find() 方法找出 a 標籤的位置，且 href 內容為 http://www.kshs.kh.edu.tw/，並輸出其語法內容。

14-4 網路爬蟲綜合應用範例

開放資料（Open Data）是一種開放、免費、透明的資料，不受著作權、專利權所限制，任何人都可以自由使用和散佈。這些開放資料通常會以開放檔案格式如 CSV、XML 及 JSON 等格式，提供使用者下載應用，經過彙整之後，這些開放資料就能提供更有效的資訊，甚至成為有價值的商品。例如有人將政府開放的預算資料轉化成易讀的視覺圖表，讓民眾更了解公共支出狀況；也有人整理政府開放的空汙與降雨數據，彙整成圖表，並且在超標的時候提出警示。

「政府資料開放平臺」，網址為 http://data.gov.tw/，該網站集合了中央及各個地方政府機關的 Open Data。例如交通部中央氣象局開放資料平臺、台北市政府資訊開放平臺…等，程式設計人員可以很方便地取得所需的開放資料，透過程式的開發，將這些資料做更有效的應用。

14-4-1　股市行情資訊查詢

在為各位讀者介紹如何於「開放平臺」進行網路爬蟲抓取所需的資料前，我們先示範如何於股市行情網頁中取得自己所需的資訊，請各位進入雅虎當日行情網頁，網址如下：https://tw.stock.yahoo.com/h/getclass.php。

選取「當日行情」來查看，以本例筆者點撰「外資買超排行」類別，進入下圖網頁：

在上圖網頁中可以看到「上市外資買超排行」的當日行情表，接著直接在該網頁按下滑鼠右鍵，會開啟如下的快顯功能表：（本例是以 Google Chrome 瀏覽器開啟網頁）

請執行快顯功能表中的「檢視網頁原始碼」指令，就可以看到該網頁的原始碼，如下所示：

各位可以發現「當日行情」的「外資買超排行」資訊是它是由 <tr> 產生列之後，再以 <td> 劃成欄，在開始利用 BeautifulSoup 套件進行網頁解析前，必須事先取得要分析網頁的網址，以這個網頁為例，我們可以先複製下該網頁的網址，如下：

```
https://tw.stock.yahoo.com/d/i/fgbuy_tse.html
```

（如果各位要解析的網頁和筆者不同，所需要取得的網址自然會和筆者不同，視讀者要解析的當日行情，去複製該網頁的網址）

接著就可以利用 BeautifulSoup 套件的 find_all() 方法，取得表格的 <tr>（列標籤）並配合屬性取得表格中每列內容。

```
Python 3.9.0 Shell                                      —   □   ×
File  Edit  Shell  Debug  Options  Window  Help
[<tr bgcolor="#FFFFFF">
<td align="center" class="ttt">1</td>
<td align="center" class="ttt"><a href="/q/bc?s=2883">2883開發金</a><
/td>
<td align="center" class="ttt">9.07</td>
<td align="center" class="ttt"><font color="#FF0000">△0.11</font></t
d>
<td align="center" class="ttt">18,815</td>
<td align="center" class="ttt">3,671,760</td>
<td align="center" class="ttt">24.52%</td>
</tr>, <tr bgcolor="#FFFFFF">
<td align="center" class="ttt">2</td>
<td align="center" class="ttt"><a href="/q/bc?s=2344">2344華邦電</a><
/td>
<td align="center" class="ttt">24.00</td>
<td align="center" class="ttt"><font color="#009900">▽0.40</font></t
d>
<td align="center" class="ttt">15,145</td>
<td align="center" class="ttt">832,692</td>
<td align="center" class="ttt">20.92%</td>
</tr>, <tr bgcolor="#FFFFFF">
<td align="center" class="ttt">3</td>
<td align="center" class="ttt"><a href="/q/bc?s=2885">2885元大金</a><
/td>
<td align="center" class="ttt">19.80</td>
<td align="center" class="ttt"><font color="#FF0000">△0.40</font></t
d>
<td align="center" class="ttt">13,864</td>
<td align="center" class="ttt">3,931,200</td>
<td align="center" class="ttt">32.39%</td>
                                                        Ln: 246  Col: 4
```

第二步讀取每列的內容，再以 find() 方法找出 <td>，再以屬性 stripped_strings 去除每欄中字串的空白符號；若輸出結果會發現它屬於 List 物件。

```
['1'  , '2883開發金'  , '9.07'  , '△0.11'  , '18,815'  , '3,671,760'  , '24.52%' ]
['2'  , '2344華邦電'  , '24.00'  , '▽0.40'  , '15,145'  , '832,692'  , '20.92%' ]
['3'  , '2885元大金'  , '19.80'  , '△0.40'  , '13,864'  , '3,931,200'  , '32.38%' ]
['4'  , '2303聯電'  , '46.10'  , '▽1.20'  , '12,601'  , '5,649,353'  , '45.47%' ]
['5'  , '2891中信金'  , '19.55'  , '△0.25'  , '11,711'  , '6,808,905'  , '34.92%' ]
['6'  , '2881富邦金'  , '47.20'  , '1.55'  , '10,975'  , '2,631,641'  , '25.71%' ]
['7'  , '2027大成鋼'  , '31.35'  , '▽0.75'  , '9,860'  , '312,404'  , '18.83%' ]
['8'  , '2317鴻海'  , '87.6'  , '▽0.1'  , '9,743'  , '6,249,044'  , '45.07%' ]
['9'  , '2887台新金'  , '13.15'  , '△0.20'  , '7,732'  , '2,871,273'  , '26.32%' ]
['10'  , '6116彩晶'  , '12.95'  , '▽0.30'  , '7,570'  , '398,071'  , '12.70%' ]
['11'  , '2886兆豐金'  , '29.30'  , '△0.50'  , '7,012'  , '2,786,112'  , '20.48%' ]
['12'  , '2882國泰金'  , '41.95'  , '△0.50'  , '6,425'  , '2,787,841'  , '21.16%' ]
['13'  , '2352佳世達'  , '26.00'  , '▽0.05'  , '6,311'  , '391,584'  , '19.90%' ]
['14'  , '00677U富邦VIX'  , '3.86'  , '△0.03'  , '5,850'  , '41,636'  , '1.04%' ]
['15'  , '2324仁寶'  , '20.45'  , '▽0.05'  , '5,348'  , '2,166,521'  , '49.15%' ]
['16'  , '5876上海商銀'  , '40.00'  , '△0.95'  , '5,321'  , '2,544,455'  , '56.77%' ]
['17'  , '2892第一金'  , '20.85'  , '△0.25'  , '5,078'  , '3,075,630'  , '23.96%' ]
['18'  , '2890永豐金'  , '11.20'  , '△0.15'  , '4,623'  , '3,009,267'  , '26.67%' ]
['19'  , '1304台聚'  , '20.25'  , '▽0.15'  , '4,061'  , '453,081'  , '38.11%' ]
['20'  , '2382廣達'  , '81.1'  , '△0.5'  , '3,808'  , '1,163,590'  , '30.12%' ]
['21'  , '2449京元電子'  , '35.35'  , '▽0.45'  , '3,776'  , '290,728'  , '23.77%' ]
['22'  , '1802台玻'  , '17.10'  , '▽0.35'  , '3,737'  , '245,749'  , '8.45%' ]
['23'  , '2363矽統'  , '17.35'  , '▽0.25'  , '3,446'  , '58,026'  , '19.9%' ]
['24'  , '00642U元大S&P石油'  , '8.14'  , '△0.10'  , '3,337'  , '20,520'  , '0.97%' ]
['25'  , '2401凌陽'  , '17.20'  , '△0.45'  , '2,874'  , '84,176'  , '14.21%' ]
['26'  , '2006東和鋼鐵'  , '33.80'  , '△0.45'  , '2,769'  , '217,131'  , '21.62%' ]
['27'  , '1313聯成'  , '16.95'  , '△0.20'  , '2,766'  , '180,522'  , '13.54%' ]
['28'  , '2457飛宏'  , '15.30'  , '▽0.15'  , '2,733'  , '33,815'  , '10.01%' ]
['29'  , '1907永豐餘'  , '24.40'  , '△0.75'  , '2,710'  , '296,036'  , '17.82%' ]
['30'  , '5264鎧勝-KY'  , '87.3'  , '△0.1'  , '2,592'  , '324,788'  , '78.03%' ]
```

接著即可依自己需求的資料與格式，從各串列內容取出自己所需的資訊。

14-4-2　國內公開發行公司股票每月發行概況

接著我們將以政府資料開放平台（網址：https://data.gov.tw/）為例，示範如何利用 BeautifulSoup 套件來解析取得的 XML 格式的開放資料，體會網路爬蟲的各種技巧與收集實用資訊的樂趣。

以下介紹如何從「政府資料開放平臺」取得 Open Data 資料，我們以「國內公開發行公司股票每月發行概況」為例說明。各位可以用分類找尋的方式，在「投資理財」類別找到下列網頁的資訊：

接著請在左側的「檔案格式」按一下「XML」，會找到所有提供「XML」檔案格式的公開資料，在這其中就可以找到「國內公開發行公司股票每月發行概況」所提供的公開資料，如下圖所示：

解開網路爬蟲程式的神祕面紗

接著請按一下「國內公開發行公司股票每月發行概況」超連結就可以出現下圖的介紹資訊：

再按下「XML」按鈕，就會出現資料下載網址及 XML 資料結構的相關資訊：

請各位先將此下載網址複製下來，待會寫網頁爬蟲（Crawler）程式會用到這個下載網址：

```
https://apiservice.mol.gov.tw/OdService/download/A17030000J-000047-mHA
```

Python 抓取網頁資料有多種模組可供使用，這裡我們使用 urllib.request 模組，只要將網址傳入 urlopen 函數就會傳回 HttpResponse 物件，接著就可以使用 read() 方法將網頁內容讀取出來：

```
import urllib.request as ur
with ur.urlopen(od_url) as response:
    get_xml=response.read()
```

ChatGPT 幫幫忙

💬 在處理龐大的資料抓取時，為何非同步處理在 Python 中變得非常重要？這時候有什麼模組是最適用？

在處理龐大的資料抓取任務時，非同步處理在Python中變得非常重要，因為它允許程式同時執行多個任務，最大化資源利用，提高效能，並縮短整體執行時間。尤其當面對大量網路請求或I/O操作時，非同步處理可以防止程式因等待操作完成而被阻塞。

在這種情境下，`asyncio` 模組是最適用的工具，它提供了協程和事件循環等功能，使開發者能夠輕鬆地處理非同步任務，確保資源的高效利用。

以下為完整的「company.py」程式碼供您參考，如果程式執行過程中無法解析 xml，請試著在「命令提示字元」輸入下列指令進行安裝 xml parser。

```
pip install lxml
```

範例程式 **company.py ▶ 國內公開發行公司股票每月發行概況**

```
01  # -*- coding: utf-8 -*-
02  """
03  政府資料開放平臺 XML 格式資料擷取與應用
04
```

```
05    """
06    url="https://apiservice.mol.gov.tw/OdService/download/A17030000J-
      000047-mHA"
07
08    import urllib.request as ur
09
10    with ur.urlopen(url) as response:
11        get_xml=response.read()
12
13
14    from bs4 import BeautifulSoup
15
16    data = BeautifulSoup(get_xml,'xml')
17    field1 = data.find_all('月別')
18    field2 = data.find_all('上市公司－家數')
19    field3 = data.find_all('上市公司－資本額')
20    field4 = data.find_all('上櫃公司－家數')
21    field5 = data.find_all('上櫃公司－資本額')
22
23    csv_str = ""
24    for i in range(0, len(field1)):
25        csv_str += "{},{},{},{},{}\n".\
26                    format(field1[i].get_text(),\
27                            field2[i].get_text(),\
28                            field3[i].get_text(),\
29                            field4[i].get_text(),\
30                            field5[i].get_text())
31
32    with open("company.csv", "w") as f:
33        story=f.write(csv_str)        # 寫入檔案
34
35    print("XML 格式資料已寫入 company.csv")
```

執行結果

因為直接將所擷取的各欄位資料以檔案的型式存入「company.csv」中，因此本
程式執行完畢只會出現如下圖視窗的訊息：

```
Python 3.9.0 (tags/v3.9.0:9cf6752, Oct  5 2020, 15:34:40) [M
SC v.1927 64 bit (AMD64)] on win32
Type "help", "copyright", "credits" or "license()" for more
information.
>>>
======= RESTART: C:\Users\USER\Desktop\博碩_Python(大專版)\
範例檔\ch14\company.py ======
XML格式資料已寫入company.csv
>>>
```

接著各位就可以 Excel 開啟 company.csv 檔案，並在各欄位看出我們所擷取的
摘要資訊。

	A	B	C	D	E	F	G	H	I	J
1	Oct-19	936	7147.71	776	748.77					
2	Nov-19	937	7146.42	775	749.89					
3	Dec-19	942	7155.64	775	746.66					
4	Jan-20	941	7153.98	774	744.16					
5	Feb-20	941	7153.74	774	744.64					
6	Mar-20	942	7175.71	777	747.24					
7	Apr-20	943	7160.37	777	748					
8	May-20	944	7166.21	776	746.62					
9	Jun-20	944	7166.82	776	746.14					
10	Jul-20	944	7187.02	777	748.15					
11	Aug-20	946	7233.42	776	749.18					
12	Sep-20	946	7242.93	778	744.11					
13	Oct-20	945	7235.31	780	745.51					
14										

company

程式解析

- 第 6 行：將「國內公開發行公司股票每月發行概況」的 XML 網址 "https://
  apiservice.mol.gov.tw/OdService/download/A17030000J-000047-mHA" 指定
  給變數 url。

- 第 8 行：匯入 urllib.request 套件。

- 第 10 ～ 11 行：將網頁內容讀取出來。

- 第 14 行：匯入 BeautifulSoup 套件。

- 第 16 行：從 XML 格式透過標記找出想要的資料。

- 第 17 ～ 21 行：使用 find_all 方法來搜尋特定的標記。

- 第 23 ～ 30 行：利用 for 迴圈來讀取所有的標記內容。

- 第 32 ～ 33 行：將取出的資料以檔案型態儲存成 csv 格式。

- 第 35 行：當程式執行完畢後輸出此行資訊，表示 XML 格式資料已寫入
  company.csv。

14-4-3　農產品交易行情查詢

　　接著我們將再以一個例子來加深各位對網路爬蟲的熟練度，首先請連上政府資料開放平臺（網址：https://data.gov.tw/），並輸入關鍵字「農產品交易行情」進行搜尋，如下圖所示：

　　接著會進入下圖畫面，接著請按一下「國內公開發行公司股票每月發行概況」超連結：

就可以出現下圖的介紹資訊：

再按下「XML」按鈕，就會出現資料下載網址及 XML 資料結構的相關資訊，各位可以看出主要欄位包括：交易日期、種類代碼、作物代號、作物名稱、市場代號、市場名稱、上價、中價、下價、平均價、交易量。

請各位先行將此下載網址複製下來，待會寫網頁爬蟲（Crawler）程式會用到這個下載網址：

```
https://data.coa.gov.tw/Service/OpenData/FromM/FarmTransData.aspx?FOTT=Xml
```

接著就可以使用 read() 方法將網頁內容讀取出來：

```
import urllib.request as ur
with ur.urlopen(url) as response:
    get_xml=response.read()
```

以下為完整的程式碼供您參考，如果程式執行過程中無法解析 xml，請試著在「命令提示字元」輸入下列指令進行安裝 xml parser。

```
pip install lxml
```

範例程式 product.py ▶「農產品交易行情」資料查詢

```
01   url="https://data.coa.gov.tw/Service/OpenData/FromM/FarmTransData.
     aspx?FOTT=Xml"
02
03   import urllib.request as ur
04
05   with ur.urlopen(url) as response:
06       get_xml=response.read()
07
08
09   from bs4 import BeautifulSoup
10
11   data = BeautifulSoup(get_xml,'xml')
12   field1 = data.find_all("交易日期")
13   field2 = data.find_all("種類代碼")
14   field3 = data.find_all("作物代號")
15   field4 = data.find_all("作物名稱")
16   field5 = data.find_all("市場代號")
17   field6 = data.find_all("市場名稱")
18   field7 = data.find_all("上價")
19   field8 = data.find_all("中價")
20   field9 = data.find_all("下價")
21   fieldA = data.find_all("平均價")
22   fieldB = data.find_all("交易量")
```

```
23
24  csv_str = ""
25  for i in range(0, len(field1)):
26      csv_str += "{},{},{},{},{},{},{},{},{},{},{}\n".\
27                   format(field1[i].get_text(),\
28                          field2[i].get_text(),\
29                          field3[i].get_text(),\
30                          field4[i].get_text(),\
31                          field5[i].get_text(),\
32                          field6[i].get_text(),\
33                          field7[i].get_text(),\
34                          field8[i].get_text(),\
35                          field9[i].get_text(),\
36                          fieldA[i].get_text(),\
37                          fieldB[i].get_text())
38
39  with open("product.csv", "w") as f:
40      result=f.write(csv_str)        # 寫入檔案
41
42  print("資料已寫入 product.csv")
```

執行結果

因為直接將所擷取的各欄位資料以檔案的型式存入「prodcut.csv」中,因此本
程式執行完畢只會出現如下圖視窗的訊息:

```
Python 3.9.0 (tags/v3.9.0:9cf6752, Oct  5 2020, 15:34:40) [MS
C v.1927 64 bit (AMD64)] on win32
Type "help", "copyright", "credits" or "license()" for more i
nformation.
>>>
===== RESTART: C:\Users\USER\Desktop\博碩_Python(大專版-修正
)\範例檔\ch14\tainan.py =====
資料已寫入product.csv
>>> |
```

接著各位就可以 Excel 開啟 prodcut.csv 檔案,並在各欄位看出我們所擷取
的摘要資訊。

	A	B	C	D	E	F	G	H	I	J
1	109.12.20	N05	11	椰子	104	台北二	11.8	9.7	7.7	9.7
2	109.12.20	N05	22	棗子	104	台北二	93	62.6	33.8	62.9
3	109.12.20	N05	31	釋迦	104	台北二	79.2	65.8	51.2	65.6
4	109.12.20	N05	32	釋迦-鳳梨	104	台北二	75.8	59.2	30.2	56.7
5	109.12.20	N05	45	草莓	104	台北二	171.3	108.5	67.1	112.8
6	109.12.20	N05	459	草莓-進口	104	台北二	501.2	233.1	131.8	266.5
7	109.12.20	N05	50	百香果-其	104	台北二	53.1	31.3	15.2	32.5
8	109.12.20	N05	51	百香果-改	104	台北二	80.3	27.9	10.4	34.9
9	109.12.20	N05	70	小番茄-其	104	台北二	85.5	53.5	23.4	53.9
10	109.12.20	N05	72	小番茄-聖	104	台北二	50.9	34	22.6	35.1
11	109.12.20	N05	74	小番茄-玉	104	台北二	190.7	131.6	85.9	134.3
12	109.12.20	N05	811	火龍果-白	104	台北二	71.9	47.6	28.6	48.7
13	109.12.20	N05	812	火龍果-紅	104	台北二	69	40.4	28	43.6
14	109.12.20	N05	839	櫻桃-進口	104	台北二	510.6	388.8	116.6	358.7

product

程式解析

- 第 1 行：將「農產品交易行情」的 XML 網址 "https://data.coa.gov.tw/Service/OpenData/FromM/FarmTransData.aspx?FOTT=Xml" 指定給變數 url。

- 第 3 行：匯入 urllib.request 套件。

- 第 5 ~ 6 行：將網頁內容讀取出來。

- 第 9 行：匯入 BeautifulSoup 套件。

- 第 11 行：從 XML 格式透過標記找出想要的資料。

- 第 12 ~ 22 行：使用 find_all 方法來搜尋特定的標記。

- 第 24 ~ 37 行：利用 for 迴圈來讀取所有的標記內容。

- 第 39 ~ 40 行：將取出的資料以檔案型態儲存成 csv 格式。

- 第 42 行：當程式執行完畢後輸出此行資訊，表示 XML 格式資料已寫入。

課後習題

一、選擇題

( ) 1. 開放資料的常見格式包括：

(A) CSV   (B) XML   (C) JSON   (D) 以上皆是

( ) 2. 動態伺服器語言不包括？

(A) ASP.NET   (B) PHP   (C) JSP   (D) JavaScript

( ) 3. 下列何者不是常見的網頁檔案格式？

(A) HTML   (B) PHP   (C) JSON   (D) Prolog

( ) 4. Python 內建模組 urllib 不包括：

(A) urllib.request   (B) urllib.parse

(C) urllib.xmlparser   (D) urllib.robotparser

( ) 5. 哪一個模組常被用來做網址分析？

(A) 第三方套件 requests   (B) urllib.parse

(C) urllib.request   (D) BeautifulSoup 套件

二、填充題

1. 我們可以使用 Python 內建模組 _____ 來讀取 URL 的內容。

2. 我們可以利用 requests 套件中的 _____ 方法取得網頁內容。

3. 一個完整的 URL 包括了 _____ 、 _____ 、 _____ 和 _____ 。

4. 取得 ParseResult 物件可以 scheme 屬性和 _____ 方法來獲取 URL 的內容。

5. 網頁構成三要素： _____ 、 _____ 和 _____ 。

6. _____ 是由 LiveScript 發展出來的客戶端直譯程式語言，主要特色是配合 HTML 網頁與使用者產生互動行為。

7. _____ 稱為階層樣式表或稱串接樣式表，它能美化網頁的外觀。

8. 以 Chrome 瀏覽器來說，在網頁空白處按下滑鼠右鍵啟動快顯功能表，執行「 _____ 」指令，會顯示其原始碼。

9. 呼叫方法 urlopen() 以 _____ 協定為主,是一個請求(Request)和回應(Response)的機制;簡單來說,用戶端提出請求後,服務端要做應答。

10. 取得的 HTML 原始碼,直接以「.」(Dot)存取標籤只會找到第一個 Tag,想要讀取更多的 Tag,就得以 _____ 或 _____ 方法過濾出需要的標籤。

三、問答與實作題

1. 當我們使用 urllib.request.urlopen() 方法去對網頁進行擷取,但是有時候有些網站會對使用這種方法時會拋出如下的例外訊息:

```
"urllib.error.HTTPError: HTTP Error 403: Forbidden"
```

請問會發生此例外的可能原因為何?

2. 請簡單說明 Python 內建模組 urllib 中 request 和 parse 類別的功能。

3. urllib.parse.urlparse() 函數會回傳一個 ParseResult 物件,請寫出下表屬性名稱的回傳為何?

屬性	回傳值
scheme	
netloc	
query	
port	

4. 請寫出下表中 urllib.response 物件常見方法名稱。

方法	說明
	取得解析過的 URL 以字串回傳
	取得 HTTP 的狀態碼,回傳 200 表示請求成功
	取得 URL 內容
	回傳 urllib.response 物件的網頁表頭

5. 請比較 http 和 https 兩者間的不同。

6. 請簡單說明 URL 是什麼?其協定 Protocol 的作用。

7. 試簡述網頁的分類。

ChatGPT 讓 Python 程式撰寫更有效率

OpenAI 推出免費試用的 ChatGPT 聊天機器人，最近在網路上爆紅，它不僅僅是個聊天機器人，還可以幫忙回答各種問題，例如寫程式、寫文章、寫信…等，而且所回答的內容有模有樣，不容易分辨出是由機器人所回答的內容。另外在登入 ChatGPT 網站註冊的過程中雖然是全英文介面，但是註冊過後再與 ChatGPT 聊天機器人互動發問問題時，可以直接使用中文的方式來輸入，而其回答的內容也不失專業水準。更重要的是，同樣的問題，反覆詢問或啟用另外一個機器人來回答，還會以不同的角度，給使用者不同的回答。

A-1　人工智慧的基礎

　　人工智慧（Artificial Intelligence, AI）的概念最早是由美國科學家 John McCarthy 於 1955 年提出，簡單地說，人工智慧就是由電腦所模擬或執行，具有類似人類智慧或思考的行為，例如推理、規劃、問題解決及學習等能力。微軟亞洲研究院曾經指出：「未來的電腦必須能夠看、聽、學，並能使用自然語言與人類進行交流。」

A-1-1　人工智慧的種類

　　人工智慧可說是電腦科學、生物學、心理學、語言學、數學、工程學為基礎的科學，由於記憶儲存容量與高速運算能力的發展，人工智慧未來一定會發展出各種不可思議的能力，不過各位首先必須理解 AI 本身之間也有程度強弱之別，美國哲學家 John Searle 便提出了「強人工智慧」（Strong AI）和「弱人工智慧」（Weak AI）的分類區別。

「強人工智慧」與「弱人工智慧」代表機器不同的智慧層次

圖片來源：https://kknews.cc/tech/gq6o4em.html

弱人工智慧（Weak AI）

「弱人工智慧」是只能模仿人類處理特定問題的模式，不能進行思考或推理的人工智慧，乍看下似乎有重現人類言行的智慧，但還是與人類智慧同樣機能的強 AI 相差很遠，因為只可以模擬人類的行為做出判斷和決策，是以機器來模擬人類部分的「智慧」活動，並不具意識、也不理解動作本身的意義，所以嚴格說起來並不能被視為真的「智慧」。

毫無疑問地，今天各位平日所看到的絕大部分 AI 應用，都是弱人工智慧，不過在不斷改良後，還是能有效地解決某些人類的問題，例如先進的工商業機械人、語音識別、圖像識別、人臉辨識或專家系統等，弱人工智慧仍會是短期內普遍發展的重點，包括近年來出現的 IBM 的 Watson 和谷歌的 AlphaGo，這些擅長於單方面的人工智慧都屬於程度較低的弱 AI 範圍。

ChatGPT 讓 Python 程式撰寫更有效率

銀行的迎賓機器人即屬於弱 AI

💬 強人工智慧（Strong AI）

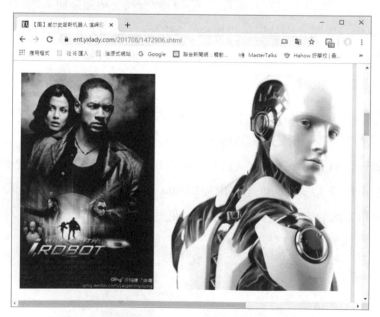

科幻小說中活靈活現、有情有義的機器人就屬強 AI

　　所謂強人工智慧（Strong AI）或通用人工智慧（Artificial General Intelligence）是具備與人類同等智慧或超越人類的 AI，以往電影的描繪使人慣於想像擁有自我意識的人工智慧，能夠像人類大腦一樣思考推理與得到結論，更多了情感、個性、社交、自我意識，自主行動等等，也能思考、計畫、解決問題快速學習和從經驗中學習等操作，並且和人類一樣得心應手，不過目前主要出現在科幻作品中，還沒有真正成為科學現實。雖然現在人類僅僅在弱人工智慧領域有了出色的表現，不過我們相信未來肯定還是會往強人工智慧的領域邁進。

A-1-2　人工智慧的應用

　　AI 與電腦間地完美結合為現代產業帶來創新革命，應用領域不僅展現在機器人、物聯網（IOT）、自駕車、智慧服務等，甚至與數位行銷產業息息相關，根據美國最新研究機構的報告，2025 年人工智慧將會在行銷和銷售自動化方面，取得更人性化的表現，有 50% 的消費者強烈希望在日常生活中使用 AI 和語音技術，其他還包括蘋果手機的 Siri、LINE 聊天機器人、垃圾信件自動分類、指紋辨識、自動翻譯、機場出入境的人臉辨識、機器人、智能醫生、健康監控、自動控制等，都是屬於 AI 與日常生活的經典案例。例如「聊天機器人」（Chatbot）漸漸成為廣泛運用的新科技，利用聊天機器人不僅能夠節省人力資源，還能依照消費者的需要來客製化服務，極有可能會是改變未來銷售及客服模式的利器。

TaxiGo 利用聊天機器人提供計程車秒回服務

A-1-3　AI 應用—自然語言

AI 電話客服也是自然語言的應用之一

圖片來源：https://www.digiwin.com/tw/blog/5/index/2578.html

　　電腦科學家通常將人類的語言稱為自然語言（Natural Language, NL），比如說中文、英文、日文、韓文、泰文等。自然語言最初都只有口傳形式，要等到文字的發明之後，才開始出現手寫形式。任何一種語言都具有博大精深及隨時間變化而演進的特性，這也使得自然語言處理（Natural Language Processing, NLP）範圍非常廣泛，所謂 NLP 就是讓電腦擁有理解人類語言的能力，也就是一種藉由大量的文字資料搭配音訊數據，並透過複雜的數學「聲學模型」（Acoustic Model）及演算法來讓機器去認知、理解、分類並運用人類日常語言的技術。

　　本質上，語音辨識與自然語言處理（NLP）的關係是密不可分的，不過機器要理解語言，是比語音辨識要困難許多，在自然語言處理領域中，首先要經過「斷詞」和「理解詞」的處理，辨識出來的結果還是要依據語意、文字聚類、文字摘要、關鍵詞分析、敏感用語、文法及大量標註的語料庫，透過深度學習來解析單詞或短句在段落中的使用方式與透過大量文字（語料庫）的分析進行語言學習，才能正確的辨別與解碼（Decode），探索出詞彙之間的語意距離，進而了解其意與建立語言處理模型，最後才能有人機對話的可能，這樣的運作機制也讓 NLP 更貼近人類的學習模式。隨著深度學習的進步，NLP 技術的應用領域已更為廣泛，機器能夠 24 小時不間斷工作且錯誤率極低的特性，企業對 NLP 的採用率更有顯著增長，包括電商、行銷、網路購物、訂閱經濟、電話客服、金融、智慧家電、醫療、旅遊、網路廣告、客服等不同行業。

💬 Google BERT

Google 開放 BERT 模型原始碼

　　BERT 是 Google 基於 Transformer 架構上所開源的一套演算法模型，自從 Google 推出 BERT（Bidirectional Encoder Representations from Transformers）之後，能幫助 Google 更精確從網路上理解自然語言的內容，以往只能從前後文判斷會出現的字句（單向）。現在透過 BERT 能夠預先訓練演算法，雙向地去查看前後字詞，能更深入地分析句子中單詞間的關係，不但會考慮關鍵字的上、下文以理解意義，還有句子的結構及整體內容，進而推斷出完整的上下文，甚至幫助「網路爬蟲」（Web Crawler）更容易地理解搜尋過程中單詞和上下文之間的細微差別，大幅提升用戶在 Google 搜尋欄提出的問題的意圖和真正想找資訊的精確度。

通常搜尋引擎所收集的資訊來源主要有兩種，一種是使用者或網站管理員主動登錄，一種是撰寫網路爬蟲程式主動搜尋網路上的資訊，例如 Google 的 Spider 程式與爬蟲（Crawler 程式），會主動經由網站上的超連結爬行到另一個網站，並收集該網站上的資訊，並收錄到資料庫中。

BERT 能幫助 Google 從網路上更精準理解自然語言內容

💬 HTC 的 T-BERT

HTC 的 AI 自然語言處理平臺，能同時用國語、臺語與客語溝通

HTC（宏達電）旗下健康醫療事業部 DeepQ 團隊推出新一代 AI 自然語言處理平臺命名為 T-BERT（Taiwan Bidirectional Encoder Representations from Transformers），使得電腦能同時三聲道讀聽寫國語、臺語及客語，應用兩個關鍵技術：深度學習模型與大數據資料處理的技術，除國語外，T-BERT 訓練也加入臺語、客語文獻資料，準確度達 93.7%，考慮到現代人厭惡「已讀不回」，疾管家每則訊息都得在 0.5 秒內回應。

疾管家語音機器人協助民眾掌握疫情與流感資訊

💬 聊天機器人

企業過去為了與消費者互動，需聘請專人全天候在電話或通訊平台前待命，不僅耗費了人力成本，也無法妥善地處理龐大的客戶量與資訊，聊天機器人則是目前許多店家客服的創意新玩法，背後的核心技術即是以自然語言處理（NLP）為主，利用電腦模擬與使用者互動對話。聊天機器人能夠全天候地提供即時服務，與自設不同的流程來達到想要的目的，也能更精準地提供產品資訊與個人化的服務。這對許多粉絲專頁的經營者或是想增加客戶名單的行銷人員來說，聊天機器人就相當適用。

以往企業進行行銷推廣時，必須大費周章取得用戶的電子郵件，不但耗費成本，而且郵件的開信率低，而聊天機器人可以直接幫你獲取客戶的資料，例如：姓名、性別、年齡…等臉書所允許的公開資料，驅動更具效力的消費者回饋。

臉書的聊天機器人就是一種自然語言的典型應用

A-2 什麼是聊天機器人

聊天機器人是一種模擬並處理人類對話的電腦程式，它不僅可以回覆使用者的問題，也可以在收集和處理資訊的同時增進自己的回答能力。通常聊天機器人，可以幫助使用者透過文字、圖形或語音來與 Web 服務或應用程式進行互動。另外，通常聊天機器人使用人工智慧（AI）和自然語言處理（NLP）、機器學習或深度學習等機制，一邊執行一邊學習。聊天機器人可以是大型應用程式的一部分，也可以是完全獨立的。

聊天機器人共有兩種主要類型：一種是以工作目的為導向，這類聊天機器人專注於執行一項功能的單一用途程式。例如 LINE 的自動訊息回覆，就是一種簡單型聊天機器人。

另外一種聊天機器人則是一種資料驅動的模式，具備預測性的回答能力，例如 Apple 的 Siri 就是屬於這類型的聊天機器人。

A-2-1　認識 ChatGPT 聊天機器人

　　ChatGPT 是什麼？簡單來講，它是 OpenAI 推出的 AI 聊天機器人。如果您希望了解更專業的解說，也可以直接在 ChatGPT 中詢問聊天機器人「ChatGPT 是什麼」，則可得到這樣的回答：「ChatGPT 是一個由 OpenAI 開發的大型語言模型，它使用深度學習技術來生成自然語言回應。ChatGPT 基於開放式網絡的大量數據進行訓練，使其能夠產生高度精確、自然流暢的對話回應，與人進行互動。ChatGPT 在多個領域中都有應用，例如智能客服、自然語言處理、自動回覆等。」

　　也就是說，ChatGPT 能和人類以一般人的對話方式與使用者互動，除了可以給予各種問題的建議，也可以幫忙寫作業或程式碼，甚至有任何食衣住行育樂的各種生活問題或學科都可以問 ChatGPT，而 ChatGPT 也會以類似人類會寫出來的文字，給予相當到位的回答，用途非常廣泛多元。

A-2-2　OpenAI 是何方神聖

ChatGPT 是由位於美國舊金山的 OpenAI 開發，特斯拉創辦人 Elon Musk 也是 OpenAI 創辦人之一，而這個人工智慧實驗室成立的理念，是以發展友善的人工智慧技術來幫助人類。但是在 2018 年，Musk 因為對 OpenAI 的發展方向和其他創辦人有不同的想法，Musk 說：「OpenAI 最初是開源和非營利性的，但是現在兩者都不是了。」因而離開了 OpenAI 董事會。

根據維基的說法，在 2023 年 1 月，ChatGPT 的使用者數超過 1 億，也是該段時間成長最多使用者的消費者應用程式。而目前 ChatGPT 的服務中，就屬英語的效果最好，但即使 ChatGPT 這項服務是英文介面，ChatGPT 還是可以利用其他語言（例如中文）來輸入問題，而 ChatGPT 以該語言進行內容的回覆。

雖然目前可以免費試用，但是 OpenAI 也推出名為 ChatGPT Plus 的月度訂閱計畫，到時候要使用 ChatGPT 這項服務，就必須負擔一些費用，而這樣的計畫可以預見的是，未來將在更多的國家推出。

OpenAI 官網（https://openai.com/）

A-3 ChatGPT 運作原理與應用範圍

OpenAI 的團隊在開發 ChatGPT（Chat Generative Pre-trained Transformer）所使用的技術是自然語言處理（NLP）模型「GPT-3」延伸出的 GPT-3.5 模型（即生成式語言模型的第 3.5 代），並透過監督學習和強化學習進行訓練。這個 AI 模型比起 Apple Siri 語音助理更聰明，它可以透過大量資料來分析和理解輸入文字的含義，再判斷上下文來生成相應、連貫的回應，這個模型的訓練資料大部分來自網路，包括各種檔案以及關於網際網路、程式語言等各類知識，如新聞類網站、維基或各種常見的程式語言，它可以說是當今最大的語言處理模型之一。據 OpenAI 說法，2023 年 3 月 14 日新一代的 GPT-4，不但可以處理 2.5 萬字長篇內容，也支援視覺輸入、圖像辨識。

目前 ChatGPT 可以辨識中文、英文、日文或西班牙等多國語言，透過人性化的回應方式來回答各種問題。這些問題甚至含括了各種專業技術領域或學科的問題，可以說是樣樣精通的百科全書。

A-3-1 ChatGPT 的運作原理

前面提到過 ChatGPT 是基於「文字生成」技術，這項技術會根據輸入的資料，產出相對應的回答，它的學習概念就是先讓 ChatGPT 透過閱讀大量文字，找出人類使用文字的各種方法，再藉由人類對回答內容的反饋，引導 AI 機器人練習人類常使用的文字，並持續「增強式學習」，來幫助聊天機器人能以更精準的方式來模擬人類的語言，回答使用者所提出的問題。這個學習過程可以幫助提高 ChatGPT 模仿人類邏輯及回答能力，不過這項技術一開始常常出現答非所問的情況，但隨著 AI 模型建立以及大量的文意分析後，現在的 ChatGPT 所具備的人工智慧已經能靈活地回答出各類的問題，但事實上這項技術文字生成技術早在幾年前就已廣泛被應用在 iPhone Siri 或是社群平台的聊天機器人。

A-3-2 ChatGPT 的應用範圍

ChatGPT 擁有強大的自然語言生成及學習能力，因為它在生活中各種領域起了很大的幫助，ChatGPT 能夠解決許多不同的問題，以下是一些 ChatGPT 的應用範圍：

- **AI 客服**：ChatGPT 可以擔任自動客服機器人，幫忙回答一些客戶常見問題或提供產品、服務資訊。

- **語音助手**：ChatGPT 可以用來訓練語音助手，如 Siri、Alexa 等，幫助用戶完成各種任務。

- **語言翻譯**：ChatGPT 可以應用於機器翻譯，使得不同語言之間的溝通變得更加容易和順暢。

- **寫作及摘要**：ChatGPT 可以用來生成自然的文字，例如新聞報導、短文章等，有助提高寫作的效能及品質，甚至還可以生成各種類型的廣告文案，提高廣告的點擊率和轉換率。同時，還具備自動摘要的能力，可以將長文摘要出文章重點。

- **智慧裝置**：ChatGPT 可以用來訓練智慧裝置，如智能家居、智慧手機等。

- **醫療領域**：ChatGPT 可以應用於醫生和病人之間的問答、病情分析等，藉助 ChatGPT 的協助，可以大幅增加醫療服務品質。

另外，ChatGPT 也可以分析一段文字中所包含的情感，它可以解決許多不同類型的自然語言處理問題，應用範圍非常的廣，幫助人們快速且輕鬆地完成各種任務和工作。

A-4　註冊免費的 ChatGPT 帳號

首先我們就來示範如何註冊免費的 ChatGPT 帳號，請先登入 ChatGPT 官網（https://chat.openai.com/），登入後若沒有帳號的使用者，可以直接點選畫面中的「Sign up」按鈕註冊免費的 ChatGPT 帳號：

ChatGPT 讓 Python 程式撰寫更有效率

接著請輸入 Email 帳號，若已有 Google 帳號或是 Microsoft 帳號，也可透過 Google 帳號或是 Microsoft 帳號進行註冊登入。此處我們示範以輸入 Email 帳號的方式來建立帳號，請在下圖視窗中間的文字輸入方塊中輸入要註冊的電子郵件，輸入完畢後，請按下「Continue」鈕。

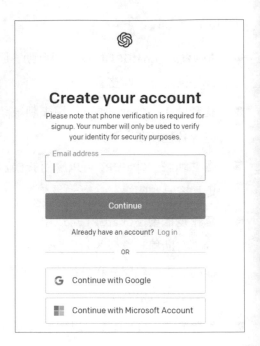

透過 Email 進行註冊，系統會要求輸入一組至少 8 個字元的密碼作為這個帳號的註冊密碼。

上圖輸入完畢後，接著再按下「Continue」鈕，會出現類似右圖的「Verify your email」的視窗。

接著請打開自己收發郵件的程式，會收到如下圖的「Verify your email address」電子郵件。請各位直接按下「Verify email address」鈕：

接著會進入到下一步輸入姓名的畫面，這裡要特別補充說明的是，如果你是透過 Google 帳號或 Microsoft 帳號快速註冊登入，那麼就會直接進入到輸入姓名的畫面：

輸 入 完 姓 名 後, 再 請 按 下「Continue」鈕, 會 要 求 各 位 輸 入個人的電話號碼進行身分驗證, 這是一個非常重要的步驟, 如果沒有透過電話號碼來通過身分驗證, 就沒 有 辦 法 使 用 ChatGPT。 請 注 意,下圖輸入行動電話時, 請直接輸入行動電話後面的數字, 例如你的電話是「0931222888」, 只要直接輸入「931222888」, 輸入完畢後, 記得按下「Send Code」鈕。

　　大概過幾秒後, 就可以收到官方系統發送到指定號碼的簡訊, 該簡訊會顯示 6 碼的數字。

　　只要於上圖中輸入手機所收到的 6 碼驗證碼後, 就可以正式啟用 ChatGPT。登入 ChatGPT 之後, 會看到下圖畫面, 在畫面中可以找到許多和 ChatGPT 進行對話的真實例子, 也可以了解使用 ChatGPT 有哪些限制。

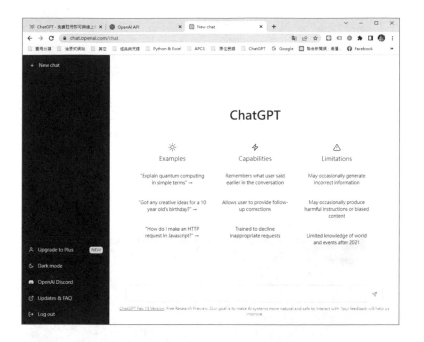

A-5　第一次使用 ChatGPT 寫 Python 程式就上手

當我們登入 ChatGPT 之後，開始畫面會告訴你 ChatGPT 的使用方式，各位只要將自己想要問的問題直接於畫面下方的對話框中輸入。

A-5-1　利用 ChatGPT AI 撰寫 Python 程式

例如輸入「請用 Python 寫九九乘法表的程式」，按下「Enter」鍵正式向 ChatGPT 機器人詢問，就可以得到類似下圖的回答：

以下是使用 Python 寫的九九乘法表程式：

```python
for i in range(1, 10):
    for j in range(1, 10):
        product = i * j
        print(f"{i} x {j} = {product}")
    print()
```

這個程式使用了兩個 `for` 迴圈，第一個迴圈從 1 到 9 遍歷乘數，第二個迴圈也從 1 到 9 遍歷乘數，然後將兩個乘數相乘得到乘積，並將其輸出到螢幕上。每一行乘法表都以空白行分隔，以便更好地閱讀。

執行此程式後，您應該會在螢幕上看到類似於以下的輸出：

```
1 x 1 = 1
1 x 2 = 2
1 x 3 = 3
1 x 4 = 4
1 x 5 = 5
1 x 6 = 6
1 x 7 = 7
1 x 8 = 8
1 x 9 = 9

2 x 1 = 2
2 x 2 = 4
2 x 3 = 6
2 x 4 = 8
2 x 5 = 10
```

在回答的結果中不僅可以取得九九乘法表的程式碼，還會在該程式碼的下方解釋這支程式的設計邏輯，例如上圖程式碼下方的說明文字如下：

> 這個程式使用了兩個 for 迴圈，第一個迴圈從 1 到 9 遍歷乘數，第二個迴圈也從 1 到 9 遍歷乘數，然後將兩個乘數相乘得到乘積，並將其輸出到螢幕上。每一行乘法表都以空白行分隔，以便更好地閱讀。

我們還可以從 ChatGPT 的回答中看到執行此程式後，您應該會在螢幕上看到類似以下的輸出：

```
                                                    📋 Copy code

1 x 1 = 1
1 x 2 = 2
1 x 3 = 3
1 x 4 = 4
1 x 5 = 5
1 x 6 = 6
1 x 7 = 7
1 x 8 = 8
1 x 9 = 9

2 x 1 = 2
2 x 2 = 4
2 x 3 = 6
2 x 4 = 8
2 x 5 = 10
2 x 6 = 12
2 x 7 = 14
2 x 8 = 16
2 x 9 = 18

3 x 1 = 3
3 x 2 = 6
3 x 3 = 9
```

A-5-2 複製 ChatGPT 幫忙寫的程式碼

如果要取得這支程式碼，可以按下回答視窗右上角的「Copy code」鈕，就可以將 ChatGPT 所幫忙撰寫的程式，複製貼上到 Python 的 IDLE 的程式碼編輯器，如下圖所示：

```
99table.py - C:/Users/User/Desktop/博碩_CGPT/範例檔/99table.py (...    —    □    ×
File  Edit  Format  Run  Options  Window  Help
for i in ran    Run Module        F5
    for j in    Run... Customized  Shift+F5
        proc    Check Module       Alt+X
        prin    Python Shell              duct]")
    print()
|
```

```
IDLE Shell 3.11.0                                              —    □    ×
File  Edit  Shell  Debug  Options  Window  Help
>>>
============= RESTART: C:/Users/User/Desktop/博碩_CGPT/範例檔/99table.py =======
=====
1 x 1 = 1
1 x 2 = 2
1 x 3 = 3
1 x 4 = 4
1 x 5 = 5
1 x 6 = 6
1 x 7 = 7
1 x 8 = 8
1 x 9 = 9

2 x 1 = 2
2 x 2 = 4
2 x 3 = 6
2 x 4 = 8
2 x 5 = 10
2 x 6 = 12
2 x 7 = 14
2 x 8 = 16
2 x 9 = 18

3 x 1 = 3
3 x 2 = 6
3 x 3 = 9
3 x 4 = 12
3 x 5 = 15
3 x 6 = 18
3 x 7 = 21
3 x 8 = 24
3 x 9 = 27

4 x 1 = 4
4 x 2 = 8
4 x 3 = 12
4 x 4 = 16
4 x 5 = 20
4 x 6 = 24
4 x 7 = 28
4 x 8 = 32
4 x 9 = 36
                                                            Ln: 95  Col: 0
```

A-5-3　ChatGPT AI 程式與人工撰寫程式的比較

　　底下則是筆者自行用人工方式撰寫的九九乘法表，從輸出的結果來看，各位可以比對一下，其實用 ChatGPT 撰寫出來的程式完全不輸給程式設計人員自己撰寫的程式，有 ChatGPT 這項利器，相信可以幫助各位解決不少 Python 程式設計的問題。

範例程式 **table.py** ▶ 九九乘法表

```
01  for x in range(1, 10):
02      for y in range(1, 10):
03          print("{0}*{1}={2: ^2}".format(y, x, x * y), end=" ")
04      print()
```

執行結果

```
1*1=1   2*1=2   3*1=3   4*1=4   5*1=5   6*1=6   7*1=7   8*1=8   9*1=9
1*2=2   2*2=4   3*2=6   4*2=8   5*2=10  6*2=12  7*2=14  8*2=16  9*2=18
1*3=3   2*3=6   3*3=9   4*3=12  5*3=15  6*3=18  7*3=21  8*3=24  9*3=27
1*4=4   2*4=8   3*4=12  4*4=16  5*4=20  6*4=24  7*4=28  8*4=32  9*4=36
1*5=5   2*5=10  3*5=15  4*5=20  5*5=25  6*5=30  7*5=35  8*5=40  9*5=45
1*6=6   2*6=12  3*6=18  4*6=24  5*6=30  6*6=36  7*6=42  8*6=48  9*6=54
1*7=7   2*7=14  3*7=21  4*7=28  5*7=35  6*7=42  7*7=49  8*7=56  9*7=63
1*8=8   2*8=16  3*8=24  4*8=32  5*8=40  6*8=48  7*8=56  8*8=64  9*8=72
1*9=9   2*9=18  3*9=27  4*9=36  5*9=45  6*9=54  7*9=63  8*9=72  9*9=81
```

我們再來看另外一個例子，例如我們在 ChatGPT 提問框輸入「請用 Python 設計一個計算第 n 項費伯那序列的遞迴程式」，再按下「Enter」鍵正式向 ChatGPT 機器人詢問，就可以得到類似下圖的回答：

各位可以比對底下筆者自行用人工方式撰寫的第 n 項費伯那數列的遞迴程式，上面程式只是單純定義出費伯那數列的函式，但筆者自己設計的程式則可以要求使用者輸入所要計算第幾個費氏數列，並以迴圈依序列出費氏數列。

範例程式　fib.py ▶：n 項費伯那數列的遞迴程式

```
01  def fib(n):  # 定義函數 fib()
02      if n==0 :
03          return 0 # 如果 n=0 則傳回 0
04      elif n==1 or n==2:
05          return 1
06      else:   # 否則傳回 fib(n-1)+fib(n-2)
07          return (fib(n-1)+fib(n-2))
08
09  n=int(input(' 請輸入所要計算第幾個費式數列:'))
10  for i in range(n+1):# 計算前 n 個費氏數列
11      print('fib(%d)=%d' % (i,fib(i)))
```

執行結果

```
請輸入所要計算第幾個費式數列:10
fib(0)=0
fib(1)=1
fib(2)=1
fib(3)=2
fib(4)=3
fib(5)=5
fib(6)=8
fib(7)=13
fib(8)=21
fib(9)=34
fib(10)=55
```

A-5-4　更換新的 ChatGPT 機器人

你可以藉由這種問答的方式，持續地去和 ChatGPT 對話。如果你想要結束這個機器人，可以點選左側的「New Chat」，就會重新回到起始畫面，並新開一個新的訓練模型，這個時候輸入同一個題目，可能得到的結果會不一樣。

例如下圖中我們還是輸入「請用 Python 寫九九乘法表的程式」，按下「Enter」鍵正式向 ChatGPT 機器人詢問，就得到不同的回答結果：

如果要取得這支程式碼，則可按下回答視窗右上角的「Copy code」鈕，就可以將 ChatGPT 所幫忙撰寫的程式，複製貼上到 Python 的 IDLE 的程式碼編輯器，底下為這一支新的程式在 Python 的執行結果。

```
Python 3.11.0 (main, Oct 24 2022, 18:26:48) [MSC v.1933 64 bit (AMD64)] on win32
Type "help", "copyright", "credits" or "license()" for more information.

============ RESTART: C:/Users/User/Desktop/博碩_CGPT/範例檔/99table-1.py ============
1 × 1 = 1      1 × 2 = 2      1 × 3 = 3      1 × 4 = 4      1 × 5 = 5      1 × 6 = 6      1 × 7 = 7      1 × 8 = 8      1 × 9 = 9
2 × 1 = 2      2 × 2 = 4      2 × 3 = 6      2 × 4 = 8      2 × 5 = 10     2 × 6 = 12     2 × 7 = 14     2 × 8 = 16     2 × 9 = 18
3 × 1 = 3      3 × 2 = 6      3 × 3 = 9      3 × 4 = 12     3 × 5 = 15     3 × 6 = 18     3 × 7 = 21     3 × 8 = 24     3 × 9 = 27
4 × 1 = 4      4 × 2 = 8      4 × 3 = 12     4 × 4 = 16     4 × 5 = 20     4 × 6 = 24     4 × 7 = 28     4 × 8 = 32     4 × 9 = 36
5 × 1 = 5      5 × 2 = 10     5 × 3 = 15     5 × 4 = 20     5 × 5 = 25     5 × 6 = 30     5 × 7 = 35     5 × 8 = 40     5 × 9 = 45
6 × 1 = 6      6 × 2 = 12     6 × 3 = 18     6 × 4 = 24     6 × 5 = 30     6 × 6 = 36     6 × 7 = 42     6 × 8 = 48     6 × 9 = 54
7 × 1 = 7      7 × 2 = 14     7 × 3 = 21     7 × 4 = 28     7 × 5 = 35     7 × 6 = 42     7 × 7 = 49     7 × 8 = 56     7 × 9 = 63
8 × 1 = 8      8 × 2 = 16     8 × 3 = 24     8 × 4 = 32     8 × 5 = 40     8 × 6 = 48     8 × 7 = 56     8 × 8 = 64     8 × 9 = 72
9 × 1 = 9      9 × 2 = 18     9 × 3 = 27     9 × 4 = 36     9 × 5 = 45     9 × 6 = 54     9 × 7 = 63     9 × 8 = 72     9 × 9 = 81
```

其實，各位還可以透過同一個機器人不斷地向他提問同一個問題，他會基於前面所提供的問題與回答，換成另一種角度與方式來回應你原本的問題，就可以得到不同的回答結果，例如下圖又是另外一種九九乘法表的輸出外觀：

A-5-5　登出 ChatGPT

若要登出 ChatGPT，只要按下畫面中的「Log out」鈕。

登出後就會看到如下的畫面，允許各位再按下「Log in」鈕再次登入
ChatGPT。

A-6 各種類型 ChatGPT AI Python 程式範例集

這個單元我們將示範如何利用 ChatGPT 撰寫各種類型的 Python 程式，這些程式類型包括：

- 使用 Pygame 遊戲套件繪製多媒體圖案。
- 以內建模組及模擬大樂透的開獎程式。
- 建立四個主功能表的視窗應用程式。
- 演算法的應用：寫一支迷宮問題的解決方案。
- 海龜繪圖法（Turtle Graphics）繪製出兩款精美的圖形。

A-6-1 使用 Pygame 遊戲套件繪製多媒體圖案

 請以 Python 運用 Pygame 遊戲套件繪製不同顏色的五個同心圓。

以下是使用Python和Pygame繪製不同顏色的五個同心圓的程式碼。在程式碼中，我們創建了一個屏幕，然後在屏幕上繪製五個同心圓。每個圓的半徑不同，並且使用不同的顏色進行繪製。

```python
import pygame

# 初始化Pygame
pygame.init()

# 設定屏幕尺寸
screen_size = (600, 600)

# 創建屏幕
screen = pygame.display.set_mode(screen_size)

# 設定顏色
white = (255, 255, 255)
red = (255, 0, 0)
green = (0, 255, 0)
blue = (0, 0, 255)
yellow = (255, 255, 0)
```

```
# 繪製五個同心圓
center_x = screen_size[0] // 2
center_y = screen_size[1] // 2


radius_1 = 200
radius_2 = 150
radius_3 = 100
radius_4 = 50
radius_5 = 20
```

↻ Regenerate response

範例程式 **circle.py** ▶ 繪製不同顏色的五個同心圓

```python
01  import random
02
03  # 生成一個隨機數
04  number = random.randint(1, 100)
05
06  # 提示用戶輸入數字
07  guess = int(input("Guess a number between 1 and 100: "))
08
09  # 比較用戶輸入的數字和隨機數的大小
10  while guess != number:
11      if guess < number:
12          guess = int(input("Too low. Guess again: "))
13      else:
14          guess = int(input("Too high. Guess again: "))
15
16  print("Congratulations! You guessed the number", number)
```

執行結果

A-6-2　以內建模組及模擬大樂透的開獎程式

 請以 Python 寫一支模擬大樂透的開獎程式。

以下是使用Python寫的模擬大樂透的開獎程式。在這個程式中，我們生成六個1到49之間的不重複的隨機數字，這些數字就是大樂透的中獎號碼：

```python
import random

# 產生六個不重複的1到49之間的隨機數字
lottery_numbers = random.sample(range(1, 50), 6)

# 將中獎號碼排序，以方便比對
lottery_numbers.sort()

# 印出中獎號碼
print("本期大樂透中獎號碼為：", lottery_numbers)
```

在這個程式中，我們使用了random模組的sample函數，這個函數可以在指定的範圍內隨機抽取指定數量的不重複數字。我們指定的範圍是1到49，指定數量是6，這就相當於模擬了一次大樂透的開獎過程。

最後，我們將中獎號碼排序，以方便比對，然後印出中獎號碼。如果需要模擬多次大樂透的開獎過程，可以將這段程式碼放到一個迴圈中，多次執行。

範例程式 **lotto.py** ▶ 大樂透的開獎程式

```
01   import random
02
03   # 產生六個不重複的 1 到 49 之間的隨機數字
04   lottery_numbers = random.sample(range(1, 50), 6)
05
06   # 將中獎號碼排序，以方便比對
07   lottery_numbers.sort()
08
09   # 印出中獎號碼
10   print(" 本期大樂透中獎號碼為：", lottery_numbers)
```

執行結果

```
Python 3.11.0 (main, Oct 24 2022, 18:26:48) [MSC v.19
33 64 bit (AMD64)] on win32
Type "help", "copyright", "credits" or "license()" fo
r more information.

======== RESTART: C:/Users/User/Desktop/Python+ChatG
PT改版/範例檔/lotto.py ========
本期大樂透中獎號碼為：[6, 19, 26, 41, 47, 49]
|
```

A-6-3　建立四個主功能表的視窗應用程式

💬 請以 Python 寫一支視窗應用程式，並在視窗建立主功能表，包括：檔案，編輯，執行，線上說明四個主功能。

✏️ **範例程式　mainfun.py ▶ 主功能表**

```python
01   import tkinter as tk
02
03   class Application(tk.Frame):
04       def __init__(self, master=None):
05           super().__init__(master)
06           self.master = master
07           self.master.title("My Application")
08           self.create_menu()
09           self.pack()
10
11       def create_menu(self):
12           # 建立主功能表
13           menubar = tk.Menu(self.master)
14
15           # 建立檔案主功能
16           file_menu = tk.Menu(menubar, tearoff=0)
17           file_menu.add_command(label=" 開啟檔案 ", command=self.open_file)
18           file_menu.add_command(label=" 儲存檔案 ", command=self.save_file)
19           file_menu.add_separator()
20           file_menu.add_command(label=" 結束 ", command=self.master.quit)
21           menubar.add_cascade(label=" 檔案 ", menu=file_menu)
```

```
22
23          # 建立編輯主功能
24          edit_menu = tk.Menu(menubar, tearoff=0)
25          edit_menu.add_command(label=" 複製 ", command=self.copy)
26          edit_menu.add_command(label=" 剪下 ", command=self.cut)
27          edit_menu.add_command(label=" 貼上 ", command=self.paste)
28          menubar.add_cascade(label=" 編輯 ", menu=edit_menu)
29
30          # 建立執行主功能
31          run_menu = tk.Menu(menubar, tearoff=0)
32          run_menu.add_command(label=" 執行程式 ", command=self.run)
33          menubar.add_cascade(label=" 執行 ", menu=run_menu)
34
35          # 建立線上說明主功能
36          help_menu = tk.Menu(menubar, tearoff=0)
37          help_menu.add_command(label=" 使用說明 ", command=self.show_help)
38          menubar.add_cascade(label=" 線上說明 ", menu=help_menu)
39
40          # 設定主功能表
41          self.master.config(menu=menubar)
42
43      def open_file(self):
44          print(" 開啟檔案 ")
45
46      def save_file(self):
47          print(" 儲存檔案 ")
48
49      def copy(self):
50          print(" 複製 ")
51
52      def cut(self):
53          print(" 剪下 ")
54
55      def paste(self):
56          print(" 貼上 ")
57
58      def run(self):
59          print(" 執行程式 ")
60
61      def show_help(self):
62          print(" 使用說明 ")
63
64  # 建立主視窗
65  root = tk.Tk()
66
```

```
67   # 建立應用程式
68   app = Application(master=root)
69
70   # 執行主迴圈
71   app.mainloop()
```

執行結果

A-6-4　演算法的應用：寫一支迷宮問題的解決方案

請以 Python 寫一支迷宮問題的解決方案。

範例程式　**maze.py** ▶ 迷宮問題

```
01   # 定義迷宮
02   maze = [
03       [1, 1, 1, 1, 1],
04       [0, 0, 1, 0, 1],
05       [1, 1, 1, 0, 1],
06       [1, 0, 0, 0, 1],
07       [1, 1, 1, 1, 1]
08   ]
09
10   # 定義方向
11   directions = [(0, 1), (0, -1), (1, 0), (-1, 0)]
12
13   def dfs(x, y, path):
```

```
14        # 到達終點
15        if x == len(maze)-1 and y == len(maze[0])-1:
16            return path + [(x, y)]
17
18        # 標記已經走過的路徑
19        maze[x][y] = -1
20
21        # 遍歷四個方向
22        for dx, dy in directions:
23            nx, ny = x + dx, y + dy
24            # 如果下一個位置在範圍內，且還沒有走過，就繼續往下搜尋
25            if 0 <= nx < len(maze) and 0 <= ny < len(maze[0]) and
   maze[nx][ny] == 1:
26                res = dfs(nx, ny, path + [(x, y)])
27                if res:
28                    return res
29
30        return None
31
32    # 從起點開始搜索
33    path = dfs(0, 0, [])
34    if path:
35        print(" 找到出口，路徑為：", path + [(len(maze)-1, len(maze[0])-1)])
36    else:
37        print(" 沒有找到出口 ")
```

執行結果

```
Python 3.11.0 (main, Oct 24 2022, 18:26:48) [MSC v.
1933 64 bit (AMD64)] on win32
Type "help", "copyright", "credits" or "license()"
for more information.

========= RESTART: C:/Users/User/Desktop/Python+Ch
atGPT改版/範例檔/maze.py =========
找到出口，路徑為： [(0, 0), (0, 1), (0, 2), (0, 3),
(0, 4), (1, 4), (2, 4), (3, 4), (4, 4), (4, 4)]
```

A-6-5　海龜繪圖法繪製出兩款精美的圖形

請以 Python 寫一支利用海龜繪圖法（Turtle Graphics）繪製出兩款精美的圖形。

範例程式 **drawpic1.py** ▶ 螺旋矩陣圖案

```
01  import turtle
02
03  def draw_spiral_matrix(size):
04      # 初始化海龜
05      turtle.speed(0)
06      turtle.color("black")
07      turtle.penup()
08      turtle.goto(-size//2, size//2)
09      turtle.pendown()
10
11      # 繪製螺旋矩陣
12      for i in range(size//2):
13          for direction in [(1, 0), (0, -1), (-1, 0), (0, 1)]:
14              dx, dy = direction
15              for j in range(i*2 + 1):
16                  turtle.forward(20)
17                  turtle.left(90)
18                  if j == i:
19                      turtle.penup()
20                      turtle.forward(20)
21                      turtle.pendown()
22              turtle.penup()
23              turtle.goto(turtle.xcor()+dx*20, turtle.ycor()+dy*20)
24              turtle.pendown()
25
26      # 隱藏海龜
27      turtle.hideturtle()
28
29  # 畫出螺旋矩陣
30  draw_spiral_matrix(10)
31  turtle.done()
```

Python 程式入門與 ChatGPT 實用技巧

執行結果

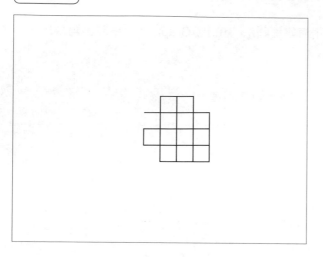

範例程式 **drawpic2.py** ▶ 六邊形螺旋圖案

```
01   import turtle
02
03   def draw_hexagon_spiral(size):
04       # 初始化海龜
05       turtle.speed(0)
06       turtle.color("black")
07       turtle.penup()
08       turtle.goto(0, 0)
09       turtle.pendown()
10
11       # 繪製六邊形螺旋
12       side_length = 10
13       for i in range(size):
14           for j in range(6):
15               turtle.forward(side_length*(i+1))
16               turtle.right(60)
17           turtle.right(60)
18
19       # 隱藏海龜
20       turtle.hideturtle()
21
22   # 畫出六邊形螺旋
23   draw_hexagon_spiral(10)
24   turtle.done()
```

執行結果

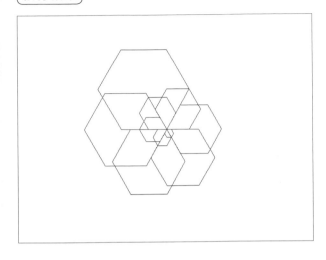

ChatGPT 讓 Python 程式撰寫更有效率

A-7　ChatGPT 正確使用訣竅

在開始介紹各種 ChatGPT 的對話範例之前，我們將談談 ChatGPT 正確使用訣竅及一些 ChatGPT 的重要特性，這將有助於各位更加得心應手地利用 ChatGPT。當使用 ChatGPT 進行對話前，必須事先想好明確的主題和問題，這才可以幫助 ChatGPT 更加精準理解你要問的重點，也才能提供更準確的答案。尤其所輸入的提問，必須簡單、清晰、明確，避免使用難以理解或模糊的語言，避免 ChatGPT 的回答內容不是自己所期望的。

因為 ChatGPT 的設計目的是要理解和生成自然語言，因此輸入的問題儘量使用自然的、流暢的語言，尤其是避免使用過於正式或技術性的語言。另外要注意，不要提問與主題無關的問題，這樣有可能導致所得到的回答，和自己想要問的題目，有點不太相關。

> 請以狗的角色寫一支萬年曆的電腦程式
>
> 很抱歉，狗沒有寫程式的能力，而且狗也不具備理解萬年曆所需的概念和計算能力。不過，如果有人想以狗的角色寫一支萬年曆的電腦程式，可以先對萬年曆的計算方式和輸入格式進行研究，然後使用Python等編程語言進行開發。在編程過程中，可以運用編程技巧和數學知識，如日期計算、循環結構、條件語句等，以實現萬年曆的功能。雖然狗沒有這種能力，但這正是人類利用自己的智慧和技能，通過編程來創造更多價值和便利的方式。

有一點要強調的是在與 ChatGPT 進行對話時，還是要保持基本的禮貌和尊重，不要使用攻擊性的語言或不當言詞，因為 ChatGPT 能記錄對話內容，保持禮貌和尊重的提問方式，將有助於建立一個良好的對話環境。

💬 能記錄對話內容

由於 ChatGPT 會記錄對話內容，因此如果你希望 ChatGPT 可以針對提問提供更準確的回答內容，就必須儘量提供足夠的上下文訊息，例如問題的背景描述、角色細節及專業領域…等。

💬 專業問題可事先安排人物設定腳本

各位所輸入的問題，也可以事先設定人物背景專業，也就是說有事先說明人物背景設定，與沒有事先說明人物背景設定所回答的結果，有時會出現完全不一樣的重點。例如我們想要問 ChatGPT 如何改善便祕問題的診斷方向，如果沒有事先設定人物背景的專業，其回答內容可能為一般通俗性的回答。

💬 目前只回答 2021 年前

因為 ChatGPT 是使用 2021 年前所收集到的網路資料進行訓練，如果各位提問 2022 年之後的新知，就有可能出現 ChatGPT 無法回答的情況。

💬 善用英文及 Google 翻譯工具

ChatGPT 在接收到英文問題時，其回答速度及答案的完整度及正確性較好，所以如果用戶想要以較快的方式取得較正確或內容豐富的解答，這時就可以考慮先以英文的方式進行提問，如果自身的英文閱讀能力夠好，就可以直接吸收英文的回答內容。就算英文程度不算好，想要充份理解 ChatGPT 的英文回答內容時，只要善用 Google 翻譯工具，也可以協助各位將英文內容翻譯成中文來幫助理解，而且 Google 翻譯品質還有一定的水準。

📖 熟悉重要指令

ChatGPT 指令相當多元，您可以要求 ChatGPT 編寫程式，也可以要求 ChatGPT 幫忙寫 README 檔案，或是也可以要求 ChatGPT 幫忙編寫履歷與自傳或是協助語言的學習。想了解更多有關 ChatGPT 常見指令大全，建議連上「ExplainThis」這個網站，在下列網址的網頁中，提供諸如程式開發、英語學習、寫報告…等許多類別指令，可以幫助各位充分發揮 ChatGPT 的強大功能。

資料來源：https://www.explainthis.io/zh-hant/chatgpt

🔵 充份利用其他網站的 ChatGPT 相關資源

除了上面介紹的「ChatGPT 指令大全」網站的實用資源外，由於 ChatGPT 功能強大，而且應用層面越來越廣，現在有越來越多的網站提供有關 ChatGPT 在不同方面的資源，包括：ChatGPT 指令、學習、功能、研究論文、技術文章、示範應用等相關資源，本節將介紹幾個筆者認為值得推薦的 ChatGPT 相關資源的網站，介紹如下：

- **OpenAI 官方網站（https://openai.com/）**：提供 ChatGPT 的相關技術文章、示範應用、新聞發布等等。

- **GitHub（https://github.com/openai）**：是一個網上的程式碼儲存庫（Code Repository），它的主要是在協助開發人員與團隊進行協作開發。GitHub 使用 Git 作為其基礎技術，它使得開發人員可以更好地掌握程式碼版本控制，更容易地協作開發。OpenAI 官方的開放原始程式碼和相關資源。

- **arXiv.org（https://arxiv.org/）**：提供 ChatGPT 相關的學術研究論文和技術報告。

- **Google Scholar（https://scholar.google.com/）**：提供 ChatGPT 相關的學術研究論文和技術報告的搜尋引擎。

- **Towards Data Science（https://towardsdatascience.com/）**：提供有關 ChatGPT 的技術文章和教學。

- **數位時代（https://www.bnext.com.tw/）**：提供有關 ChatGPT 的技術文章和示範應用。

A-8　利用 ChatGPT 輕鬆開發 AI 小遊戲

前面章節提到我們可以利用 ChatGPT 撰寫各種類型的 Python 程式，也舉了一些應用在繪製多媒體圖案、模擬大樂透的開獎、建立視窗應用程式…等例子，這個小節中，我們將更進一步來發揮 ChatGPT 不可思議的能力，就請 ChatGPT 直接為使用者開發幾款小遊戲來玩。

A-8-1 請 ChatGPT 自我推薦以 Python 實作的小遊戲

如果各位想要請 ChatGPT 開發哪一款遊戲拿不定主意時，這時不妨就來問問 ChatGPT 可以幫助各位開發哪些小遊戲，話不多說，我們就直接來問 ChatGPT 吧！

💬 請列出 3 款不需要用到圖形技巧，只需純本文介面的小遊戲的名稱，而且這幾款遊戲你可以提供完整的 Python 程式碼給我參考。

以下是三款不需要用到圖形技巧的小遊戲及其Python程式碼：

1. 猜數字遊戲

```python
import random

# 生成一個隨機數
number = random.randint(1, 100)

# 提示用戶輸入數字
guess = int(input("Guess a number between 1 and 100: "))

# 比較用戶輸入的數字和隨機數的大小
while guess != number:
    if guess < number:
        guess = int(input("Too low. Guess again: "))
    else:
        guess = int(input("Too high. Guess again: "))

print("Congratulations! You guessed the number", number)
```

以下幾款小遊戲都是 ChatGPT 直接撰寫的程式，筆者只是利用「Copy Code」鈕將程式複製到 Python 的 IDLE 整合式開發環境去執行。

ChatGPT 讓 Python 程式撰寫更有效率

A-8-2　猜數字遊戲

　　這款遊戲會由系統生成一個隨機數，接著再提示用戶輸入數字，並比較用戶輸入的數字和隨機數的大小，且提示用戶所輸入的數字與答案的大小差別，直到猜對數字。

範例程式　**game1.py** ▶ 猜數字遊戲

```
01   import random
02
03   # 生成一個隨機數
04   number = random.randint(1, 100)
05
06   # 提示用戶輸入數字
07   guess = int(input("Guess a number between 1 and 100: "))
08
09   # 比較用戶輸入的數字和隨機數的大小
10   while guess != number:
11      if guess < number:
12          guess = int(input("Too low. Guess again: "))
13      else:
14          guess = int(input("Too high. Guess again: "))
15
16   print("Congratulations! You guessed the number", number)
```

執行結果

```
Python 3.11.0 (main, Oct 24 2022, 18:26:48) [MSC v.1933 64 bit
(AMD64)] on win32
Type "help", "copyright", "credits" or "license()" for more in
formation.

======= RESTART: C:\Users\User\Desktop\Python+ChatGPT改版\ch15
範例檔\game1.py =======
Guess a number between 1 and 100: 50
Too low. Guess again: 75
Too low. Guess again: 85
Too low. Guess again: 90
Too low. Guess again: 95
Congratulations! You guessed the number 95
```

A-8-3　OX 井字遊戲

　　OX 井字遊戲是一款簡單的紙筆遊戲，也被稱為井字遊戲、三目遊戲等。它通常在一個 3*3 的方格棋盤上進行，由兩個玩家交替放置自己的標誌（通常是 O 和 X），目標是在橫、豎、對角線上先形成三個相同標誌的連線，以獲得勝利。遊戲開始時，新手玩家通常選擇自己的標誌，然後交替輪流放置，直到其中一方獲勝或棋盤填滿。OX 井字遊戲簡單易上手，但具有豐富的策略和變化，尤其是在高水準比賽中，需要玩家具有良好的判斷和佈局能力，以贏得勝利。

範例程式 **game2.py** ▶ OX 井字遊戲

```
01   def print_board(board):
02       for row in board:
03           print(row)
04
05   def get_move(player):
06       move = input(f"{player}, enter your move (row,column): ")
07       row, col = move.split(",")
08       return int(row) - 1, int(col) - 1
09
10   def check_win(board, player):
11       for row in board:
12           if all(square == player for square in row):
13               return True
14       for col in range(3):
15           if all(board[row][col] == player for row in range(3)):
16               return True
17       if all(board[i][i] == player for i in range(3)):
18           return True
19       if all(board[i][2-i] == player for i in range(3)):
20           return True
21       return False
22
23   def tic_tac_toe():
24       board = [[" " for col in range(3)] for row in range(3)]
25       players = ["X", "O"]
26       current_player = players[0]
27       print_board(board)
28       while True:
29           row, col = get_move(current_player)
30           board[row][col] = current_player
31           print_board(board)
```

```
32            if check_win(board, current_player):
33                print(f"{current_player} wins!")
34                break
35            if all(square != " " for row in board for square in row):
36                print("Tie!")
37                break
38            current_player = players[(players.index(current_player) + 1) % 2]
39
40  if __name__ == '__main__':
41      tic_tac_toe()
```

執行結果

```
Python 3.11.0 (main, Oct 24 2022, 18:26:48) [MSC v.1933 64 bit (AMD64)] on win32
Type "help", "copyright", "credits" or "license()" for more information.

======= RESTART: C:\Users\User\Desktop\Python+ChatGPT改版\ch15範例檔\game2.py ==
=====
[' ', ' ', ' ']
[' ', ' ', ' ']
[' ', ' ', ' ']
X, enter your move (row,column): 2,2
[' ', ' ', ' ']
[' ', 'X', ' ']
[' ', ' ', ' ']
O, enter your move (row,column): 1,1
['O', ' ', ' ']
[' ', 'X', ' ']
[' ', ' ', ' ']
X, enter your move (row,column): 2,3
['O', ' ', ' ']
[' ', 'X', 'X']
[' ', ' ', ' ']
O, enter your move (row,column): 2,1
['O', ' ', ' ']
['O', 'X', 'X']
[' ', ' ', ' ']
X, enter your move (row,column): 3,1
['O', ' ', ' ']
['O', 'X', 'X']
['X', ' ', ' ']
O, enter your move (row,column): 1,2
['O', 'O', ' ']
['O', 'X', 'X']
['X', ' ', ' ']
X, enter your move (row,column): 1,3
['O', 'O', 'X']
['O', 'X', 'X']
['X', ' ', ' ']
X wins!
```

A-8-4 猜拳遊戲

猜拳遊戲是一款經典的競技遊戲，通常由兩人進行。玩家需要用手勢模擬出 " 石頭 "、" 剪刀 "、" 布 " 這三個選項中的一種，然後與對手進行比較，判斷誰贏誰輸。" 石頭 " 打 " 剪刀 "、" 剪刀 " 剪 " 布 "、" 布 " 包 " 石頭 "，勝負規則如此。在遊戲中，玩家需要根據對手的表現和自己的直覺，選擇出最可能獲勝的手勢。

範例程式 game3.py ▶ 猜拳遊戲

```python
01  import random
02
03  # 定義猜拳選項
04  options = ["rock", "paper", "scissors"]
05
06  # 提示用戶輸入猜拳選項
07  user_choice = input("Choose rock, paper, or scissors: ")
08
09  # 電腦隨機生成猜拳選項
10  computer_choice = random.choice(options)
11
12  # 比較用戶和電腦的猜拳選項，判斷輸贏
13  if user_choice == computer_choice:
14      print("It's a tie!")
15  elif user_choice == "rock" and computer_choice == "scissors":
16      print("You win!")
17  elif user_choice == "paper" and computer_choice == "rock":
18      print("You win!")
19  elif user_choice == "scissors" and computer_choice == "paper":
20      print("You win!")
21  else:
22      print("You lose!")
```

執行結果

```
Python 3.11.0 (main, Oct 24 2022, 18:26:48) [MSC v.1933 64 bit (AMD64)
] on win32
Type "help", "copyright", "credits" or "license()" for more informatio
n.
====== RESTART: C:\Users\User\Desktop\Python+ChatGPT改版\ch15範例檔\g
ame3.py ======
Choose rock, paper, or scissors: scissors
You win!
```

ChatGPT 讓 Python 程式撰寫更有效率

A-8-5　比牌面大小遊戲

比牌面大小遊戲，又稱為撲克牌遊戲，是以撲克牌作為遊戲工具的競技遊戲。玩家在遊戲中擁有一手牌，每張牌的面值和花色不同，根據不同的規則進行比較，最終獲得最高的分數或獎勵。

範例程式　**game4.py** ▶ 比牌面大小遊戲

```
01   import random
02
03   def dragon_tiger():
04       cards = ["A", 2, 3, 4, 5, 6, 7, 8, 9, 10, "J", "Q", "K"]
05       dragon_card = random.choice(cards)
06       tiger_card = random.choice(cards)
07       print(f"Dragon: {dragon_card}")
08       print(f"Tiger: {tiger_card}")
09       if cards.index(dragon_card) > cards.index(tiger_card):
10           print("Dragon wins!")
11       elif cards.index(dragon_card) < cards.index(tiger_card):
12           print("Tiger wins!")
13       else:
14           print("Tie!")
15
16   if __name__ == '__main__':
17       dragon_tiger()
```

執行結果

```
Python 3.11.0 (main, Oct 24 2022, 18:26:48) [MSC v.1933 64 bit
(AMD64)] on win32
Type "help", "copyright", "credits" or "license()" for more in
formation.

======= RESTART: C:/Users/User/Desktop/Python+ChatGPT改版/ch15
範例檔/game4.py =======
Dragon: K
Tiger: Q
Dragon wins!
|
```